国家自然科学基金资助（No: 32160046）
Supported by: National Natural Sciences Foundation of China（No: 32160046）

新疆巴尔鲁克山国家级自然保护区地衣物种多样性及其生态学特征

Lichen species diversity and it's ecological characteristics in Barluk Mountain National Nature Reserve in Xinjiang, China

艾尼瓦尔·吐米尔　王　强　热衣木·马木提　吴仕才　主编
Edited by: Ainiwaer Tumier, Wang Qiang, Reyimu Mamuti, Wu Shicai

中国农业科学技术出版社

图书在版编目（CIP）数据

新疆巴尔鲁克山国家级自然保护区地衣物种多样性及其生态学特征 / 艾尼瓦尔·吐米尔等主编. -- 北京：中国农业科学技术出版社，2025.5. -- ISBN 978-7-5116-7347-3

Ⅰ.Q949.45

中国国家版本馆CIP数据核字第20253LC201号

责任编辑　张志花
责任校对　王　彦
责任印制　姜义伟　王思文

出 版 者	中国农业科学技术出版社
	北京市中关村南大街12号　　邮编：100081
电　　话	（010）82106636（编辑室）　　（010）82106624（发行部）
	（010）82109709（读者服务部）
网　　址	https://castp.caas.cn
经 销 者	各地新华书店
印 刷 者	中煤（北京）印务有限公司
开　　本	185 mm×260 mm　1/16
印　　张	14　彩插60面
字　　数	380千字
版　　次	2025年5月第1版　2025年5月第1次印刷
定　　价	118.00元

◀━━ 版权所有·侵权必究 ━━▶

《新疆巴尔鲁克山国家级自然保护区地衣物种多样性及其生态学特征》

编辑委员会

主　　编：艾尼瓦尔·吐米尔（新疆大学）

　　　　　　王　强（浙江自然博物院）

　　　　　　热衣木·马木提（新疆大学）

　　　　　　吴仕才（新疆巴尔鲁克山国家级自然保护区管理局）

参编人员：热汗古丽·买买提艾力（新疆大学硕士研究生）

　　　　　　杜来提罕·托合荪（新疆大学硕士研究生）

　　　　　　雍海英（新疆大学硕士研究生）

　　　　　　金斯古丽·巴合努尔（新疆大学硕士研究生）

　　　　　　马　丽（新疆巴尔鲁克山国家级自然保护区管理局）

　　　　　　卡合勒曼（新疆巴尔鲁克山国家级自然保护区管理局）

Lichen species diversity and it's ecological characteristics in Barluk Mountain National Nature Reserve in Xinjiang, China

Editorial Board

Editor in Chief:

Ainiwaer Tumier (Xinjiang University)

Wang Qiang (Zhejiang Natural History Museum)

Reyimu Mamuti (Xinjiang University)

Wu Shicai (Xinjiang Barluk Mountain National Nature Reserve Administration)

Editorial Committee Member:

Rehanguli Maimaitiaili (Graduate Student of Xinjiang University)

Dulaitihan Tuohesun (Graduate Student of Xinjiang University)

Yong Haiying (Graduate Student of Xinjiang University)

Jinsiguli Bahenuer (Graduate Student of Xinjiang University)

Ma Li (Xinjiang Barluk Mountain National Nature Reserve Administration)

Kaheleman (Xinjiang Barluk Mountain National Nature Reserve Administration)

前　言

地衣（Lichen）是真菌和光合生物（绿藻或蓝细菌）之间稳定而又互利的共生有机联合体，真菌是主体成员，其形态及后代的繁殖均依靠共生真菌体，也就是说地衣是一类地衣化的特殊真菌类。因此，在生物资源宝库中，地衣占有重要地位。已有资料显示，全世界真菌的20%是地衣型真菌，以地衣为优势生物的植被占地球陆地面积约8%，全世界迄今已知的地衣物种20 000余种。我国是地衣资源极为丰富的国家之一，据专家估计，我国的全部地衣型真菌的总数在2万~3万种，而目前我国已知的地衣型真菌为240余属2 000多种，占全国种数的6%~9%，占全世界已报道的地衣型真菌总种数的13%。

新疆位于中国的西北部，占全国土地面积的1/6，地处亚欧大陆腹地，远离海洋，大陆性气候极为明显，区内地形地貌复杂多样，为新疆生物多样性创造了适宜的生存环境。其境内的寒冷荒漠、平原戈壁、森林和草原等地理生态环境为地衣的分布和生长提供了良好的生存环境，在干旱的古尔班通古特沙漠和阿拉山口及寒冷的喀喇昆仑山的高山冰川带也有地衣的分布。已有研究资料显示，至今在新疆已定名的地衣有596个分类单位580种，包括4个亚种12个变型，隶属于160属，而实际存在的地衣种类远不止这些。新疆地区经受了频繁的地质历史变化，导致地衣类区系的古老性和特殊性，因此，新疆地衣在我国地衣区系地理、生物物种多样性研究与保护利用中具有重要的研究价值和意义。同时，在有效地保护新疆干旱区生态系统多样性、荒漠化治理、遏制沙漠的扩大及改造沙漠等方面具有十分重要的意义。新疆的地衣学研究虽然起步较晚，但是随着我国地衣学研究的发展，从20世纪80年代末开始进入了稳定的初步研究阶段。1990年以前，中国科学院微生物研究所魏江春院士、南京大学生物系吴继农教授、中国科学院王先业研究员等对新疆的地衣开展了一系列研究。新疆大学生命科学与技术学院"中国西北干旱区地衣研究中心"研究团队自20世纪80年代末开始进行新疆地衣系统的研究，在天山、阿尔泰山、昆仑山、阿尔金山、准噶尔盆地等地共采集了105 000余号地衣标本，鉴定定名地衣种类160个属，定名600余种。

巴尔鲁克山位于中国新疆塔城地区裕民县和托里县境内，天山山脉和阿尔泰山脉之间，是一座独立的山脉，整个山体大致呈西南—东北弧向延展，西南高东北低，山体主峰是孔塔坎普峰，海拔3 252 m。该地区为典型的大陆性温带半荒漠气候，北面因受北冰洋湿气的影响较东南部稍湿润，东南部受到盆地荒漠化干热气流的影响，气候极为干旱。年均气温为6.2℃，极端最高温度达38.6℃，极端最低温度为-35.9℃，年降水量为289.2 mm。1980年4月，新疆维吾尔自治区人民政府批准在塔城地区裕民县内建立"新疆巴旦杏林自然保护区"，地处82°30′E、45°55′N。2005年1月18日，经自治区人民政府批准，原保护区扩大面积并更名为"新疆巴尔鲁克山自然保护区"，扩大后的保护区地处82°26′~83°13′E、45°42′~46°03′N，总面积为115 037.3 hm^2，扩大后保护区面积的89.5%位于裕民县境内，其余的10.5%位于托里县境内。2014年12月5日，经国务院办公厅批准，晋升为国家级自然保护区。该保护区被称为野生动植物的天堂，主要保护对象为巴尔鲁克山森林生态系统及野巴旦杏、野苹果等濒危珍稀物种。保护区内具有丰富的生物资源，植被类型有针叶林、阔叶林、灌丛、荒漠、草甸、沼泽、亚高山植被7个植被型，可分为17个植被亚型，75个群系。目前已记载的维管束植物有1 244种，隶属于444属81科，占全新疆维管束植物总数的29.31%。其中濒危珍稀植物65种、优良牧草120余种、观赏花卉392种，中草药植物600多种。保护区内最有经济利用价值和科研价值的物种是野巴旦杏和天山樱桃，已被列入《国家重点保护野生植物名录》，是具有生物多样性国际意义的保护物种和国家二级重点保护野生植物。

　　气候变化、生态环境变化和人类活动是引起全球环境变化的主要原因。进入21世纪以来，气候变化日益成为人们关注的焦点，研究如何保证气候变化环境下生物多样性的有效保护和生物资源的可持续利用、实现区域经济的可持续发展，具有紧迫的现实意义。然而，近几年来自然和人类活动的双重作用，导致新疆巴尔鲁克山国家级自然保护区生态系统、栖息地环境、生物多样性受到一定的威胁。因此，在全球气候变化背景下研究该保护区生态环境变化与生物多样性之间的关系，进一步确定生物多样性分布格局的变化规律等问题具有重要的意义，并引起了有关部门的重视。

　　新疆巴尔鲁克山国家级自然保护区特殊的地理位置和自然条件，为各个植物区系的接触、混合和特化创造了有利条件，决定了植物区系的复杂性。该自然保护区植物区系具有伊朗—吐兰（哈萨克斯坦）过渡到准噶尔区系、西伯利亚—阿尔泰山过渡到中亚—天山区系的过渡性特征。在长期的演化过程中，巴尔鲁克山区在天山与阿尔泰山之间形成了过渡性的植物区系，并呈现出天山和阿尔泰山物种的特殊性，是观测和研究中亚环境变化对地衣物种多样性及区系成分影响最理想的天然实验室。该自然保护区也是生物多样性重点研究及保护的热点地区之一，受到生物学和生态学研究人员的高度重视与关注。因此，对巴尔鲁克山国家级自然保护区地衣物种多样性、区系及群落生态学特征进行专题研究是中国西北干旱区地衣资源研究中的重要组成部分。

　　目前对有关巴尔鲁克山国家级自然保护区维管植物的区系研究和群落物种多样性的研

究已有很多报道，但对于地衣来说，研究还比较薄弱。对新疆巴尔鲁克山国家级自然保护区地衣物种多样性、区系组成及其生态学特征的调查和研究，旨在了解巴尔鲁克山国家级自然保护区地衣的物种资源、物种多样性、区系及群落的基本特征。探讨新疆巴尔鲁克山国家级自然保护区地衣物种多样性、地理分布、区系组成、地衣群落结构特征和物种分布规律，无疑会为我国地衣的区系分布及生态学特征提供第一手资料，对于深刻认识中亚地区地衣区系组成、演变的规律，保护地衣的生物多样性等方面具有重要的理论意义和科学价值。同时，在有效保护新疆巴尔鲁克山国家级自然保护区生物多样性，科学评价该地区生态环境变化等方面也具有非常重要的理论和实际意义。

2021年1月至2025年12月，我们研究团队有幸获得了国家自然科学基金项目"新疆巴尔鲁克山国家级自然保护区地衣物种多样性及生态学特征的环境解释"（项目编号：32160046）的资助。项目组主要成员有新疆大学生命科学与技术学院艾尼瓦尔·吐米尔教授（负责撰写第二章、第三章、第四章和第五章），浙江自然博物院副研究馆员王强（负责撰写第一章和第六章），新疆大学生命科学与技术学院热衣木·马木提（负责地衣图片拍摄及排版），新疆巴尔鲁克山国家级自然保护区管理局吴仕才（负责收集和整理保护区植物资源、气象、地理相关资料，统筹安排野外调查工作），新疆大学生命科学与技术学院硕士研究生热汗古丽·买买提艾力、杜来提罕·托合苏、雍海英、金斯古丽·巴合努尔等（参加野外调查，进行数据整理及样本鉴定等工作）。项目组成员不畏恶劣的自然条件，年复一年地在野外工作，深入调查，取得了应有的研究成果。《新疆巴尔鲁克山国家级自然保护区地衣物种多样性及其生态学特征》专著的出版是笔者带领研究团队多年来对新疆巴尔鲁克山国家级自然保护区地衣多样性、区系及生态学研究取得研究成果的精粹。

本项目的完成离不开新疆巴尔鲁克山国家级自然保护区管理局领导的大力支持和国内外同行专家的热情帮助。这里首先要深深感谢新疆巴尔鲁克山国家级自然保护区管理局领导及各林管站工作人员对本项目研究内容的施行、野外标本采集、交通和住宿等方面提供的便利条件。其次要感谢新疆大学生命科学与技术学院党委领导班子对项目的支持。再次还要感谢新疆大学生命科学与技术学院吾尔妮莎·莎衣丁博士对地衣种类鉴定方面提供的热情帮助。最后要感谢加拿大圣玛丽大学环境科学系David Richardson教授、英国Bradford大学考古和法医学学院Mark R. D. Seaward教授在地衣物种鉴定和论文发表方面的帮助！

由于作者水平有限，若有不足之处，敬请读者指正。

艾尼瓦尔·吐米尔
2024年12月于乌鲁木齐

Preface

Lichens are composite organisms being composed of algae and /or cyanobacteria living in association with filaments of fungi in a symbiotic relationship. This is what makes lichen fungi special. Lichens may have evolved as long ago as the Early Devonian (400 million years ago). It is estimated that, there are now about 20,000 known species all over the world with around 8% of the terrestrial surface of the earth being covered by lichen-dominated vegetation. China is one of the lichen rich countries and, according to the estimates may have 20,000 to 30,000 species of lichen, but at present there are only about 2,000 known species, belonging to 240 genera, which make up 6% to 9% of all plant species in China.

Xinjiang Uygur Autonomous Region, is the largest province in China with an area of over 1.6 million km^2 (0.64 million square miles), and is located in northwestern China. Situated in the hinterland of Eurasian continent, Xinjiang borders eight countries, which are Russia, Kazakhstan, Kirghistan, Tajikistan, Pakistan, Mongolia, India and Afghanistan. Because it is remote from the ocean and enclosed by high mountains, Xinjiang is cut off from marine climatic influences. It has a continental, dry climate, various land forms and topography within its territory. The Tian Shan Mt. separates the dry south from the slightly less arid north, so the northern slopes of the Tian Shan are more humid than those of the south. Xinjiang's landscape is vast and diverse, ranging from forest to steppes and the Gobi desert. These landscape provide living for a variety of lichens. Lichen species are widely distributed in the desert of Gurbantunggut, the arid environment of Alashankou and in the harsh cold habitats of the high mountain tundra region of Tianshan, Altay and the Kunlun mountains.

The research data show that, there are about 596 known lichen taxa composed of 580 species, 4 subspecies and 12 varieties belong to 160 lichen genera in Xinjiang, but it is probably that many more species actually exist in this areas.

Because of the diverse environmental conditions and long-time available for geological change in Xinjiang, the lichen flora has many ancient and local species. Therefore, further study of the lichens flora of Xinjiang is an important and significant as part of investigations on the lichen flora of China. The aims should include effective protection of the lichens species diversity in our country. It is also important to undertake research to effective control of desertification in Xinjiang Area.

The study of lichens in Xinjiang started late, with the primary stage ending in the 1980s. Beginning at this time, Dr. Wei Jiang Chun, Academician of the Institute of Microbiology, Chinese Academy of Sciences, Professor Wu Jinong, Nanjing University and Researcher Wang Xianye, Chinese Academy of Sciences, began to conduct a series of studies on lichens in Xinjiang. Research Team of "Lichen Research Center in Arid Region of Northwest China", College of Life Science and Technology, Xinjiang University also undertook systematic research on Xinjiang lichen from 1990s, and collected more than 105,000 lichen specimens in the Tianshan Mountains, the Kunlun Mountains, the Altay Mountains, the Altun mountain, the Junggar basin and other places. At present identified more than 600 species, belong to 129.

The Barluk Mountains are located in Yumin County and Toli County, Tacheng Prefecture in Xinjiang and are a distinct entity situated between the Tianshan Mts and the Altai Mts. The southwest part of the Barluk Mts. is high and the northeast is low. The main peak of the mountain body is kongtakamp Peak, which is 3,252 m above sea level. The region has a typical continental and temperate semi-desert climate. The average annual temperature is 6.2℃, with extreme maximum and minimum temperatures of 38.6℃ and −35.9℃ respectively. The annual precipitation is 289.2 mm.

In April 1980, the People's Government of Xinjiang Uygur Autonomous Region, China approved the establishment of the Xinjiang Wild Almond (Ye Badan Nature Reserve) in Yumin County, Tacheng Prefecture located at 82°30′E, 45°55′N). On 18 January 2005, the Nature Reserve was expanded and renamed "Xinjiang Barluk Mountain National Nature Reserve". The expanded protected area is located at 82°26′~83°13′E, 45°42′~46°03′N, with a total area of 115,037.3 km^2; of which 89.5% of the protected area is located in Yumin County and 10.5% in Toli County. The Nature Reserve is well known as a paradise for wildlife and plants; its main protected areas are in the forest ecosystem which harbours endangered rare plant species such as wild almonds and apples. The Nature Reserve has abundant biological resources in terms of vegetation types including coniferous forests, broad-leaved forests, shrubs, deserts, meadows, swamps and subalpine habitats. There are 1,244 species of vascular plants, belonging to 444 genera and 81 families, accounting for 29.31% of the total number of vascular plant species in Xinjiang (Nurbay 2013).

Climate and ecological environment change, and human activities are the main causes of global environmental change. Since the beginning of the 21st century, climate change has increasingly become a focus of people's attention. Predicting future regional climate change trends, researching how to ensure effective protection of biodiversity and sustainable utilization of biological resources in changing environments, and achieving sustainable development of regional economy have urgent practical significance. However, in recent years with the global change, and due to the dual effects of nature and human activities, the ecosystem, environment of the lichens habitat and biodiversity of the Barluk Mountain National Nature Reserve in Xinjiang have been threatened. Therefore, studying the relationship between environment changes and biodiversity in this protected area, and further determining the changing patterns of biodiversity distribution, is of great research significance and has attracted the attention of relevant departments.

The special geographical location and natural conditions of the Barluk Mountain National Nature Reserve in Xinjiang have created favorable conditions for the contact, mixing, and specialization of various plant flora, determining the complexity of the plant flora. The flora of the nature reserve is transitional from Iran-Turan (Kazakhstan) to Junggar flora, and from Siberia-Altai Mountains to Central Asia Tianshan flora. In the long-term evolution process, the Barluk Mountains have formed a transitional flora between Tianshan Mountains and Altay Mountains, showing the particularity of species in Tianshan Mountains and Altay Mountains. It is the most ideal natural laboratory for observing and studying the impact of environmental changes in Central Asia on lichen species diversity and flora composition. Making this nature reserve one of the hot spots for biodiversity research and protection, it has received high attention and concern from biological and ecological researchers. Therefore, conducting specialized research on the species diversity, flora, and ecological characteristics of lichens in the Barluk Mountains National Nature Reserve is an important component of the study of lichen resources in the arid northwest region of China.

There have been many reports on the flora and community species diversity of vascular plants in the Barluk Mountain National Nature Reserve, but research on lichens is still relatively weak. Exploring the species diversity, geographical distribution, floral composition, community structure, and species distribution patterns of lichens in the Barluk Mountain

National Nature Reserve in Xinjiang will undoubtedly provide first-hand information on the distribution and ecological characteristics of lichens in China. It has important theoretical significance and scientific value for a profound understanding of the composition and evolution of lichens in Central Asia, as well as for protecting the biodiversity of lichens. At the same time, it is of great theoretical and practical significance to effectively protect the biodiversity of the Barluk Mountain National Nature Reserve in Xinjiang and scientifically evaluate the changes in the ecological environment in the region.

From January 2021 to December 2025, we were fortunate to receive the China National Natural Science Foundation project "Environmental Explanation of Lichen Species Diversity and Ecological Characteristics in the Barluk Mountain National Nature Reserve in Xinjiang", project No: 32160046. Project team members including Ainivaer Tumier (Xinjiang University); Wang Qiang (Zhejiang Museum of Natural History); Reyimu Mamuti (Xinjiang University); Wu shicai (Xinjiang Barluk Mountain National Nature Reserve Administration); Rehanguli Maimaitiaili, Dulaitihan Tuohesun, Yong Haiying, Jinsiguli Bahenuer (graduate students of College of Life Sciences and Technology, Xinjiang University). Successfully completed of this research project are permeated with he (she) had no fear of adverse natural conditions and hard working. This book "The lichens species diversity and it's ecological characteristic of Barluk Mountain National Nature Reserve research in Xinjiang, China" is comprehensive summary of the study of lichen floristics and ecology of this nature reserve by supporting to the research projects.

In the past few years of research, the implementation and completion of this project cannot be separated from the support of the leadership of the Barluk Mountain National Nature Reserve Management Bureau in Xinjiang and the enthusiastic help and support of domestic and foreign experts. We were deeply grateful to Dr. Wuernisha Shayiding (College of Life Sciences and Technology, Xinjiang University) for carrying out thin layer chromatography to identify the collected Caloplaca and Aspicilia species. We thank Professor David Richardson (Department of environmental sciences, Saint Mary's University, Canada), and Professor Mark R. D. Seaward (School of Archaeological & Forensic Sciences, University of Bradford, Bradford BD7 1DP, United Kingdom) for identifying lichens and editing our manuscript.

Finally sincere thanks to all the people who supporting and helping us. All the leaders of the College of Life Sciences and Technology and our colleagues of College of life sciences and technology, Xinjiang University also offered great support, and we express our grateful thanks to them.

Because of the limitation knowledge of authors, it is inevitable that there will be mistakes and insufficient data, so we welcome readers point out errors and provide suggestions or correction.This book is mainly independent of China National Natural Science Foundation research project.

Ainiwaer Tumier
Xinjiang University, Urumqi
Xinjiang, China, December, 2024

内容简介

生物多样性是人类赖以生存和社会得以持续发展的基础。保护生物多样性是当今世界环境保护热点问题之一，正越来越受到国际社会的普遍关注。因此，生物多样性的保护和恢复是全球面临的重要任务，是中国生态文明建设和人与自然和谐共生的目标。

地衣是岩石风化和土壤形成的先锋生物，尤其在地球南北极地和高寒地区及干旱荒漠中为优势类群，所占陆地面积为地球总面积的8%以上，具有重要的生态功能。地衣中含有独特的次生代谢产物，在抗艾滋病、抗癌、抗菌及提高人体免疫力等方面也具有良好的应用潜力。由于地衣的结构特点和生理特性，如缺乏植物那样具保护作用的真皮层及蜡质层，且光合共生物多为共球藻，地衣体结构脆弱易损坏，对大气污染极度敏感。空气中的二氧化硫、氟化物、重金属离子及放射性物质等都是敏感的污染源。因此，地衣多分布于远离空气污染的南北两极、高山、原始森林和荒漠等环境中。由于人类活动的不断加剧，尤其是自然生态系统的破坏及对具有医药用途及保健作用的地衣的过度采挖，使地衣生物多样性受到严重破坏。地衣在自然界中生长极为缓慢，受到破坏后很难恢复。因此，对地衣生物多样性现状进行评估，制定有效的保护措施，首先需要了解其自然环境下的生存状态和资源量。

新疆巴尔鲁克山国家级自然保护区被誉为野生动植物的天堂，其独特的地理位置孕育了特殊和丰富的地衣资源，具有重要研究、保护和利用价值。为了查明巴尔鲁克山国家级自然保护区地衣的物种资源、区系及群落特征，基于47个沿海拔梯度设置的地衣采集点数据，采用经典分类与系统分类学相结合的方法分析了地衣物种多样性和区系特征；并应用多元数据分析方法对地衣群落进行数值分类，分析了地衣物种分布与环境因子的关系，同时对地衣的Shannon-Wiener生态位宽度指数、Levins生态位宽度指数和Pianka生态位重叠值进行分析，取得如下研究结果。

（1）分布在巴尔鲁克山国家级自然保护区的大型地衣共有110种，隶属于6目11科32属。包括短柄石蕊 *Cladonia kurokawae* Ahti & Stenroose、*Xanthoparmelia pulvinaris*（Gyeln.）Ahti & D. Hawksw.、俄罗斯大孢衣 *Physconia rossica* Urban.、*Enchylium polycarpon*（Hoffm.）Otálora P. M. Jørg. & Wedin、多毛猫耳衣 *Leptogium hirsutum* Sierk、芽片地卷 *Peltigera monticola* Vitik.、扇指褐鳞叶衣 *Fuscopannaria cheiroloba*（Müll. Arg.）P. M. Jørg、*Dermatocarpon arnoldianum* Degel. 和皱面粗根石耳 *Umbilicaria aprina* Nyl. 等9个新疆新记录种。其中茶渍目地衣共有3科17属51种，分别占大型地衣科、属和种总数的27.2%、53.1%和46.3%。其次为粉衣目，共有1科5属25种，分别占大型地衣科、属和种总数的9.1%、15.6%、22.7%；再次为地卷目共有4科6属22种，分别占大型地衣科、属和种总数的36.4%、18.8%和20%。

（2）微型（壳状）地衣共71种，隶属于11目13科27属。从科级水平看，茶渍科（Lecanoraceae）含有20种、巨孢衣科（Megalosporaceae）14种、微孢衣科（Acarosporacea）9种，3个优势科的种数共43种，占保护区微型地衣总种数的60.6%。种数≥5种的优势属共有茶渍属 *Lecanora* Ach.（7种）、微孢衣属 *Acarospora* A.Massal.（7种）、野粮衣属 *Circinaria* Link（7种）、黄茶渍属 *Candelariella* Müll. Arg.（5种）、小网衣属 *Lecidella* Körb.（5种）和地图衣属 *Rhizocarpon* Ramond ex DC（5种）6个属，其种数占保护区微型地衣总种数的50.7%。

（3）保护区大型地衣的生长型主要由叶状、枝状和鳞片状地衣组成。其中叶状地衣占优势，共有76种，占大型地衣总种数的69.1%；鳞片状地衣共有23种，占大型地衣种总数的20.9%、枝状地衣共有11种，占大型地衣种总数的10%。大型地衣分布的基物包括岩面、树附、地面3种生境类型。其中岩面生大型地衣共有30种，占大型地衣总种数的27.3%；树附生大型地衣共有44种，占大型地衣总种数的40%；地面生大型地衣共有50种，占大型地衣总种数的45.5%。

（4）分布在保护区的微型（壳状）地衣的基物类型主要包括岩石、树皮、朽木、苔藓和土壤5种类型。其中岩生地衣共48种，占壳状地衣总种数的67.61%；树皮生地衣10种，占壳状地衣总种数的14.08%；朽木生地衣7种，占壳状地衣总种数的9.86%；岩石上苔藓伴生地衣4种，占壳状地衣总种数的5.63%；土壤生地衣2种，占壳状地衣总种数的2.82%。保护区微型（壳状）地衣的分布具有一定的海拔梯度差异。壳状地衣种类数量在海拔1 000 m以下比较少，随着海拔梯度的增加，海拔1 000～1 500 m的种数明显增加，海拔1 500 m开始出现种数减少趋势，海拔2 000 m以上的生境中地衣种类明显减少。

（5）保护区大型地衣的地理分布区类型划分为7个地理成分和8个分布型，分别为世界广布成分、温带成分（北半球广布型、北温带分布型、温带分布型、欧亚-北美分布型、东亚-北美分布型）、环北极成分（环北方分布型、环极北极-高山分布型、环极低北极及北方分布型）、泛热带成分、东亚成分、地中海-西亚-中亚成分和中国特有种。其中环北极成分及温带成分所占比例最高，充分体现了研究区大陆性温带半干旱气候特征。

（6）保护区小型（壳状）地衣区系划分为9个地理成分和8个分布型，分别为世界广布成分、环北极成分（环北极高山分布型、环北方分布型）、温带成分（欧亚-北美分布型、温带亚洲分布型、北温带分布型、北半球广布分布型、北美-澳大利亚分布型、东亚-北美分布型)、中亚成分、两半球广布种、中西亚成分、中亚-北美西部成分、地中海成分和中国特有种。

(7)双向指示种分析(TWINSPAN)和除趋势对应分析(DCA)结果显示,分布在巴尔鲁克山国家级自然保护区的地面生大型地衣由4个群丛组成。群丛1：枪石蕊+槽梅衣群丛；群丛2：巴尔迪莫皱衣+土星猫耳衣群丛；群丛3：平盘软地卷+膜地卷群丛；群丛4：灰色大孢蜈蚣衣+伴藓大孢衣群丛。树附生大型地衣由5个群丛组成。群丛1：软地卷+蜈蚣衣群丛；群丛2：蜈蚣衣+蓝灰蜈蚣衣群丛；群丛3：裂芽黄髓梅+枪石蕊群丛；群丛4：蜈蚣衣+斑面蜈蚣衣群丛；群丛5：亚花松萝+矮石蕊群丛。岩面生大型地衣由5个群丛组成。群丛1：长根皮果衣+皮果衣覆瓦原变种+*Dermatocarpon arnoldianum* Degel.；群丛；群丛2：淡肤根石耳+蓝灰蜈蚣衣群丛；群丛3：菊叶黄梅+怀俄明黄梅群丛；群丛4：翅白角衣+睫毛黑蜈蚣衣群丛；群丛5：异白点蜈蚣衣+暗褐衣群丛。CCA排序结果显示,地面生大型地衣的分布与土壤pH、空气湿度、乔木盖度、草本盖度、郁闭度等有关；土壤湿度、人为干扰等对低海拔地区地衣物种的分布有一定影响,灌木的盖度对地面生地衣的影响不显著。海拔高度、人为干扰、空气湿度和森林郁闭度等环境变量对树附生地衣的分布起主导决定作用,树干方向、胸径大小、光强度、树皮粗糙度对树附生地衣的影响不显著。岩面生大型地衣分布方面,除了岩石pH的影响不显著外,其他7种环境变量都影响地衣的分布。

(8)Shannon-Wiener和Levins生态位宽度指数显示,大多数地面生大型地衣物种、树附生大型地衣物种和岩面生大型地衣物种的生态位宽度都处于相对偏窄的水平,不同生态位宽度之间的差异比较小,生态位宽度很窄和很宽的物种占比和数量较低。大型地衣的生态位重叠值显示,地面生大型地衣种群间资源利用的相似程度较低,各物种对生境资源的需求有一定的差异,物种在生境资源的利用上形成了生态位的分化,种间竞争不激烈。在树附生大型地衣群落、物种之间的生态位重叠较小,是因为保护区森林面积大,林分结构复杂,能为树附生地衣的生长提供多种生境及与丰富的资源条件有关。岩面生大型地衣群落中,种对间生态位重叠值整体偏低,说明岩面生大型地衣物种的生态位普遍存在差异,生态位分化程度高,物种间竞争不激烈,群落较稳定。

(9)新疆巴尔鲁克山国家级自然保护区附生地衣种类分布与宿主树种间的关系,找出影响附生地衣分布的因子,笔者于2022年和2023年利用树干取样法调查了不同海拔30个样点中198株不同径级的欧洲山杨距地面0~2.0 m处附生地衣的种类组成和分布。结果表明,该保护区欧洲山杨树干上分布的附生地衣共有33种,隶属于8科20属。附生地衣种数和宿主径级的相关指数为$R^2=0.8768$。在宿主树径级61~120 cm区间附生地衣种数最多。附生地衣更多地出现于树干北向方位,海拔900~1 300 m的树干上附生地衣较多。研究认为,巴尔鲁克山国家级自然保护区附生地衣种类的分布与宿主树干径级、方位、海拔、树干高度等因子有关。

（10）在巴尔鲁克山国家级自然保护区不同海拔梯度带（落叶林带、针叶林带、草原带、亚高山带）共设置47个20 m×20 m的样地，在出现地面生大型地衣的24个样地中采集标本样品，记录标本采集点的经纬度、海拔高度等信息，鉴定地衣种类；再借鉴已有研究，设计地面生大型地衣的生态指示值（海拔梯度带、光照指示值、湿度指示值、基物pH指示值、土壤养分指示值、富营养化指示值、生长型指示值、光生物类型指示值、繁殖策略指示值、空气污染耐性指示值、分布频度指示值、濒危指示值）；采用α-多样性指数法分析研究区域地面生大型地衣多样性、采用β-多样性指数法比较不同样点间地面生大型地衣的差异，分析不同植被带间地面生大型地衣更替率（地面生大型地衣沿海拔梯度变化规律）。结果表明：分布在巴尔鲁克山国家级自然保护区的地面生大型地衣共41种，隶属于3目5科11属，其中地卷属和石蕊属的物种占优势，种数占该地区地面生大型地衣物种总数的65.9%。α-多样性指数，由大到小依次为落叶林带、针叶林带、亚高山草甸带。β-多样性指数显示，落叶林带和草原带间的地面生大型地衣种类的替换率较大，物种相似性较小；针叶林带和亚高山草甸的物种替换率较小，地衣种类较相似。地面生大型地衣分布在中等海拔、较湿润、酸性生境中，主要以有性繁殖为主。

（11）根据对巴尔鲁克山国家级自然保护区朽木生地衣群落18个样点（20 m×20 m）调查的数据，以各地衣种的盖度为指标结合双向指示种分析方法（TWINSPAN）和除趋势对应分析法（DCA）对保护区朽木生地衣群落进行数量分类并分析了群落结构特征及其多样性和相似性。采用典范对应分析法（CCA）对各群落的物种分布格局与环境因子的关系进行了探讨。结果表明，TWINSPAN分析和DCA排序将分布在巴尔鲁克山国家级自然保护区的20种朽木生地衣分为以下4个群丛。群丛1：矮石蕊*Cladonia humilis*（With.）+犬地卷*Peltigera aphthosa*（L.）Willd.；群丛2：喇叭粉石蕊*Cladonia chlorophaea*（Flörke ex Sommerf.）Spreng.+土星猫耳衣*Leptogium saturninum*（Dicks.）Nyl.+枪石蕊*Cladonia coniocreae*（Flk.）Spreng.；群丛3：平盘软地卷（*Peltigera elisabethae* Gyeln.）+犬地卷+多指地卷*Peltigera polydactyla*（Neck.）Hoffm.；群丛4：膜地卷*Peltigera membranacea*（Ach.）Nyl.+喇叭粉石蕊+分指地卷*Peltigera didactyla*（With.）J. R. Lound.。物种多样性以群丛2最大，为3.478；群丛1最小，为2.716；群丛2和群丛4间的相似性最高，为0.856，群丛1和群丛3相似性系数最低，为0.434。朽木生地衣的分布与朽木树种具有专一性，分布在雪岭云杉上的地衣种类最多。CCA排序结果反映，该地区朽木生地衣的分布受森林植被郁闭度、光照强度、朽木腐蚀度的影响较大，而受朽木直径大小、朽木pH等因素的影响不大。

（12）采用双向指示种分析方法（TWINSPAN）对壳状地衣群落进行数量分类。以群落中盖度最大的地衣种为指标，对地衣群落进行命名。采用典范对应分析（CCA）法研究地衣物种分布与环境因子的关系。以壳状地衣种类的覆盖度为基础计算各样点和群丛的多样性和相似性指数，比较各群丛的物种多样性和相似性特点。结果表明，分布在巴尔鲁克山国家级自然保护区的壳状地衣共有26种，隶属于5目12科17属，其中茶渍目的种类最多，共有7科10属17种，分别占壳状地衣科、属和种类总数的58.3%、58.8%、65.4%，属于优势目。样点5的多样性最大，分别为2.675和0.92。TWINSPAN分析将26种壳状地衣分为以下3个群丛。群丛1：鳞饼衣+蜡黄橙衣+戈壁微孢衣群落；群丛2：散生微孢衣+霜降衣+碎茶渍群落；群丛3：戈壁微孢衣+黑亚网衣+扭曲野粮衣群落；通过计算各群丛的多样性和相似性可知，群丛2的香农维纳和辛普森多样性指数最大，分别为2.896和0.935；CCA排序显示，巴尔鲁克山国家级自然保护区壳状地衣种类的分布受海拔、光照强度、坡度、坡向及岩石大小等因素的影响。本研究结果显示，新疆巴尔鲁克山国家级自然保护区的壳状地衣主要分布在岩石和树皮上，其中岩面生壳状地衣的种类占优势。岩面生壳状地衣的物种多样性随着海拔梯度发生变化，主要是岩石的坡度、坡向引起所接受的太阳辐射量，从而影响壳状地衣的分布。岩石的大小对壳状地衣种类的影响不显著。

综上所述，新疆巴尔鲁克山国家级自然保护区的地衣资源丰富，主要由地面生、树附生、岩面生和朽木生种类组成。地衣区系以环北极成分和温带成分为主，地衣群落结构复杂，群落物种多样性随着海拔梯度具有显著性差异。地衣种类的分布受到保护区气候、地形和森林类型的影响，还受基物类型、基物的理化性质、光照强度、海拔、空气相对湿度、人为干扰等多种自然和人为因素的影响。地衣种类的生态位宽度中等，种间生态位重叠较小。

Abstract

Biodiversity is the basis of the human survival and sustainable social development. Nowadays, the protection of biodiversity is one of the hot issues of environmental protection and a global task all over the world, which is also an important part of sustainable development, harmonious coexistence between humans and nature and ecological civilization construction in China.

Lichens are pioneer organisms of the rock weathering and soil formation, especially dominate in the polar regions, high-altitude areas, and arid deserts of the Earth. They occupy more than 8% of the total land area of the Earth and have important ecological functions. Lichen contains unique secondary metabolites, and has good application potential in anti AIDS, anti-cancer, anti-bacterial and improving human immunity. Due to the unique morphological structure and physiological characteristics of lichens, such as lichens lack significant cuticle or epidermis and are devoid of a well-developed root system, therefore they absorb nutrients directly from the atmosphere. Along with nutrients, pollutants are also absorbed and/or adsorbed on the lichen thalli without having any visible signs of injury to the thallus. Lichens show differential sensitivity towards wide range of pollutants. Sulfur dioxide, fluoride, heavy metal ions, and radioactive substances in the air are all sensitive sources of pollution. Therefore, lichens are mostly distributed in environments far from air pollution, such as the North and South Poles, high mountains, primitive forests, and deserts. The continuous intensification of human activities, especially the destruction of natural ecosystems and excessive excavation of lichens with medicinal and health benefits, has seriously damaged the biodiversity of lichens. Lichens grow extremely slowly in nature and are difficult to recover from damage. Therefore, to assess the current status of lichen biodiversity and develop effective conservation measures, it is necessary to understand the present survival status and resource abundance in the natural condition.

The Xinjiang Barluk Mountain National Nature Reserve (BMNNR) is a paradise for wildlife, and its rich flora and species diversity of lichens is the result of its geographical location, which has important research and protection value. In this study, the lichens were collected from different sampling points based on elevation gradients in the BMNNR in Xinjiang, China to understand the lichens species diversity, floristic and community characteristics, the lichens were identified and classified by using classical taxonomic and modern molecular systematics method. On the basis of lichens coverage, multivariate data analysis was used for the numerical classification of the lichen communities. The canonical correspondence analysis method was used to analyze the relationship between the distribution of lichen species and environmental factors; Shannon-Wiener and Levin's niche width index were used to analysis lichen niche characteristics, and Pianka niche overlap value was used to analyze the competition between the lichen species.

The results of the study showed that:

(1) One hundred and ten macrolichen species belonging to 32 genera, 11 families and 6 orders were occurred on the BMNNR that included the following nine species newly recorded in Xinjiang. *Physconia rossica* Urban., *Cladonia kurokawae* Ahti & Stenroose, *Xanthoparmelia pulvinaris* (Gyeln.) Ahti & D. Hawksw., *Enchylium polycarpon* (Hoffm.) Otálora P. M. Jørg. & Wedin, *Leptogium hirsutum* Sierk, *Peltigera monticola* Vitik., *Fuscopannaria cheiroloba* (Müll. Arg.) P. M. Jørg, *Dermatocarpon arnoldianum* Degel. and *Umbilicaria aprina* Nyl. The dominant order was the Lecanorales which contained 51 species, 17 genera, 3 families, accounting for 27.3%, 53.1% and 46.4% of the total respectively. Followed Caliciales 25 species, 5 genera, 1 family, accounting for 9.1%, 15.6% and 22.7% of the total respectively and to Peltigerales 22 species, 6 genera, 4 families, accounting for 36.4%, 18.8% and 20% of the total respectively.

(2) There are 71 microlichen species, belonging to 11 order, 13 families and 27 genera. Among them, Lecanoraceae has 20 species, Megalosporaceae has 14species and Acarosporacea has 9 species, three dominant microlichen families have 43 species, occupied 60.6% of the total number of microlichen species of BMNNR. The dominant genus has more than 5 species including *Lecanora* Ach. (7 species), *Acarospora* A.Massal. (7species), *Circinaria* Link (7species), *Candelariella* Müll. Arg. (5species), *Lecidella* Körb. (5species)

and *Rhizocarpon* Ramond ex DC (5species), and occupied 50.7 % of the total number of microlichen species of BMNNR.

(3) The growth form of the macrolichens in protected areas was mainly foliose, fruticose and squamoluses. Foliose lichens dominated with a total of 76 species, accounting for 69.1 % of the total number macrolichens. There were 23 species of squamoluses lichens, accounting for 20.9 % of the total species, and 11 species of fruticose lichens, accounting for 10 % of the total species. The substrata for the macrolichens included rocks, trees and soil. There were 30 saxicolous macrolichens, accounting for 27.3% of the total number of macrolichens; 44 epiphytic macrolichens, accounting for 40 % of the total number of species; 50 terricolous macrolichens, accounting for 45.5 % of the total number of species.

(4) The substrate of microlichens including rocks, bark, dead tree, mosses and soil. There are 48 saxicolous lichens, accounting for 67.61% of the total number of microlichen species; there are 10 species of lichens epiphytic lichens, accounting for 14.08% of the total number of microlichens; 7 species grow on decaying wood, accounting for 9.86% of the total number of microlichens there are 4 mossicolous lichen species, accounting for 5.63% of the total number of crustose lichen species; and 2 lichen species growing on soil, accounting for 2.82% of the total number of crustose lichen species. The distribution of microlichens in protected areas has certain differences in altitude gradient. The number of microlichens is relatively low an altitude of 1 000 m. With the increase of altitude gradient, the number of species between 1 000 m and 1 500 m increases significantly, and a decreasing trend begins at an altitude of 1 500 m. The number of lichen species in habitats above 2 000 m decreases significantly.

(5) The macrolichen flora in the BMNNR was divided into 7 geographical components and 8 distribution types: Cosmopolitan element, Temperate element (North hemisphere species, Temperate zone species, Northern temperature species, Eurasia-North America species, East Asia-North America species), West Asia-Central Asia element, Pantropical element, Circumpolar arctic element (Circumpolar boreal species, Circumpolar arctic and High mountain species, Circumpolar low arctic and boreal species), East Asia element and China endemic element. Among them, the temperate zone element and the circumpolar zone element accounted for the highest proportion, which reflects the characteristics of the continental temperate semi-arid climate.

(6) The microlichen flora in the BMNNR was divided into following 9 geographical components and 8 distribution types: Cosmopolitan element, Circumpolar arctic element,

Temperate element, Species widespread in both hemisphere, Middle and West Asia element, Central Asia-Western North America element, Mediterranean element, Endemic to China geographical components. Circumpolar arctic-alpine species, Circumpolar boreal species, EuroAsia-North America species, Temperate Asia species, North temperate zone species, Species widespread in north hemisphere, North America-Australia species, Eastasia-North America species and Central Asia element distribution types.

（7）The TWINSPAN analysis and DCA ordination results showed that, in BMNNR, terricolous macrolichens werer divided into four associations: Association 1: *Cladonia coniocraea* (Flk.) Spreng + *Parmelia sulcata* Taylor association; Association 2: *Leptogium saturninum* (Dicks.) Nyl. + *Flavoparmelia baltimorensis* (Gyeln. & Foriss) Hale association; Association 3: *Peltigera elisabethae* Gyelnik + *Peltigera membranacea* (Ach.) Nyl. association; Association 4: *physconia grisea* (Lam.) Poelt + *Physconia muscigena* (Ach.) Poelt association. The epiphytic macrolichens was divided into five associations: Association 1: *Physcia stellaris* (L.) Nyl. + *Peltigera malacea* (Ach.) Funck association; Association 2: *Physcia stellaris* (L.) Nyl. + *Physcia caesia* (Hoffm.) Hampe. association; Association 3: *Myelochroa obsessa* + *Cladonia coniocraea* (Flk.) Spreng association; Association 4: *Physcia stellaris* (L.) Nyl. + *Physcia aipolia* (Ehrh. ex Humb.) Fürnr association; Association 5: *Usnea subfloridana* Stirt. + *Cladonia humilis* (with.) J. R. Laundon association. Finally, the saxicolous macrolichens was also divided into five associations: Association 1: *Dermatocarpon moulinsii* (Mont.) Zahlbr. + *Dermatocarpon* var. *miniatum imbricatum* (Massal.) + *Dermatocarpon arnoldianum* Degel. association; Association 2: *Umbilicaria virginis* Schrad. + *Physcia caesia* (Hoffm.) Hampe. association; Association 3: *Xanthoparmelia somloensis* (Gyelink) Hale + *Xanthoparmelia wyomingica* (Gyelnik) Hale association; Association 4: *Siphula pteruloides* Nyl. + *Phaeophyscia ciliata* (Hoffm.) Moberg association; Association 5: *Physcia phaea* (Tuck.) Thoms + *Melanelia stygia* (L.) Essl. association. The CCA ordination results showed that, the distribution of terricolous macrolichen species was influenced by factors such as forest canopy density, soil pH, air humidity, tree coverage and herb coverage, on the plot that located low elevation soil humidity and human disturbance also have significantly effect of terricolous lichens distribution. Factors such as shrub coverage have little effect. The distribution of epiphytic macrolichen species was influenced by altitude, air humidity, human disturbance and canopy density. The aspect and diameter at breast height was of less importance, while bark roughness has no significant impact on distribution. The distribution of saxicolous macrolichens was influenced by elevation, light intensity, air humidity, slope, aspect, erosion degree, disturbance and rock size, the rock pH has less impact on distribution of species.

(8) The Shannon-Wiener's and Levin's niche width indices showed that, the niche width indices of most terricolous macrolichen species, epiphytic macrolichen species and saxicolous macrolichen species were at a relatively narrow level, and the difference between different niche widths was relatively small. The proportion of species with narrow and wide niche widths was not high and the number was not large. The niche overlap values of macrolichens on different types of substrata showed that, the similarity of resource use between the different terricolous macrolichens species in the reserve was low and each species requires different habitat resources. Species exhibit niche differentiation in the use of habitat resources, and as a result competition between species is not high. The proportion of species pairs with no overlap between species in the epiphytic macrolichen community is quite high. The reason is that the forest area of the reserve is large and the forest consists of many tree species. These provide diverse habitats and rich resource conditions for epiphytic lichens. The niche overlap value of saxicolous macrolichens is generally low, indicating that the niche of large lichen species on the rock surface was generally different, the degree of niche differentiation high, the competition between species is not fierce, and this macrolichen community was relatively stable.

(9) Epiphytic lichens is an important component of forest biodiversity, it's distribution controlled by several biotic and abiotic factors. In order to further investigate the relationship between the distribution of epiphytic lichens species and host tree, and to identify the factors that affect the distribution of epiphytic lichens, the species composition and it's distribution characteristics of epiphytic lichens on trunk at 0-2.0 m height were surveyed using trunk sampling method on 198 individual trees of *Populus tremula* L. in Barluk Mts. National Nature Reserve, Xinjiang, China at 2022 and 2023 respectively. The results showed that, in total 33 epiphytic lichens species belonging to 20 genera and 8 families were recorded. The relationship between diameter classes with the number of epiphytic lichen species was $R^2=0.876\ 8$. The highest number of species was in the diameter class of 61-120 cm. The species composition and distribution of epiphytic lichens were controlled by the diameter classes, aspects, altitude and height of host trees trucks. The number of species was higher in the north aspects than in the south aspects in all diameter classes and between altitude 900-1 300 m. Through research, it is found that the distribution of epiphytic lichen species in the Barluk Mts. National Nature Reserve

is related to factors such as host tree trunk diameter, orientation, altitude, and trunk height.

(10) In order to better understand the current resources status and determine the ecological indicator values of terricolous macrolichen in the BMNNR in Xinjiang, China. A survey of terricolous macrolichen was conducted at different altitude in the reserve. The results show that there are a total of 41 species of terricolous macrolichen belonging to 3 orders, 5 families, and 11 genera. Among them, the species of *Peltigera* and *Cladonia* are dominant, accounting for 65.9% of the total number of macrolichen species in the region. α-diversity index were deciduous forest>coniferous forest>subalpine meadow. The β-diversity index shows that the replacement rate of lichen species between deciduous forest and grassland is relatively high, and the species similarity is relatively small; The species replacement rate in coniferous forest and subalpine meadows is relatively low, and the lichen species are relatively similar. Meanwhile, habitat indicator values, life history strategy indicator values, and tolerance and distribution indicator values of 41 large lichens were analyzed. The results shows that, terricolous macrolichens mainly distribute medium altitude, moist and acidic habitats, mainly for sexual reproduction.

(11) According to the 18 quadrat (20 m × 20 m) investigation data saprophytic lichen communities of BMNNR were quantitative classified based on species coverage by two way indicator species analysis (TWINSPAN) and detrended correspondence analysis (DCA) and communities structure characteristics, species diversity and similarity index were analyzed. The relationship between species distribution of saprophytic lichen and seven different environmental factors was studied by canonical correspondence analysis (CCA). The results show that, saprophytic lichen community can be divided into following four association according to the TWINSPAN analysis and DCA ordination. Association 1: *Cladonia humilis* (With.) + *Peltigera aphthosa* (L.) Willd.; Association 2: *Cladonia chlorophaea* (Flörke ex Sommerf.) Spreng. + *Leptogium saturninum* (Dicks.) Nyl.+ *Cladonia coniocreae* (Flk.) Spreng.); Association 3: *Peltigera elisabethae* Gyeln.+ *Peltigera aphthosa* (L.) Willd.; Association 4: *Peltigera membranacea* (Ach.) Nyl.+ *Cladonia chlorophaea* (Flörke ex Sommerf.) Spreng.+ *Peltigera didactyla* (With.) J.R.Lound. Association 2 had highest species diversity 3.478 and Association 1 had lowest 2.716; similarity between the Association 2 and 4 was highest 0.856 and Association between 1 and 3 was lowest 0.434. The distribution of saprophytic lichens is specific to deadwood tree species, and the species number highest on CCA ordination result showed that the species composition and distribution pattern of saprophytic lichens were most strongly influenced by light intensity, canopy density and decayed degree of

deadwood; the distribution pattern of lichen community did not significantly correlate with dead wood diameter and pH.

(12) In this study, the two way indicator species analysis method (TWINSPAN), were used in quantitative analysis of crustose lichen community. The lichen community was named by the lichen species with the largest coverage in the community. The relationship between lichen species distribution and environmental factors was studied by canonical correspondence analysis (CCA) method. Based on the coverage of crustose lichen species, the diversity and similarity indices of sampling sites and communities were calculated, and the species diversity and similarity characteristics of each community were compared. The results showed that there were 26 species of crustose lichens distributed in 20 samples of BMNNR, belonging to 5 orders, 12 families and 17 genera, among them Lecanorales has the largest number of species, with a total of 7 families, 10 genera and 17 species, accounting for 58.3%, 58.8% and 65.4% of the total number of family, genera and species of crustose lichen respectively. By calculating the diversity and evenness index of each sample, we were found that, diversity of sample 5 is the largest, which is 2.675 and 0.92, respectively. TWINSPAN analysis divided the 26 species of crustose lichens following three associations. Association 1: *Dimelaena oreina* + *Caloplaca cerina* + *Acarospora gobiensis* association; Association 2: *Acarospora sparsa* + *Icmodophila ericetolum* + *Lecanora argopholis* association; Association 3: *Acarospora gobiensis* + *Micarea melaena* + *Circinaria tortuosa* association. By calculating the diversity and similarity of each association, the largest diversity indices of Shannon Weiner and Simpson in association-2 were 2.896 and 0.935, respectively, and the CCA ordination showed that the distribution of crustose lichen species in Barluk Mountain National Nature Reserve was affected by factors such as altitude, light intensity, slope, aspect, and rock size. As the results showed that the crustose lichens in the BMNNR in Xinjiang were mainly distributed on rocks and bark, and the species of shell-like lichens on rock faces were dominant. The species diversity of crustose lichens on rock faces changes with the altitude gradient, mainly because the slope and orientation of the rock cause the amount of solar radiation received, thereby affecting the distribution of crustose lichens. The size of the rock had no significant effect on crustose lichens species.

In summary, the Barluk Mountain National Nature Reserve in Xinjiang is rich in lichen resources, mainly composed of ground terricolous, epiphytic, saxicolous, and decaying wood species. The lichen flora is mainly composed of Arctic and temperate components, and the lichen community structure is complex. The species diversity of the community varies significantly with altitude gradient. The distribution of lichen species is not only influenced by the climate, terrain, and forest types in protected areas, but also by various natural and human factors such as substrate types, physicochemical properties of substrates, light intensity, altitude, relative humidity of air, and human interference. The ecological niche width of lichen species is moderate, and the overlap between species ecological niches is relatively small.

目　录

第一章　总　论 ··· 1
    1.1　自然地理概况 ··· 1
    1.2　植物资源概况 ··· 2
    1.3　森林资源概况 ··· 4

第二章　保护区大型地衣物种多样性 ··· 5
    2.1　保护区大型地衣物种组成 ··· 5
    2.2　保护区大型地衣物种多样性及相似性 ····································· 11
    2.3　大型地衣科、属、种统计分析 ··· 21
    2.4　保护区大型地衣的区系分析 ··· 23
    2.5　保护区大型地衣的生态学特征 ··· 26

第三章　保护区微型（壳状）地衣物种多样性 ······································· 34
    3.1　保护区微型地衣物种组成 ··· 34
    3.2　保护区微型地衣物种多样性 ··· 38
    3.3　保护区微型地衣区系特征 ··· 48
    3.4　保护区微型地衣生态学特征 ··· 51

第四章　保护区地衣群落生态学特征 ··· 55
    4.1　研究方法 ··· 55
    4.2　地面生大型地衣群落特征 ··· 72
    4.3　树附生大型地衣群落特征 ··· 77
    4.4　岩面生大型地衣群落特征 ··· 83

4.5 朽木生地衣群落特征 ·· 88
   4.6 物种分布格局与环境因子的关系 ··· 98
   4.7 附生地衣物种分布特征 ··· 100
   4.8 地面生大型地衣的生态指示值 ·· 109
   4.9 壳状地衣群落特征 ·· 115

第五章 保护区地衣生态位特征 ·· 124
   5.1 地面生大型地衣生态位特征 ·· 124
   5.2 树附生大型地衣生态位特征 ·· 131
   5.3 岩面生大型地衣生态位特征 ·· 137
   5.4 微型（壳状）地衣生态位特征分析 ·· 142

第六章 保护区地衣名录 ·· 153
   6.1 保护区大型地衣名录 ·· 153
   6.2 保护区微型（壳状）地衣名录 ·· 166
   6.3 保护区新记录地衣种类 ··· 174

参考文献 ··· 184

附录1 巴尔鲁克山国家级自然保护区常见地衣 ·· 193

附录2 巴尔鲁克山国家级自然保护区地衣群落及生境 ·· 243

第一章 总 论

1.1 自然地理概况

1.1.1 地理位置

新疆巴尔鲁克山国家级自然保护区位于82°26′~83°13′E,45°42′~46°03′N,总面积为$11.5 \times 10^4 \ hm^2$。从地理位置上看,巴尔鲁克山介于天山山脉和阿尔泰山脉之间,山体并不高大,整个山脉呈中高山型,山体呈西南—东北走向,西南高东北低,尾端伸至老风口,全长约250 km,最宽处约80 km,平均海拔2 000多米,由于山体多次上升,构成明显的垂直分带。巴尔鲁克山是一座相对独立的山脉,山的西部尽头,就是我国与哈萨克斯坦的分界线,西临哈萨克斯坦的阿拉湖,北边是塔城盆地[1-3]。

1.1.2 地质地貌

巴尔鲁克山位于塔城-额敏盆地以南、艾比湖以北,呈中高山型,山体呈东北—西南走向,山体东高西低,海拔在1 000~3 252 m的大小山体有310座,1 023~3 200 m的山峰有34座。其最高峰——孔塔坎普峰海拔3 252 m,常年积雪,主要由古生界岩层及花岗岩浸入体组成,是裕民县主要地貌单元。巴尔鲁克山地是一个古老的山地,岩层大部分属于古生代的奥陶纪和志留纪,主要由厚层砂岩和页岩所构成。这一山地以前为准平原,在阿尔卑斯造山运动初期隆起成为山地,但在隆起过程中发生破裂作用而成为断块山,并具有明显的4个台阶。各台阶保持着明显的准平原面,呈波状起伏不平的波浪状。高原台地由第三纪黏土及砂岩组成,大部分为第四纪沉积碎石掩埋。喜马拉雅造山运动期间,巴尔鲁克山呈东北方向断裂,山体成为东北—西南走向。大部分山地为中低山。由于该山地最高处才属亚高山带,没有常年积雪,水量较少,所以地形被流水切割不强烈,主要外营力是物理风化作用。裕民县大地构造分山地、洪积扇、平原三大部分,亚高山、中高山地面积占全县总面积的11.8%,低山、丘陵占50.9%,洪积扇、冲积扇平原占37.3%。山地主要分布在西南部,海拔最高3 252 m,一般在1 400~2 400 m;中部为洪积扇区,海拔在500~800 m;北部为平原区,海拔390~500 m。地质以泥盆系和石岩系为主。间夹少量侏罗系地层,山前平原主要分布为第四系地层[1-3]。

1.1.3 气候条件

裕民县地处内陆深处,海洋水汽不易到达,气候比较干燥,属中温带大陆性干旱气候。巴尔鲁克山旅游区年平均气温6.6℃,最高气温41.8℃,最低气温-35.9℃,冬夏长,春秋短,年平均蒸发量1 021 mm为年均降水量的3.7倍,相对湿度为44%[1]。在巴尔鲁克山体的北坡,塔尔巴哈台山和沙吾尔山阻挡住了西伯利亚的寒冷气流,西坡开阔,毗邻哈萨克斯坦的阿拉湖,所以湿度较高、植被发育较完整。由于受南部的马依勒山阻挡和背风坡的地形影响,巴尔鲁克山体南坡的降水量很少,属于准噶尔盆地典型的大陆性气候,植被的旱生特征较强。风向以西风和南风居多,在山区,因地形调节,通常以东南风、西南风为主,并与天气系统的入侵相关。

1.1.4 土壤类型

巴尔鲁克山亚高山地带(海拔2 300 m以上),气候冷湿,季节性冻结,生长着亚高山植被,在粗骨性残积与残积-坡积母质上发育成亚高山草甸土,中山地带(海拔1 400~2 300 m)降水丰富,阴坡分布有大片云杉针叶林,在残积、坡积母质上有灰色森林土发生,而在阳坡,气温寒冷而湿润,灌木草原和草甸草原植被丰茂,在黄土状物母质和残积-坡积母质上形成典型黑钙土和淋溶黑钙土,低山地带(海拔900~1 400 m),生长禾本科草类植被,多生灌木和半灌木,在黄土母质和坡积物洪积-冲积物母质上发育成栗钙土,农田已演变成旱作栗钙土。山前平原区(海拔500~900 m)属温带大陆性干旱气候,呈荒漠草原景观,植被以深根性和耐旱性小灌木和半灌木为主,伴有短命植被,在冲积-洪积黄土母质上形成了棕钙土[1]。

1.1.5 水资源

巴尔鲁克山是裕民县、托里县的水源地,是塔城南部各县的水塔,拥有大小河流24条、沟溪106条,其中有泉水的沟溪90余条,泉水眼150余个,湖泊1个,水库5个。巴尔鲁克山区年均径流量达7.39×10^8 m^3,有巨大的开发潜能。发源于巴尔鲁克山的塔斯特河是裕民县境内最大的河流,由东向西横贯巴尔鲁克山脉,全长45 km,最后西出国境,注入哈萨克斯坦的阿拉湖。汇水面积668 km^2,年平均流量为3.18 m^3/s,最大洪峰流量为60 m^3/s,月最小平均流量为1.8 m^3/s,月最大平均流量为7.86 m^3/s,年径流量为2.11×10^8 m^3,此河河床深达340~400 m,纵向坡度较大,河水全在山间穿行;该河落差大,从上游河口到中部13 km的河段上,落差达100 m,是较好的水电开发基地[1]。

1.2 植物资源概况

1.2.1 植被种类

巴尔鲁克山自然保护区高等植物有1 244种,隶属于444属81科,种数占全疆总种数的

29.31%；苔藓植物有29科51属80种[1-3]。

保护区内重点保护珍稀植物21种，有欧亚圆柏 *Juniperus sabina* L.、白柳 *Salix alba* L.、新牡丹草 *Gymnospermium altaicum*（Pall.）Spach.、野巴旦杏 *Amygdalus ledebouriana* Schlecht.、新疆野苹果 *Malus sieversii*（Ldb.M. Roem.）、阿尔泰独尾草 *Eremurus altaicus*（Pall.）Stev.、新疆贝母 *Fritillaria walujewii* Rgl.、密根多毛藓 *Lescuraea radicosa*（Mitt.）Moeck.、水藓 *Fontinalis antipyretica* Hedw.等[1-3]。

巴尔鲁克山区天然草场非常广阔，绝大部分为放牧利用。草场牧草主要有500余种，优良牧草120余种，主要有针茅 *Stipa capillata* L.、羊茅 *Festuca ovina* L.、阿魏 *Ferula assa-foetida* L.、驼绒藜 *Krascheninnikovia ceratoides*（L.）Gueldenst.、羊角草 *Lindernia angustifolia*（Benth.）Wettst.、雀麦 *Bromus japonicus* Thunb.等，这些优质牧草饲用价值高、适口性好，为发展畜牧业提供了有力的保障。

巴尔鲁克山自然保护区野生观赏花卉植物非常多，据初步调查[1-3]，观赏花卉有54科117属392种，野生观赏植物种数占新疆野生观赏植物种数的67.86%，这说明巴尔鲁克山自然保护区野生花卉有着非常大的开发利用潜力和生态价值，通过引种驯化栽培等技术，可以用在城镇绿化与美化。

保护区资源植物中以药用植物最丰富，已查明的中草药就有600多种，药用价值较高的有贝母 *Fritillaria cirrhosa*、柴胡 *Bupleurum aureum*、芍药 *Paeonia sinjiangensis*、元胡 *Corydalis glaucescens*、麻黄 *Ephedra*、甘草 *Glycyrrhiza uralensis*、黄芪 *Astragalus membranaceus*（Fisch.）Bunge、枸杞子 *Poratriosa sinica*、益母草 *Leonurus japonicus* Houtt.等80多种，麻黄 *Ephedra*、甘草 *Glycyrrhiza uralensis*已被开发利用并且开始提取麻黄素和甘草酸等[1-3]。

保护区内最有经济利用价值和科研价值的是野巴旦杏和天山樱桃，它已列入《中国珍稀濒危保护植物名录》，是具有生物多样性国际意义的优先保护物种和国家二级重点保护野生植物。

野巴旦杏是第三纪新生代孑遗的物种，在欧洲已属化石，现全世界仅在中国新疆和哈萨克斯坦共和国境内有少量分布[1-3]。由于不适应现代生境的变化，野巴旦杏正处于衰退阶段，面积也在逐渐缩小，其分布特点为不连续的岛状，在我国只残存在新疆北部特殊山地的狭窄地形气候区域，据现有资料，裕民县野生巴旦杏自然保护区是现存世界上最大面积的野巴旦杏生长区，野生巴旦林面积达1 608 hm²。由于生境条件的变化，野巴旦杏适生区域，均在海拔800～1 200 m的丘状低山或山坡，且皆有遮挡西北强风的地形。在免受强风直接威胁的地区，各向坡面均有茂密的野巴旦杏植丛生长。野巴旦杏树生长期17年，平均亩产巴旦杏40～50 kg。巴旦杏主要食用种仁，经化验分析，仁内含脂肪油55%～61%、蛋白质28%，含少量的维生素A、消化酶、杏仁素酶、杏仁苷、钙、镁、钠、钾，含微量的铁、钡、铝、矽等18种化学元素。其营养价值和潜在的医药、油料等方面的利用价值高，用途广，因而在美国及欧洲的许多国家得到大面积的发展，而野生种植资源的保护及开发利用就显得日益重要，因而，有必要开展一系列研究课题，充分发掘宝贵的自然资源的潜力。野巴旦杏丰富了我国野生植物资源的基因宝库，具有重要的科研及经济价值。因此，必须抓好保护区的建设，使其能够得到永续的利用[1-3]。

1.2.2 植物区系

植物区系是一个地区所有植物种类的集合体，是植被对地理环境漫长适应过程中的现实和客观反映。通过对保护区植被区系的地理成分分析可以看出，在科级水平上，以世界分布为主，共36科；其次是温带成分（温带、热带至温带、亚热带至温带、温带至寒带），共30科，占总科数的37.5%。纯粹的热带成分和热带亚热带成分较少，共8科，占总科数的9.88%。这反映出本保护区种子植物区系的分布与巴尔鲁克山的气候特征相适应。少数热带成分分布在巴尔鲁克山自然保护区南部和西部地区，它们是早第三纪新疆处于炎热气候时期遗留下来的成分。在属级水平上，把保护区的植被属划分为14个植被类型，其中北温带成分最多160属，占总属数的32.26%，说明本区植被属的总起源是北温带分布的属；其次是中亚分布和旧大陆分布，这与本保护区植物区系的地理成分相符合。巴尔鲁克山自然保护区植物种的分布类型比较多样，地理成分较复杂，主要分布区类型是中亚分布，有524种，占本地区总种数的45.49%；其次是欧亚分布，有273种，占本地区总种数的23.7%；再次是北温带分布，有126种，占本地区总种数的10.94%，而其余分布型的种数占本地区总种数的19.87%，其中中国特有成分31种占本地区总种数的2.7%。这充分说明，巴尔鲁克山自然保护区的植物区系具有典型的中亚植物区系特点[1-3]。

1.3 森林资源概况

巴尔鲁克山自然保护区总面积为11.5×10^4 hm^2，林地用地面积为34 614.95 hm^2，占保护区总面积的30%。从林地利用情况看，有林地面积7 324.78 hm^2，灌木林地面积为15 564.1 hm^2，疏林地面积为3 015 hm^2，宜林地面积为443.61 hm^2，森林总蓄积量为52.1万m^3。从森林类型看，针叶林面积为3 499.81 hm^2，以雪岭云杉林为主；阔叶林面积为3 787.03 hm^2，其主要林分为苦杨树、天山桦、疣枝桦、新疆野苹果、天山樱桃等；灌木林面积为15 564.1 hm^2，其中野生巴旦林面积为1 608 hm^2，灌木层主要优势种以蔷薇、野巴旦杏、金丝桃叶绣线菊、锦鸡儿、忍冬、新疆圆柏、枸杞子为主。在保护区植被中，木本植物有107种，占保护区植物总数的9.08%[1-3]。

第二章　保护区大型地衣物种多样性

2.1　保护区大型地衣物种组成

巴尔鲁克山国家级自然保护区大型地衣共有110种，隶属6目11科32属，见表2-1。其中包括短柄石蕊 *Cladonia kurokawae* Ahti & Stenroose、*Xanthoparmelia pulvinaris*（Gyeln.）Ahti & D. Hawksw.、俄罗斯大孢衣 *Physconia rossica* Urban.、*Enchylium polycarpon*（Hoffm.）Otálora P. M. Jørg. & Wedin、多毛猫耳衣 *Leptogium hirsutum* Sierk、芽片地卷 *Peltigera monticola* Vitik.、扇指褐鳞叶衣 *Fuscopannaria cheiroloba*（Müll. Arg.）P. M. Jørg、*Dermatocarpon arnoldianum* Degel.和皱面粗根石耳 *Umbilicaria aprina* Nyl. 9个新疆新记录种[4]。

表2-1　巴尔鲁克山国家级自然保护区大型地衣名录
Table 2-1　Species list of macrolichen in Barluk Mountain National Nature Reserve

物种编号 Number of species	目、科、属和种名 Name of order, family, genus and species
	粉衣目 Caliciales
	蜈蚣衣科 Physciaceae Zahlbr.
	蜈蚣衣属 *Physcia*（Schreb.）Michx.
S1	蜈蚣衣 *Physcia stellaris*（L.）Nyl.
S2	斑面蜈蚣衣 *Physcia aipolia*（Ehrh. ex Humb.）Fürnr.
S3	异白点蜈蚣衣 *Physcia phaea*（Tuck.）J.W. Thomson
S4	对开蜈蚣衣 *Physcia dimidiata*（Arnold）Nyl.
S5	疑蜈蚣衣 *Physcia dubia*（Hoffm.）Lettau
S6	蓝灰蜈蚣衣 *Physcia caesia*（Hoffm.）Fürnr.
S7	珊瑚芽蜈蚣衣 *Physcia clementi*（Ach.）J. Kickx f.
S8	糙蜈蚣衣 *Physcia tribacia*（Ach.）Nyl.
S9	白粉蜈蚣衣 *Physcia biziana*（A. Massal.）Zahlbr.
	黑蜈蚣衣属 *Phaeophyscia* Moberg
S10	圆叶黑蜈蚣衣 *Phaeophyscia orbicularis*（Neck.）Moberg
S11	密集黑蜈蚣衣 *Phaeophyscia constipata*（Nyl.）Moberg

（续表）

物种编号 Number of species	目、科、属和种名 Name of order, family, genus and species
S12	粉缘黑蜈蚣衣 *Phaeophyscia limbata*（Poelt）Kashiw.
S13	毛边黑蜈蚣衣 *Phaeophyscia hispidula*（Ach.）Moberg
S14	睫毛黑蜈蚣衣 *Phaeophyscia ciliata*（Hoffm.）Moberg
	大孢衣属 *Physconia* Poelt
S15	甘肃大孢蜈蚣衣 *Physconia kansuensis*（H. Magn.）Wu
S16	灰色大孢蜈蚣衣 *Physconia grisea*（Lam.）Poelt
S17	伴藓大孢衣 *Physconia muscigena*（Ach.）Poelt
S18	伴藓大孢衣原变型 *Physconia muscigena* f. *muscigen*a（Ach.）Poelt
S19	伴藓大孢衣瘤状变型 *Physconia muscigena* f. *squarrosa*（Ach.）J. C. Wei & Y. M. Jiang
S20	美洲大孢衣 *Physconia americana* Essl.
S21	亚灰大孢蜈蚣衣 *Physconia perisidiosa*（Erichs.）Mobag.
S22*	俄罗斯大孢衣 *Physconia rossica* Urbanav.*
	雪花衣属 *Anaptychia* Körb.
S23	毛边雪花衣 *Anaptychia ciliaris*（L.）Flot.
S24	刚毛雪花衣 *Anaptychia setifera* Mereschk. ex Räsänen
	哑铃孢属 *Heterodermia* Trevis.
S25	哑铃孢 *Heterodermia speciosa*（Wulfen）Trevis.
	茶渍目 Lecaorales
	石蕊科 Cladoniaceae Zenker
	石蕊属 *Cladonia* P. Browne
S26	矮石蕊 *Cladonia humilis*（with.）J. R. Laundon
S27	粉石蕊 *Cladonia fimbriata*（L.）Fr.
S28	长石蕊 *Cladonia ecmocyna*（Ach.）Leight.
S29	喇叭粉石蕊 *Cladonia chlorophaea*（Flörke ex Sommerf.）Spreng.
S30	尖头石蕊 *Cladonia subulata*（L.）F. H. Wigg.
S31	黄绿石蕊 *Cladonia ochrochlora* Flörke
S32	粗皮石蕊 *Cladonia scabriuscula*（Delise）Nyl.
S33	陀螺亚种 *Cladonia gracilis* subsp. *turbinata*（Ach.）Ahti
S34	喇叭石蕊 *Cladonia pyxidata*（L.）Hoffm.
S35	莲座石蕊 *Cladonia pocillum*（Ach.）O. J. Rich.
S36	拟小漏斗石蕊 *Cladonia conista*（Ach.）Robbins ex Allen
S37	枪石蕊 *Cladonia coniocraea*（Flörke）Spreng.

注：*新疆新记录种，全书同。

（续表）

物种编号 Number of species	目、科、属和种名 Name of order, family, genus and species
S38	尖石蕊 *Cladonia acuminata*（Ach.）Norrl.
S39*	短柄石蕊 *Cladonia kurokawae* Ahti & Stenroose*
S40	斜漏斗石蕊 *Cladonia cenotea*（Ach.）Schaer.
S41	枪石蕊小钻头变型 *Cladonia coniocraea f.ceratodes*（Flörke）Dt & Sarnth.
S42	枪石蕊截顶变型 *Cladonia coniocraea f.truncata*（Flörke）Dt. & Sarth.
S43	角石蕊 *Cladonia cornuta*（L.）Baumg.
S44	鳞叶石蕊 *Cladonia phyllophora* Hoffm.
S45	亚鳞石蕊 *Cladonia subsquamosa*（Nyl.）Vain.
S46	鳞片石蕊 *Cladonia squamosa* Kremp.
	树花衣科 Ramalinaceae C. Agardh
	树花属 *Ramalina* Ach.
S47	中国树花 *Ramalina sinensis* Jatta
S48	石生树花 *Ramalina intermedia*（Delise ex Nyl.）Nyl.
	梅衣科 Parmeliaceae F. Berchtold & J. Presl
	小孢发属 *Bryoria* Brodo & D. Hawksw.
S49	刺小孢发 *Bryoria confusa*（D. D. Awasthi）Brodo & D. Hawksw.
	岛衣属 *Cetraria* Ach.
S50	冰岛衣 *Cetraria islandica*（L.）Ach
S51	冰岛衣东方亚种 *Cetraria ssp.orientalis*（Asahina）Kärnefelt
S52	冰岛衣原亚种 *Cetraria islandica ssp.islandica*（L.）Ach.
	黄髓叶属 *Myelochroa*（Asahina）Elix & Hale
S53	裂芽黄髓梅 *Myelochroa obsessa*（Ach.）Elix & Hale
	皱衣属 *Flavoparmelia* Hale
S54	巴尔迪莫皱衣 *Flavoparmelia baltimorensis*（Gyeln. & Foriss）Hale
	北极梅属 *Arctoparmelia* Hale
S55	平坦北极梅 *Arctoparmelia separata*（Th. Fr.）Hale
	黄梅属 *Xanthoparmelia*（Vain.）Hale
S56	淡腹黄梅 *Xanthoparmelia mexicana*（Gyelnik）Hale
S57	怀俄明黄梅 *Xanthoparmelia wyomingica*（Gyelnik）Hale
S58	北美黄梅 *Xanthoparmelia viriduloumbrina*（Gyeln.）Lendemer
S59*	*Xanthoparmelia pulvinaris*（Gyeln.）Ahti & D. Hawksw.*
S60	菊叶黄梅 *Xanthoparmelia somloensis*（Gyeln）Hale

（续表）

物种编号 Number of species	目、科、属和种名 Name of order, family, genus and species
S61	杜瑞氏黄梅 *Xanthoparmelia durietzii* Hale.
S62	荒漠黄梅 *Xanthoparmelia desertorum*（Elenkin）Hale
S63	朝鲜黄梅 *Xanthoparmelia coreana*（Gyeln.）Hale
	褐衣属 *Melanelia* Essl.
S64	微糙褐梅 *Melanelia exasperatula*（Nyl.）Essl.
S65	暗褐衣 *Melanelia stygia*（L.）Essl.
	山褐衣属 *Montanelia* Divakar et al.
S66	假杯点山褐衣 *Montanelia disjuncta*（Erichsen）Divakar et al.
S67	茸褐梅 *Melanelia glabra*（Schaer.）Essl.
S68	巧褐梅 *Melanelia incolorata*（Parrique）Essl.
S69	毡褐梅 *Melanelia panniformis*（Nyl.）Essl
	黄星点衣属 *Flavopunctelia*（Krog）Hale
S70	皱黄星点衣 *Flavopunctelia flaventior*（stirt.）Hale
	扁枝衣属 *Evernia* Ach.
S71	柔扁枝衣 *Evernia divaricata*（L.）Ach.
	松萝属 *Usnea* Dill. ex Adans.
S72	亚花松萝 *Usnea subfloridana* stirt.
	梅衣属 *Parmelia* Ach.
S73	槽梅衣 *Parmelia sulcata* Taylor
	拟扁枝衣属 *Pseudevernia* Zopf
S74	拟扁枝衣 *Pseudevernia furfuracea*（L.）Zopf
	黑尔衣属 *Melanohalea* O. Blanco et al.
S75	长芽黑尔衣 *Melanohalea elegantula*（Zahlbr.）O. Blanco et al.
	黄岛衣属 *Flavocetraria* Kärnefelt & A.Thell
S76	雪黄岛衣 *Flavocetraria nivalis*（L.）Kärnefelt & A. Thell
	地卷目 Peltigerales
	胶衣科 Collemataceae Zenker
	土耳衣属 *Enchylium*（Ach.）Gray
S77*	*Enchylium polycarpon*（Hoffm.）Otálora, P. M. Jørg. & Wedin*
	猫耳衣属 *Leptogium*（Ach.）Gray
S78	土星猫耳衣 *Leptogium saturninum*（Dicks.）Nyl.
S79*	多毛猫耳衣 *Leptogium hirsutum* Sierk*

（续表）

物种编号 Number of species	目、科、属和种名 Name of order, family, genus and species
	胶衣属 *Collema* Weber ex F. H. Wigg.
S80	亚石胶衣 *Collema subflaccidum* Degel.
S81	粉屑胶衣 *Collema furfuraceum*（Schaer.）Du Rietz
S82	砖孢胶衣 *Collema subconveniens* Nyl.
	地卷科 Peltigeraceae Dumort.
	地卷属 *Peltigera* Willd.
S83	多指地卷 *Peltigera polydactylon*（Neck.）Hoffm.
S84	地卷 *Peltigera rufescens*（Weiss）Humb.
S85	光滑地卷 *Peltigera neckeri* Hepp ex Müll.
S86	软地卷 *Peltigera malacea*（Ach.）Funck
S87	裂芽地卷 *Peltigera praetextata*（Flörke ex Sommerf.）Zopf
S88	犬地卷 *Peltigera canina*（L.）Willd.
S89	小地卷 *Peltigera venosa*（L.）Hoffm.
S90	平盘软地卷 *Peltigera elisabethae* Gyelnik
S91	大陆地卷 *Peltigera continentalis* Vitik.
S92	平盘地卷 *Peltigera horizontalis*（Huds.）Baumg.
S93	膜地卷 *Peltigera membranacea*（Ach.）Nyl.
S94	长根地卷 *Peltigera neopolydactyla*（Gyeln.）Gyeln.
S95	白脉地卷 *Peltigera ponojensis* Gyeln.
S96*	芽片地卷 *Peltigera monticola* Vitik.*
	肾盘衣科 Nephromataceae Wetmore
	肾盘衣属 *Nephroma* Ach.
S97	镶边肾盘衣 *Nephroma parile*（Ach.）Ach.
	鳞叶衣科 Pannariaceae Tuck.
	棕鳞衣属 *Fuscopannaria* P. M. Jørg.
S98*	扇指褐鳞叶衣 *Fuscopannaria cheiroloba*（Müll. Arg.）P. M. Jørg*
	瓶口衣目 Verrucariales
	瓶口衣科 Verrucariaceae Eschw.
	皮果衣属 *Dermatocarpon* Eschw.
S99	短绒皮果衣 *Dermatocarpon vellereum* Zschacke
S100	皮果衣 *Dermatocarpon miniatum*（L.）W.Mann
S101*	*Dermatocarpon arnoldianum* Degel.*

（续表）

物种编号 Number of species	目、科、属和种名 Name of order, family, genus and species
S102	皮果衣原变种 Dermatocarpon var. miniatum（L.）W. Mann
S103	皮果衣覆瓦原变种 Dermatocarpon miniatum var. imbricatum（A. Massal.）Dt & Sarnth.
S104	皮果衣重叠瓣变种 Dermatocarpon miniatum var. complicatum（Lightf.）Th. Fr.
S105	长根皮果衣 Dermatocarpon moulinsii（Mont.）Zahlbr.
	小皿叶属 Normandina Nyl.
S106	小皿叶 Normandina pulchella（Borrer）Nyl.
	鸡皮衣目 Pertusariales
	霜降衣科 Icmadophilaceae Triebel
	白角衣属 Siphula Fr.
S107	翅白角衣 Siphula pteruloides Nyl.
	石耳目 Umbilicariales
	石耳科 Umbilicariceae Chevall.
	石耳属 Umbilicaria Hoffm.
S108	多盘石耳 Umbilicaria proboscidea（L.）Schrader
S109	淡肤根石耳 Umbilicaria virginis Schrad.
S110*	皱面粗根石耳 Umbilicaria aprina Nyl.*

从表2-1可知，巴尔鲁克山国家级自然保护区大型地衣6个目中，茶渍目（Lecanorales）的种类最多，是优势地衣目，共有51种，隶属于3科17属，分别占该地区大型地衣科、属和种总数的27.27%、53.13%和46.36%。其次是粉衣目（Caliciales）和地卷目（Peltigerales）的种数较多，其中粉衣目有1科5属25种，分别占科总数的9.09%、属总数的15.63%、种总数的22.73%；地卷目有4科6属22种，分别占科总数的36.36%、属总数的18.75%、种总数的20.00%，以上这3个优势目的种数占了分布在保护区的大型地衣总种数的89.09%，其余3个目的种数占大型地衣总种数的10.91%（表2-2）。

表2-2 巴尔鲁克山国家级自然保护区大型地衣优势目组成

Table 2-2 Composition of dominant orders of macrolichen in Barluk Mountain National Nature Reserve

目名 Name of order	科数 Number of family	百分比 Percentage（%）	属数 Number of genera	百分比 Percentage（%）	种数 Number of species	百分比 Percentage（%）
粉衣目 Caliciales	1	9.09	5	15.63	25	22.73
茶渍目 Lecanorales	3	27.27	17	53.13	51	46.36

（续表）

目名 Name of order	科数 Number of family	百分比 Percentage（%）	属数 Number of genera	百分比 Percentage（%）	种数 Number of species	百分比 Percentage（%）
地卷目 Peltigerales	4	36.36	6	18.75	22	20.00
总数 Total	8	72.72	28	87.50	98	89.09

2.2 保护区大型地衣物种多样性及相似性

2.2.1 地面生大型地衣多样性及相似性

（1）不同样点地面生大型地衣多样性的比较

保护区各样点地面生地衣物种多样性和均匀度见表2-3。

表2-3 地面生大型地衣多样性和均匀度指数
Table 2-3 Diversity and evenness index of terricolous macrolichens

样点 Sampling points	Shannon-Wiener多样性指数（H'） Shannon-Wiener diversity index	Simpson's多样性指数（D） Simpson's diversity index	Patrick丰富度指数（D_P） Patrick abundance	Pielou均匀度指数（J） Pielou evenness
P3	0.952	2.297	3	0.867
P4	0.691	1.993	2	0.998
P5	2.291	8.712	12	0.922
P6	1.528	3.816	6	0.853
P7	1.000	2.484	3	0.911
P8	1.328	3.005	5	0.825
P9	0.321	1.182	3	0.292
P10	0.693	1.998	2	0.999
P11	1.039	2.666	3	0.946
P12	1.326	3.535	4	0.956
P13	2.515	9.898	18	0.870
P14	0.686	1.644	3	0.624
P16	1.871	5.130	10	0.813
P17	0.110	1.048	2	0.159
P18	0.717	1.751	3	0.653
P21	0.821	2.083	3	0.748
P25	0.813	1.935	3	0.740

（续表）

样点 Sampling points	Shannon-Wiener多样性指数（H'） Shannon-Wiener diversity index	Simpson's多样性指数（D） Simpson's diversity index	Patrick丰富度指数（D_P） Patrick abundance	Pielou均匀度指数（J） Pielou evenness
P32	1.039	2.663	3	0.946
P33	1.123	2.634	4	0.810
P35	0.690	1.627	3	0.628
P36	0.944	2.383	3	0.859
P41	0.531	1.409	3	0.484
P44	0.957	2.404	3	0.871
P46	1.226	3.073	4	0.884

从表2-3可知，各不同样点间多样性指数和均匀度指数具有一定差异。其中样点13的H'多样性指数和D多样性指数最高分别为2.515和9.898。该样点海拔比较高，为2 118.04 m，空气潮湿，光照强度弱，郁闭度大，因此，能为更多的大型地衣提供栖息环境，促成该样点物种种类比较多。其次为样点5，多样性指数分别为2.291和8.712，样点5的空气较潮湿，光照强度弱，森林郁闭度较大，能为多种大型地衣生存提供条件。再次为样点16，其多样性指数分别为1.871和5.130。样点9和样点17的物种数量最少分别为3种和2种，其多样性指数也最低分别为0.321、1.182和0.110、1.048。在均匀度指数方面，样点4和样点10的均匀度指数较高，分别为0.998和0.999，这两个样点空气都较干燥，光照强度较高，干扰度和郁闭度都很小。

（2）不同样点地面生大型地衣相似性的比较

为了比较各样点间地面生大型地衣物种组成的差异计算了Jaccard's相似性指数（Ja），从表2-4可知，Ja相似性指数在0.00～0.50。其中，样点10和样点12，样点18和样点25相似性最高为0.50。样点10和样点12分布的环境条件比较相似，海拔在1 370 m左右，光照比较强，空气干燥，人为干扰较少，森林郁闭度也小，有利于耐旱大型地衣种类的栖息，所以分布的地衣种类保持一致。而样点18和样点25分布的环境条件森林郁闭度比较高，空气较干燥，光照较弱，人为干扰较少，因此，两个样点出现了种类一致的物种。此外，地面生大型地衣样点中大部分样点之间相似性指数为0，从而认为由于样点分布的面积比较大，该区林分结构复杂，能为地面生地衣提供差异比较大的栖息地条件，因此，部分样点分布的地衣种类完全不相似。

表2-4 基于24个样点的地面生大型地衣的Jaccard's相似性矩阵

Table 2-4 The Jaccard's similarity index of terricolous macrolichens in 24 sampling points

样点 Sampling points	P3	P4	P5	P6	P7	P8	P9	P10	P11	P12	P13	P14	P16	P17	P18	P21	P25	P32	P33	P35	P36	P41	P44	P46
P3	1.00																							
P4	0.00	1.00																						
P5	0.07	0.00	1.00																					
P6	0.13	0.14	0.06	1.00																				
P7	0.00	0.00	0.00	0.00	1.00																			
P8	0.14	0.00	0.13	0.10	0.00	1.00																		
P9	0.00	0.25	0.07	0.13	0.00	0.14	1.00																	
P10	0.00	0.33	0.00	0.14	0.00	0.00	0.25	1.00																
P11	0.20	0.00	0.07	0.00	0.00	0.00	0.00	0.00	1.00															
P12	0.00	0.20	0.07	0.11	0.00	0.00	0.17	0.50	0.00	1.00														
P13	0.05	0.00	0.15	0.04	0.05	0.10	0.05	0.00	0.05	0.00	1.00													
P14	0.00	0.00	0.00	0.00	0.00	0.00	0.00	0.00	0.00	0.00	0.05	1.00												
P16	0.00	0.00	0.10	0.00	0.00	0.25	0.08	0.00	0.08	0.00	0.00	0.22	1.00											
P17	0.00	0.00	0.00	0.00	0.00	0.00	0.00	0.00	0.00	0.00	0.25	0.00	0.18	1.00										
P18	0.00	0.00	0.07	0.00	0.00	0.00	0.00	0.00	0.00	0.00	0.00	0.00	0.00	0.00	1.00									
P21	0.00	0.00	0.07	0.00	0.00	0.00	0.00	0.20	0.50	0.00	0.00	0.20	0.00	0.00	0.20	1.00								
P25	0.00	0.00	0.15	0.00	0.00	0.13	0.20	0.00	0.00	0.00	0.00	0.20	0.08	0.00	0.50	0.00	1.00							
P32	0.00	0.25	0.00	0.00	0.00	0.00	0.00	0.00	0.00	0.00	0.00	0.00	0.00	0.00	0.00	0.00	0.00	1.00						
P33	0.00	0.20	0.00	0.00	0.00	0.00	0.00	0.00	0.00	0.00	0.17	0.00	0.00	0.00	0.00	0.00	0.00	0.17	1.00					
P35	0.20	0.00	0.00	0.00	0.00	0.00	0.00	0.00	0.00	0.00	0.05	0.00	0.08	0.00	0.00	0.00	0.00	0.00	0.00	1.00				
P36	0.00	0.00	0.00	0.00	0.00	0.00	0.00	0.00	0.00	0.00	0.05	0.00	0.00	0.00	0.00	0.00	0.00	0.00	0.17	0.00	1.00			
P41	0.00	0.00	0.07	0.00	0.00	0.00	0.00	0.00	0.00	0.00	0.11	0.00	0.00	0.00	0.00	0.00	0.00	0.20	0.00	0.00	0.00	1.00		
P44	0.00	0.00	0.00	0.00	0.00	0.00	0.00	0.00	0.00	0.00	0.00	0.00	0.00	0.00	0.00	0.00	0.00	0.00	0.00	0.00	0.00	0.20	1.00	
P46	0.00	0.00	0.00	0.00	0.17	0.00	0.00	0.00	0.00	0.00	0.05	0.08	0.08	0.00	0.08	0.00	0.00	0.00	0.14	0.00	0.00	0.00	0.00	1.00

2.2.2 保护区树附生大型地衣多样性及相似性分析

（1）不同样点树附生大型地衣多样性的比较

保护区各样点树附生大型地衣物种多样性和均匀度见表2-5。

表2-5 树附生大型地衣的多样性和均匀度指数

Table 2-5 The diversity and evenness index of epiphytic macrolichens

样点 Sampling points	Shannon-Wiene多样性指数（H'） Shannon-Wiener diversity index	Simpson's多样性指数（D） Simpson's diversity index	Patrick丰富度指数（D_P） Patrick Abundance	Pielou均匀度指数（J） Pielou evenness
P3	1.606	4.571	6	0.896
P4	1.813	5.515	7	0.932
P5	2.200	8.430	10	0.956
P6	2.333	9.223	12	0.939
P7	0.836	2.010	3	0.761
P8	1.582	3.571	7	0.813
P9	1.821	4.684	9	0.829
P10	1.236	3.060	4	0.892
P12	1.265	2.716	6	0.706
P13	1.978	6.488	9	0.900
P15	1.055	2.758	3	0.961
P16	1.158	2.888	4	0.835
P18	1.051	2.424	5	0.653
P19	0.446	1.276	3	0.406
P20	1.041	2.714	3	0.948
P21	0.878	2.064	3	0.799
P22	0.456	1.332	3	0.415
P23	0.574	1.627	2	0.827
P24	0.709	1.744	3	0.645
P25	1.113	2.298	5	0.691
P26	0.691	1.991	2	0.997
P28	1.167	2.906	4	0.842
P36	0.355	1.254	2	0.513
P38	0.356	1.214	3	0.324
P39	0.630	1.780	2	0.909
P40	1.073	2.848	3	0.977

（续表）

样点 Sampling points	Shannon-Wiene多样性 指数（H'） Shannon-Wiener diversity index	Simpson's多样性 指数（D） Simpson's diversity index	Patrick丰富度 指数（D_P） Patrick Abundance	Pielou均匀度 指数（J） Pielou evenness
P42	0.932	2.286	3	0.848
P43	0.692	1.995	2	0.998
P45	1.065	2.432	4	0.768
P46	1.188	2.920	4	0.857
P47	0.787	1.812	3	0.717

从表2-5可知，各不同样点间多样性指数和均匀度指数具有一定差异。其中样点6的Shannon-Wiener多样性指数和Simpson's多样性指数最高，分别为2.333和9.223，样点6的空气较潮湿，光照强度弱，森林郁闭度较大，能为适合生长在较湿润、荫蔽环境的大型地衣提供栖息条件。其次为样点5，多样性指数分别为2.200和8.430，该样点有10种大型地衣，空气干燥，光照强度大，没有人为干扰，因此，出现了适合比较干旱、高光照度环境的蜈蚣衣属等多种地衣物种。再次为样点13，其多样性指数分别为1.978和6.488。样点36和样点38的多样性指数最低，分别为0.355、1.254和0.356、1.214。样点36和样点38所处的空气干燥，海拔1 100 m左右，光照强度较弱，干扰较少，森林郁闭度小。在均匀度指数方面，含有2个种的样点26和样点43的均匀度指数较高，分别为0.997和0.998。

（2）不同样点树附生大型地衣相似性的比较

保护区不同样点间树附生大型地衣的Jaccard's相似性指数见表2-6。由表可见，Jaccard's相似性指数最高的样点为23和26，样点19和样点24，相似性指数为1.00，样点13和样点26同样包括蜈蚣衣 *Physcia stellaris* 和斑面蜈蚣衣 *P. aipolia* 两种地衣物种，此外，该样点环境条件也比较相似，空气较干燥、干扰较少，促成同种地衣物种的分布趋势。样点19和样点24分布的地衣物种有蓝灰蜈蚣衣 *P. caesia*、蜈蚣衣 *Physcia stellaris* 和斑面蜈蚣衣 *P. aipolia*，这两个样点海拔在1 120 m，空气较干燥，地衣均生长在树的西南方向，光照强度较弱，森林郁闭度较大，因此，两个样点出现同类物种。其次样点19和样点28，样点24和样点28的相似性指数较高，均为0.75。结合以上结果发现，这些样点环境条件相似，导致出现了相似的地衣种类和较高的相似性指数。而样点7和样点12相似性指数为0，样点7的空气较潮湿，树附生地衣生长在树干的西北方向，光照强度较弱，人为干扰较少，森林郁闭度中等，而样点12的空气干燥，地衣生长在树干东方向，光照强，森林郁闭度小，两个样点环境差异比较大，因此，分布的地衣种类不一致，两个样点之间没有相似性。

表2-6 基于31个样点的树附生大型地衣的Jaccard's相似性矩阵

Table 2-6 The Jaccard's similarity index of epiphytic macrolichens in 31 sampling points

样点 Sampling points	P3	P4	P5	P6	P7	P8	P9	P10	P12	P13	P15	P16	P18	P19	P20	P21	P22
P3	1.00																
P4	0.18	1.00															
P5	0.33	0.21	1.00														
P6	0.38	0.36	0.22	1.00													
P7	0.29	0.11	0.08	0.15	1.00												
P8	0.18	0.27	0.21	0.19	0.11	1.00											
P9	0.25	0.33	0.12	0.40	0.20	0.14	1.00										
P10	0.25	0.57	0.27	0.23	0.17	0.22	0.30	1.00									
P12	0.09	0.44	0.14	0.20	0.00	0.08	0.25	0.43	1.00								
P13	0.15	0.07	0.12	0.17	0.20	0.23	0.20	0.08	0.00	1.00							
P15	0.29	0.25	0.18	0.15	0.20	0.25	0.20	0.40	0.13	0.09	1.00						
P16	0.00	0.00	0.08	0.00	0.00	0.22	0.00	0.00	0.00	0.08	0.00	1.00					
P18	0.38	0.20	0.15	0.31	0.33	0.20	0.56	0.29	0.10	0.27	0.33	0.00	1.00				
P19	0.50	0.25	0.18	0.25	0.50	0.25	0.33	0.40	0.13	0.20	0.50	0.00	0.60	1.00			
P20	0.29	0.11	0.08	0.25	0.50	0.11	0.33	0.17	0.00	0.33	0.20	0.00	0.60	0.50	1.00		
P21	0.29	0.11	0.08	0.15	0.50	0.11	0.20	0.17	0.00	0.20	0.20	0.00	0.33	0.50	0.50	1.00	
P22	0.13	0.00	0.00	0.15	0.20	0.00	0.20	0.00	0.00	0.20	0.00	0.00	0.33	0.20	0.50	0.20	1.00
P23	0.33	0.13	0.09	0.17	0.67	0.13	0.22	0.20	0.00	0.22	0.25	0.00	0.40	0.67	0.67	0.67	0.25
P24	0.50	0.25	0.18	0.25	0.50	0.25	0.33	0.40	0.13	0.20	0.50	0.00	0.60	1.00	0.50	0.50	0.20
P25	0.22	0.20	0.25	0.13	0.14	0.09	0.27	0.29	0.22	0.08	0.14	0.00	0.43	0.33	0.14	0.14	0.14
P26	0.33	0.13	0.09	0.17	0.67	0.13	0.22	0.20	0.00	0.22	0.25	0.00	0.40	0.67	0.67	0.67	0.25
P28	0.43	0.38	0.17	0.23	0.40	0.22	0.30	0.33	0.25	0.18	0.40	0.00	0.50	0.75	0.40	0.40	0.17
P36	0.14	0.13	0.09	0.17	0.00	0.13	0.22	0.20	0.14	0.10	0.25	0.00	0.40	0.25	0.25	0.00	0.25
P38	0.13	0.00	0.08	0.07	0.20	0.00	0.09	0.00	0.00	0.09	0.00	0.00	0.14	0.20	0.20	0.20	0.20
P39	0.14	0.13	0.09	0.08	0.25	0.13	0.10	0.20	0.00	0.22	0.25	0.00	0.17	0.25	0.25	0.25	0.00
P40	0.29	0.11	0.08	0.15	0.50	0.11	0.20	0.17	0.00	0.20	0.20	0.00	0.33	0.50	0.50	0.50	0.20
P42	0.13	0.00	0.00	0.07	0.20	0.00	0.09	0.00	0.00	0.09	0.00	0.00	0.14	0.20	0.20	0.20	0.20
P43	0.00	0.00	0.00	0.00	0.00	0.00	0.00	0.00	0.00	0.00	0.00	0.00	0.00	0.00	0.00	0.00	0.00
P45	0.00	0.00	0.00	0.07	0.00	0.00	0.00	0.00	0.00	0.00	0.00	0.00	0.00	0.00	0.00	0.17	0.00
P46	0.00	0.00	0.00	0.00	0.00	0.00	0.00	0.00	0.00	0.08	0.00	0.00	0.00	0.00	0.00	0.00	0.00
P47	0.00	0.00	0.00	0.00	0.00	0.00	0.00	0.00	0.00	0.09	0.20	0.00	0.00	0.00	0.00	0.00	0.00

样点 Sampling points	P23	P24	P25	P26	P28	P36	P38	P39	P40	P42	P43	P45	P46	P47
P23	1.00													
P24	0.67	1.00												
P25	0.17	0.33	1.00											

（续表）

样点 Sampling points	P23	P24	P25	P26	P28	P36	P38	P39	P40	P42	P43	P45	P46	P47
P26	1.00	0.67	0.17	1.00										
P28	0.50	0.75	0.29	0.50	1.00									
P36	0.00	0.25	0.17	0.00	0.20	1.00								
P38	0.25	0.20	0.14	0.25	0.17	0.00	1.00							
P39	0.33	0.25	0.00	0.33	0.20	0.00	0.00	1.00						
P40	0.67	0.50	0.14	0.67	0.40	0.00	0.20	0.25	1.00					
P42	0.25	0.20	0.14	0.25	0.17	0.00	0.20	0.00	0.20	1.00				
P43	0.00	0.00	0.00	0.00	0.00	0.00	0.00	0.00	0.25	0.00	1.00			
P45	0.00	0.00	0.00	0.00	0.00	0.00	0.00	0.00	0.00	0.00	0.20	1.00		
P46	0.00	0.00	0.00	0.00	0.00	0.00	0.00	0.20	0.00	0.00	0.00	0.14	1.00	
P47	0.00	0.00	0.00	0.00	0.00	0.00	0.00	0.00	0.00	0.00	0.00	0.00	0.00	1.00

2.2.3 保护区岩面生大型地衣多样性及相似性分析

（1）不同样点岩面生大型地衣多样性的比较

保护区各样点的岩面生大型地衣物种多样性和均匀度见表2-7。

表2-7 岩面生大型地衣的多样性和均匀度指数

Table 2-7 The diversity and evenness index of saxicolous macrolichens

样点 Sampling points	Shannon-Wiener 多样性指数（H'） Shannon-Wiener diversity index	Simpson's 多样性指数（D） Simpson's diversity index	Patrick 丰富度指数（D_P） Patrick abundance	Pielou 均匀度指数（J） Pielou evenness
P1	0.365	1.265	3	0.526
P2	0.188	1.080	2	0.171
P3	1.793	5.030	8	0.862
P4	1.720	3.737	9	0.783
P5	1.587	4.794	5	0.986
P6	1.023	2.013	5	0.635
P7	0.190	1.099	2	0.275
P9	0.602	1.699	4	0.868
P10	1.657	4.273	7	0.851
P12	1.524	3.297	9	0.694
P15	0.917	1.808	5	0.570
P18	1.350	3.724	4	0.974

（续表）

样点 Sampling points	Shannon-Wiener 多样性指数（H'） Shannon-Wiener diversity index	Simpson's 多样性指数（D） Simpson's diversity index	Patrick 丰富度指数（D_P） Patrick abundance	Pielou 均匀度指数（J） Pielou evenness
P22	0.395	1.304	5	0.571
P25	0.365	1.266	3	0.527
P26	1.057	2.780	3	0.962
P27	1.274	3.027	5	0.791
P28	1.367	3.284	5	0.850
P29	0.679	1.944	6	0.979
P30	1.051	2.445	4	0.758
P31	1.046	2.269	4	0.755
P32	1.222	3.023	4	0.882
P33	1.123	2.697	4	0.810
P34	1.054	2.223	4	0.760
P35	1.072	2.840	3	0.975
P36	0.425	1.345	4	0.612
P37	0.759	1.753	3	0.691
P42	1.076	2.871	3	0.979
P44	1.303	3.416	4	0.940
P46	0.693	2.000	3	1.000

从表2-7可知，多样性和均匀度指数在样点间的差异显著。其中样点3的Shannon-Wiener多样性指数和Simpson's多样性指数最高，分别为1.793和5.030，该样点有8个大型地衣物种，环境特征是空气湿度中等，海拔1 213 m，地衣生长在岩石西南方向，光照较弱，干扰较少，森林郁闭度较大，适合多种叶状地衣的生长。其次为样点4，多样性指数分别为1.720和3.737；再次为样点10，其多样性指数分别为1.657和4.273。样点2和样点7的物种数量最少，为2种，其多样性指数也最低，分别为0.188、1.080和0.190、1.099。在均匀度指数方面，样点46的均匀度指数最高，为1.000，该样点有石生树花 Ramalina intermedia 和暗褐衣 Melanelia stygia 两种地衣物种，海拔比较高，为2 014.65 m，空气干燥，岩石坡向为东方向，光照强，干扰较少，郁闭度小，样点由裸露和表面积较小的岩石组成，因此，样点46物种多样性指数比较低，主要两个物种组成，而且它们的分布比较均匀并在数量上的一致程度很高。而样点2的均匀度指数最低，为0.171，该样点由两种大型地衣组成，其中怀俄明黄梅 Xanthoparmelia wyomingica（Gyelnik）Hale占优势，物种数量多，导致样点均匀度指数低。

（2）不同样点岩面生大型地衣相似性的比较

不同样点岩面生大型地衣种类间的Jaccard's相似性指数见表2-8。由表可见，*Ja*相似性指数最高的样点为7和22，样点26和样点22及样点27和样点28，相似性指数均为0.67，其中样点7和样点22分布的岩石坡向都是西北方向，光照强度较弱，干扰较少，森林郁闭度中等，因此，两个样点包括的相似度高的物种数量比较多。样点26、样点27、样点28海拔高度均在1 200 m左右，空气干燥，光照最强，无干扰，森林郁闭度小，岩石坡向以东方向为主，因此，出现了大量种类一致的地衣物种。其次样点32和样点33的Jaccard's相似性指数为0.60，该样点海拔在1 220～1 300 m，空气较干燥，光照强度很强，干扰度较少，森林郁闭也较小，两个样点共同出现的物种有异白点蜈蚣衣 *Physcia phaea*、蓝灰蜈蚣衣 *P. caesia*、菊叶黄梅 *Xanthoparmelia somloensis*。

表2-8 基于29个样点的岩面生大型地衣的Jaccard's相似性矩阵

Table 2-8 The Jaccard's similarity index of saxicolous macrolichens in 29 sampling points

样点 Sampling points	P1	P2	P3	P4	P5	P6	P7	P9	P10	P12	P15	P18	P22	P25	P26
P1	1.00														
P2	0.00	1.00													
P3	0.25	0.00	1.00												
P4	0.00	0.00	0.13	1.00											
P5	0.17	0.00	0.30	0.17	1.00										
P6	0.40	0.00	0.44	0.17	0.43	1.00									
P7	0.00	0.00	0.25	0.00	0.00	0.00	1.00								
P9	0.00	0.00	0.11	0.22	0.17	0.40	0.00	1.00							
P10	0.13	0.11	0.15	0.45	0.33	0.20	0.00	0.13	1.00						
P12	0.22	0.09	0.31	0.20	0.17	0.27	0.00	0.10	0.23	1.00					
P15	0.00	0.14	0.18	0.17	0.11	0.11	0.17	0.00	0.09	0.08	1.00				
P18	0.00	0.00	0.33	0.08	0.13	0.13	0.20	0.20	0.10	0.18	0.50	1.00			
P22	0.00	0.00	0.25	0.00	0.00	0.33	0.00	0.00	0.00	0.10	0.17	0.50	1.00		
P25	0.00	0.00	0.25	0.10	0.17	0.17	0.33	0.33	0.13	0.10	0.40	0.50	0.33	1.00	
P26	0.00	0.00	0.38	0.00	0.00	0.00	0.67	0.00	0.00	0.09	0.14	0.40	0.67	0.25	1.00
P27	0.40	0.14	0.30	0.08	0.25	0.43	0.00	0.17	0.33	0.27	0.11	0.13	0.00	0.17	0.00
P28	0.40	0.00	0.30	0.17	0.25	0.43	0.00	0.17	0.00	0.40	0.11	0.13	0.00	0.17	0.00
P29	0.33	0.00	0.11	0.00	0.17	0.17	0.00	0.00	0.13	0.10	0.00	0.00	0.00	0.00	0.00
P30	0.20	0.00	0.00	0.13	0.13	0.20	0.00	0.00	0.00	0.18	0.00	0.00	0.00	0.00	0.17
P31	0.50	0.00	0.50	0.00	0.29	0.50	0.00	0.00	0.10	0.18	0.13	0.14	0.20	0.00	0.17
P32	0.20	0.00	0.33	0.08	0.29	0.29	0.00	0.20	0.00	0.18	0.13	0.14	0.00	0.00	0.17
P33	0.20	0.00	0.50	0.00	0.29	0.29	0.00	0.20	0.00	0.30	0.13	0.33	0.00	0.00	0.40
P34	0.00	0.00	0.00	0.30	0.13	0.00	0.00	0.00	0.38	0.08	0.00	0.00	0.00	0.00	0.00

（续表）

样点 Sampling points	P1	P2	P3	P4	P5	P6	P7	P9	P10	P12	P15	P18	P22	P25	P26
P35	0.00	0.20	0.10	0.00	0.00	0.00	0.25	0.00	0.11	0.00	0.00	0.00	0.00	0.00	0.20
P36	0.00	0.00	0.25	0.22	0.17	0.17	0.00	0.33	0.13	0.10	0.17	0.20	0.00	0.33	0.00
P37	0.00	0.00	0.22	0.20	0.00	0.00	0.25	0.00	0.11	0.00	0.00	0.00	0.00	0.00	0.20
P42	0.00	0.00	0.10	0.00	0.00	0.00	0.00	0.00	0.00	0.09	0.00	0.17	0.25	0.00	0.20
P44	0.00	0.00	0.09	0.00	0.00	0.00	0.20	0.00	0.00	0.00	0.13	0.14	0.20	0.20	0.17
P46	0.00	0.00	0.11	0.00	0.00	0.00	0.00	0.00	0.00	0.10	0.00	0.20	0.33	0.00	0.25

样点 Sampling points	P27	P28	P29	P30	P31	P32	P33	P34	P35	P36	P37	P42	P44	P46
P27	1.00													
P28	0.67	1.00												
P29	0.17	0.17	1.00											
P30	0.29	0.29	0.20	1.00										
P31	0.29	0.29	0.20	0.14	1.00									
P32	0.29	0.29	0.20	0.33	0.14	1.00								
P33	0.29	0.29	0.20	0.33	0.14	0.60	1.00							
P34	0.00	0.00	0.00	0.00	0.00	0.00	0.00	1.00						
P35	0.14	0.00	0.00	0.17	0.00	0.17	0.17	0.00	1.00					
P36	0.17	0.17	0.00	0.00	0.00	0.20	0.20	0.00	0.00	1.00				
P37	0.00	0.00	0.00	0.17	0.00	0.17	0.17	0.17	0.20	0.25	1.00			
P42	0.00	0.00	0.00	0.00	0.00	0.00	0.17	0.00	0.00	0.00	0.00	1.00		
P44	0.00	0.00	0.00	0.00	0.14	0.00	0.00	0.14	0.00	0.00	0.00	0.17	1.00	
P46	0.00	0.00	0.00	0.00	0.00	0.00	0.20	0.20	0.00	0.00	0.00	0.25	0.20	1.00

巴尔鲁克山国家级自然保护区大型地衣物种共有110种，隶属6目11科32属。通过统计分析发现巴尔鲁克山国家级自然保护区大型地衣6个目中，茶渍目为优势目，含有3科17属51种，分别占科、属和种总数的27.27%、53.13%、46.36%。其次是粉衣目和地卷目，其中粉衣目有1科5属25种，分别占各自总数的9.09%、15.63%、22.73%；地卷目有4科6属22种，分别占各自总数的36.36%、18.75%、20.00%，以上这3个优势目的种数占了总种数的89.09%，其余3个目占10.91%。分布在该保护区的大型地衣包括短柄石蕊 *Cladonia kurokawae* Ahti & Stenroose、*Xanthoparmelia pulvinaris*（Gyeln.）Ahti & D. Hawksw.、俄罗斯大孢衣 *Physconia rossica* Urban.、*Enchylium polycarpon*（Hoffm.）Otálora P. M. Jørg. & Wedin、多毛猫耳衣 *Leptogium hirsutum* Sierk、芽片地卷 *Peltigera monticola* Vitik.、扇指褐鳞叶衣 *Fuscopannaria cheiroloba*（Müll. Arg.）P. M. Jørg、*Dermatocarpon arnoldianum* Degel.和皱面粗根石耳 *Umbilicaria aprina* Nyl. 9个新疆新记录种。

分布在巴尔鲁克山国家级自然保护区大型地衣中叶状地衣共有76种，占种总数的69.09%；鳞片状地衣共有23种，占种总数的20.91%；枝状地衣共有11种，占种总数的10.00%。3种生长类型的大型地衣在海拔900～2 300 m范围内均有分布，其中在海拔1 200～1 700 m内分布的地衣物种数最多，为73个种；其次是在900～1 100 m的海拔范围内，有58个物种分布；再次是在海拔1 800～2 000 m范围，有38个物种分布；而在海拔2 100～2 300 m范围内有32个物种分布。

从大型地衣的生长型及分布模式分析可知，该区叶状地衣种占优势并大量分布在海拔1 200～1 700 m，巴尔鲁克山海拔范围内降水量较丰富，植被盖度比较高，能为叶状地衣的生长提供充足的水分和适宜的栖息环境。此外，地衣和大多数生物一样，对海拔高度的变化有响应。因此，海拔高度是影响地衣群落丰富度、物种组成和多样性的一个重要变量[5]。这与该区大型地衣垂直分布模式基本相同，随海拔高度的增长，大型地衣物种数量呈现先增长，1 800 m后下降的一个趋势。随着海拔高度的变化植被带类型、光照量、辐射量、温度及湿度都会发生变化，这些环境因素都会影响大型地衣的分布。

地衣是由真菌、藻类和/或蓝细菌组成的稳定共生体，也包括多种微生物组。地衣是从极地到热带的大部分陆地生态系统的组成部分，并能生长在各种基质上。巴尔鲁克山国家级自然保护区大型地衣的基物类型共分为岩面生、树附生、地面生3种生境类型。岩面生大型地衣共有7科12属32种，分别占该区科、属、种的63.64%、40.00%、29.09%，其中仅分布在岩石的种类有23种。巴尔鲁克山保护区东南部受到盆地荒漠化干热气流的影响，气候极为干旱，气温低[6]，适合能适应极端环境条件的岩面生地衣的生长，同时有大面积裸露的岩石能为岩面生大型地衣提供栖息条件。树附生大型地衣种类共有6科18属43种。占该区大型地衣科、属、种的54.55%、60.00%、39.09%。其中仅分布在树附生生境的地衣为30种。保护区东南部气候湿润，植被资源丰富，覆盖率高，所创造的温度、湿度条件极为适合树生地衣生长。地面生生境的大型地衣种类共有7科13属51种。占该地区大型地衣科、属、种的63.64%、43.33%、46.36%。地面生大型地衣的物种多样性与地面环境条件相关，保护区森林面积大，结构复杂，促成丰富的物种群落多样性，这一方面能为地面生大型地衣生长提供适宜条件，另一方面，影响地面生大型地衣的生长，特别是在低海拔地区林下草本层发达、盖度较大，大型地衣很难获得需要的光照。而中、高海拔的针阔混交林带，由于森林郁闭度高，使草本植物生长受到抑制，地衣得到更好的生长环境[7]。

2.3　大型地衣科、属、种统计分析

2.3.1　保护区大型地衣优势科、属的统计

通过统计分布在巴尔鲁克山国家级自然保护区的大型地衣科、属和种类数量发现，保护区含有10个种及以上的优势地衣科有蜈蚣衣科 Physciaceae、石蕊科 Cladoniaceae、梅

衣科 Parmeliaceae 和地卷科 Peltigeraceae 4个科，其种类数量占该保护区大型地衣种数的80.00%。其中梅衣科占的比例最高，分别占总属数和总种数的46.88%、25.45%；其次为蜈蚣衣科，分别占总属数和总种数的15.63%和22.73%，石蕊科和地卷科分别含有1属21种和1属14种（表2-9）。

表2-9 大型地衣优势科组成
Table 2-9 Composition of dominant families of macrolichens

科名 Name of family	属数 Number of genera	百分比 Percentage（%）	种数 Number of species	百分比 Percentage（%）
蜈蚣衣科 Physciaceae	5	15.63	25	22.73
石蕊科 Cladoniaceae	1	3.13	21	19.09
梅衣科 Parmeliaceae	15	46.88	28	25.45
地卷科 Peltigeraceae	1	3.13	14	12.73
总数 Total	22	68.75	88	80.00

在属的多样性方面，分布在巴尔鲁克山国家级自然保护区的大型地衣共有32属，其中含5种及以上优势属包括石蕊属 Cladina、蜈蚣衣属 Physcia、褐衣属 Melanelia、地卷属 Peltigera、皮果衣属 Dermatocarrpon、大孢衣属 Physconia、黄梅属 Xanthoparmelia、黑蜈蚣衣属 Phaeophyscia 8个属（表2-10）。优势属包括的大型地衣种数占该保护区大型地衣总种数的70.91%。其中含种数最多的两个属分别是石蕊属（21个种）和地卷属（14个种），分别占总种数的19.09%和12.73%；其次是蜈蚣衣属（9个种），占总种数的8.18%。优势属总共含有77个种，占大型地衣总种数的70.91%。

表2-10 大型地衣优势属组成
Table 2-10 Composition of dominant genera of macrolichens

属名 Name of genera	种数 Number of species	百分比 Percentage（%）
蜈蚣衣属 Physcia（Schreb.）Michx.	9	8.18
褐衣属 Melanelia Essl.	5	4.55
大孢衣属 Physconia Poelt	8	7.27
石蕊属 Cladonia P. Browne	21	19.09
黄梅属 Xanthoparmelia（Vain.）Hale	8	7.27
地卷属 Peltigera Willd.	14	12.73
皮果衣属 Dermatocarpon Eschw.	7	6.36
黑蜈蚣衣属 Phaeophyscia Moberg	5	4.55
总数 Total	77	70.91

2.3.2 保护区大型地衣单种科、单种属的统计

巴尔鲁克山国家级自然保护区大型地衣区系中只含1个种的科有3个，分别是鳞叶衣科 Pannariaceae、肾盘衣科 Nephromataceae 和霜降衣科 Icmadophilaceae，占总科数的27.27%。单种属包括棕鳞衣属 *Fuscopannaria*、哑铃孢属 *Heterodermia*、小孢发属 *Bryoria*、黄髓叶属 *Myelochroa*、皱衣属 *Flavoparmelia*、北极梅属 *Arctoparmelia*、黄星点衣属 *Flavopanctelia*、扁枝衣属 *Evernia*、松萝属 *Usnea*、白角衣属 *Siphula*、梅衣属 *Parmelia*、拟扁枝衣属 *Pseudevernia*、黑尔衣属 *Melanohalea*、黄岛衣属 *Flavocetraria*、土耳衣属 *Enchylium*、肾盘衣属 *Nephroma*、小皿叶属 *Normandina*、山褐衣属 *Montanelia* 18个属，占总属数的54.84%。

从单种科、单种属分布情况可见，巴尔鲁克山国家级自然保护区的大型地衣长期受干旱大陆性气候的影响，进而导致部分大型地衣的分布具有独特性。一般某地区地衣区系中单种科、单种属存在的原因较多：首先，该地区长期地质环境变化过程中残留的地衣种或属；其次，因为偶尔的机会分布该地区后留下来的种类；最后，在现有的自然环境中新形成的或分布的种类[8-9]。

2.4 保护区大型地衣的区系分析

本研究通过区系成分分析，将新疆巴尔鲁克山国家级自然保护区大型地衣区系划分为7个地理成分和8个分布型，具体见表2-11。

表2-11 大型地衣区系成分

Table 2-11 Geographic composition of macrolichens

区系地理成分（分布型） Geograhic elements and distribution types	种数 Number of species	百分比 Percentage（%）
世界广布成分（Cosmopolitan element）	25	—
温带成分（Temperate element）	39	45.88
北半球广布型（North hemisphere species）	1	1.18
北温带分布型（North temperate species）	12	14.12
温带分布型（Temperate zone species）	18	21.18
欧亚-北美分布型（Eurasia-North America species）	5	5.88
东亚-北美分布型（East Asia-North America species）	3	3.53
环北极成分（Circumpolar arctic element）	34	40.00
环北方分布型（Circumpolar boreal species）	11	12.94

（续表）

区系地理成分（分布型） Geograhic elements and distribution types	种数 Number of species	百分比 Percentage（%）
环极北极-高山分布型（Circumpolar arctic and high mountain species）	15	17.65
环极低北极及北方分布型（Circumpolar low arctic and boreal species）	8	9.41
泛热带成分（pantropical element）	1	1.18
地中海-西亚-中亚成分（West Asian-Central Asia element）	3	3.53
中国特有成分（Endemic to China element）	3	3.53
东亚成分（East Asia element）	5	5.88

（1）世界广布成分（Cosmopolitan element）

包括蜈蚣衣 Physcia stellaris、毛边黑蜈蚣衣 Phaeophyscia hispidula、哑铃孢 Heterodermia speciosa、粉石蕊 Cladonia fimbriata、喇叭粉石蕊 C. chlorophaea、黄绿石蕊 C. ochrochlora、粗皮石蕊 C. scabriuscula、陀螺亚种 C. gracilis subsp. turbinata、角石蕊 C. cornuta、鳞片石蕊 C. squamosa、尖头石蕊 C. subulata、淡腹黄梅 Xanthoparmelia mexicana、北美黄梅 X. viriduloumbrina、X. pulvinaris、菊叶黄梅 X. somloensis、亚石胶衣 Collema subflaccidum、粉屑胶衣 C. furfuraceum、灰色大孢蜈蚣衣 Physconia grisea、伴藓大孢衣原变型 P. muscigena f. muscigena、多指地卷 Peltigera polydactylon、皮果衣 Dermatocarpon miniatum、皮果衣原变种 D. var. miniatum、皮果衣重叠瓣变种 D. var. complicatum、小皿叶 Normandina pulchella、槽梅衣 Parmelia sulcata，共25个种。

（2）温带成分（Temperate element）

包括5种分布型，有39种，占总种数的45.88%。

①北半球广布型（North hemisphere species）：矮石蕊 Cladonia humilis。

②北温带分布型（North temperate species）：包括平盘软地卷 Peltigera elisabethae、雪黄岛衣 Flavocetraria nivalis、亚花松萝 Usnea subfloridana、柔扁枝衣 Evernia divaricata、巧褐梅 Melanelia incolorata、毡褐梅 M. pannifomis、伴藓大孢衣 Physconia muscigena、中国树花 Ramalina sinensis、怀俄明黄梅 Xanthoparmelia wyomingica、短绒皮果衣 Dermatocarpon vellereum、巴尔迪莫皱衣 Flavoparmelia baltimorensis、扇指褐鳞叶衣 Fuscopannaria cheiroloba，共有12个种。

③温带分布型（Temperate zone species）：包括斑面蜈蚣衣 Physcia aipolia、疑蜈蚣衣 P. dubia、糙蜈蚣衣 P. tribacia、白粉蜈蚣衣 P. biziana、密集黑蜈蚣衣 Phaeophyscia constipata、睫毛黑蜈蚣衣 P. ciliata、Physconia rossica、茸褐梅 Melanelia glabra、假杯点山

褐衣 *Montanelia disjuncta*、拟扁枝衣 *Pseudevernia furfuracea*、光滑地卷 *Peltigera neckeri*、软地卷 *P. malacea*、裂芽地卷 *P. praetextata*、犬地卷 *P. canina*、平盘地卷 *P. horizontalis*、镶边肾盘衣 *Nephroma parile*、皮果衣覆瓦原变种 *Dermatocarpon* var. *miniatum imbricatum*、刚毛雪花衣 *Anaptychia setifera*，共18个种。

④欧亚-北美分布型（Eurasia-North America species）：包括斜漏斗石蕊 *Cladonia cenotea*、对开蜈蚣衣 *Physcia dimidiata*、珊瑚芽蜈蚣衣 *P. clementi*、长芽黑尔衣 *Melanohalea elegantula*、白脉地卷 *Peltigera ponojensis*，共5个种。

⑤东亚-北美分布型（East Asia-North America species）：包括美洲大孢衣 *Physconia americana*、皱黄星点衣 *Flavopunctelia flaventior*、多毛猫耳衣 *Leptogium hirsutum*，共3个种。

（3）环北极成分（Circumpolar arctic element）

该成分包括以下3个分布型。

①环北方分布型（Circumpolar boreal species）：主要有异白点蜈蚣衣 *Physcia phaea*、膜地卷 *Peltigera membranacea*、尖石蕊 *Cladonia acuminata*、枪石蕊 *C. coniocraea*、枪石蕊小钻头变型 *C. coniocraea*、枪石蕊截顶变型 *C. coniocraea f.truncat*、短柄石蕊 *C. kurokawae*、石生树花 *Ramalina intermedia*、刺小孢发 *Bryoria confusa*、平坦北极梅 *Arctoparmelia separata*、毛边雪花衣 *Anaptychia ciliaris*，共11个种。

②环极北极-高山分布型（Circumpolar arctic and high mountain species）：包括长石蕊 *Cladonia ecmocyna*、喇叭石蕊 *C. pyxidata*、拟小漏斗石蕊 *C. conista*、鳞叶石蕊 *C. phyllophora*、莲座石蕊 *C. pocillum*、*Dermatocarpon arnoldianum*、多盘石耳 *Umbilicaria proboscidea*、淡肤根石耳 *U. virginis*、皱面粗根石耳 *U. aprina*、冰岛衣东方亚种 *Cetraria* ssp. *orientalis*、冰岛衣 *C. islandic*、冰岛衣原亚种 *C. islandica* ssp. *islandica*、微糙褐梅 *Melanelia exasperatula*、暗褐衣 *M. stygia*、土星猫耳衣 *Leptogium saturninum*，共15个种。

③环极低北极及北方分布型（Circumpolar low arctic and boreal species）：主要有蓝灰蜈蚣衣 *Physcia caesia*、小地卷 *Peltigera venosa*、长根地卷 *P. neopolydactyla*、地卷 *P. rufescens*、芽片地卷 *P. monticola*、圆叶黑蜈蚣衣 *Phaeophyscia orbicularis*、长根皮果衣 *Dermatocarpon moulinsii*、伴藓大孢衣瘤状变型 *Physconia muscigena f. squarrosa*，共8个种。

（4）泛热带成分（Pantropical element）

包括亚鳞石蕊*Cladonia subsquamosa*。

（5）地中海-西亚-中亚成分（West Asian-Central Asia element）

包括翅白角衣 *Siphula pteruloides*、*Enchylium Polycarpon*、砖孢胶衣 *Collema subconveniens*，共3种。

（6）中国特有成分（Endemic to China element）

包括杜瑞氏黄梅 *Xanthoparmelia durietzii*、甘肃大孢蜈蚣衣 *Physconia kansuensis*、荒漠黄梅 *Xanthoparmelia desertorum*，共3个种。

（7）东亚成分（East Asia element）

包括粉缘黑蜈蚣衣 *Phaeophyscia limbata*、裂芽黄髓梅 *Myelochroa obsessa*、朝鲜黄梅 *Xanthoparmelia coreana*、大陆地卷 *Peltigera continentalis*、亚灰大孢蜈蚣衣 *Physconia perisidiosa*，共5个种。

2.5 保护区大型地衣的生态学特征

2.5.1 保护区大型地衣的生长型

分布在巴尔鲁克山国家级自然保护区大型地衣中叶状地衣共有76种，占种总数的69.09%；鳞片状地衣共有23种，占种总数的20.91%；枝状地衣共有11种，占种总数的10.00%。从大型地衣的生长型分析得知，该区叶状地衣种占优势，主要分布在海拔1 200～1 700 m（图2-1、表2-12）。

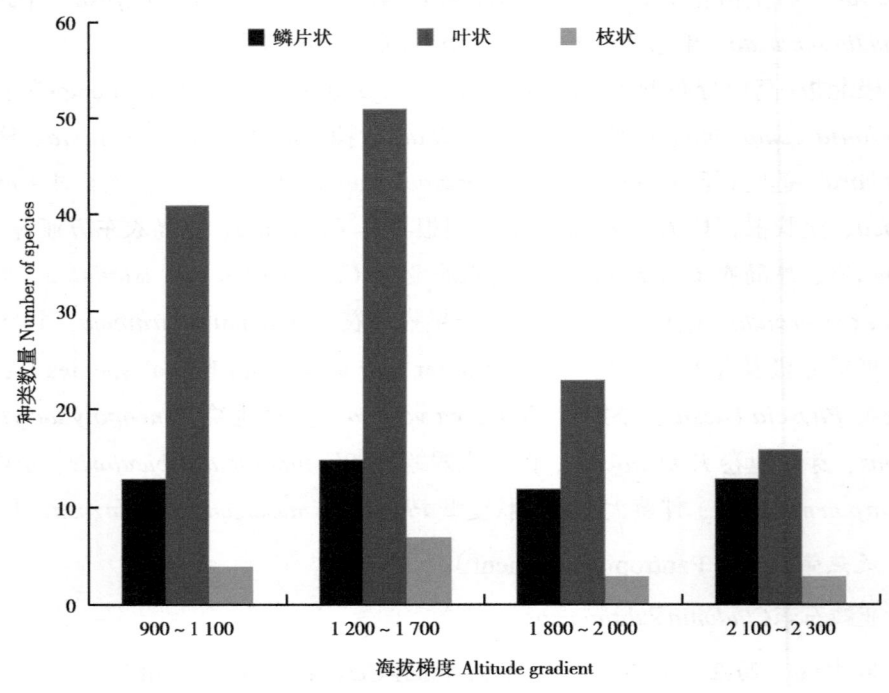

图2-1 大型地衣生长型与海拔的关系

Figure 2-1 Relationship between growth form and altitude of macrolichens

表2-12 保护区大型地衣生长型的海拔梯度分布

Table 2-12 The distribution of macrolichens growth form with the altitude gradient in Barluk Mountain National Nature Reserve

物种编号 Number of species	生长型 Growth form	海拔 Altitude（m）			
		900~1 100	1 200~1 700	1 800~2 000	2 100~2 300
S1	叶状	＋	＋	＋	＋
S2	叶状	＋	＋	＋	－
S3	叶状	＋			
S4	叶状		＋		
S5	叶状		＋		
S6	叶状		＋	＋	
S7	叶状		＋		
S8	叶状		＋		
S9	叶状	＋			
S10	叶状	＋	＋		
S11	叶状	＋			
S12	叶状	＋			
S13	叶状	＋			
S14	叶状	＋			
S15	叶状	＋	＋		
S16	叶状		＋		
S17	叶状	＋	＋		
S18	叶状	＋	＋	＋	＋
S19	叶状		＋	＋	＋
S20	叶状	＋		＋	－
S21	叶状		＋		
S22	叶状		＋		
S23	枝状	＋	＋		
S24	枝状	＋	＋		
S25	叶状		＋		
S26	鳞片状	＋	＋	＋	＋
S27	鳞片状	＋	＋	＋	＋
S28	鳞片状		＋		＋
S29	鳞片状		＋	＋	
S30	鳞片状			＋	＋
S31	鳞片状	＋	＋	＋	＋
S32	鳞片状	＋	＋	＋	＋
S33	鳞片状	＋	＋	－	

（续表）

物种编号 Number of species	生长型 Growth form	海拔 Altitude（m）			
		900～1 100	1 200～1 700	1 800～2 000	2 100～2 300
S34	鳞片状	＋	＋	＋	＋
S35	鳞片状	＋	＋		
S36	鳞片状	＋			
S37	鳞片状		＋		＋
S38	鳞片状			＋	
S39	鳞片状	＋			
S40	鳞片状		＋		＋
S41	鳞片状		＋	＋	＋
S42	鳞片状	＋	＋	＋	
S43	鳞片状	＋			
S44	鳞片状	＋	＋	＋	＋
S45	鳞片状	＋			＋
S46	鳞片状			＋	
S47	枝状		＋	＋	
S48	枝状		＋		
S49	枝状				＋
S50	叶状			＋	＋
S51	叶状				＋
S52	叶状			＋	＋
S53	叶状		＋		
S54	叶状	＋			
S55	叶状		＋		
S56	叶状	＋			
S57	叶状	＋	＋		
S58	叶状		＋		
S59	叶状	＋			
S60	叶状	＋	＋		
S61	叶状	＋	＋		
S62	叶状		＋		
S63	叶状				＋
S64	叶状	＋	＋	＋	
S65	叶状	＋			
S66	叶状	＋	＋		＋
S67	叶状	＋	＋	＋	
S68	叶状	＋	＋		

（续表）

物种编号 Number of species	生长型 Growth form	海拔 Altitude（m）			
		900~1 100	1 200~1 700	1 800~2 000	2 100~2 300
S69	叶状		+		
S70	叶状	+			
S71	枝状	+	+		
S72	枝状				+
S73	叶状		+		
S74	枝状				+
S75	枝状	+	+		
S76	枝状			+	
S77	叶状	+	+	+	
S78	叶状			+	
S79	叶状			+	
S80	叶状	+	+		
S81	叶状		+		+
S82	叶状		+		
S83	叶状	+	+	+	+
S84	叶状	+	+	+	+
S85	叶状	+			
S86	叶状	+	+	+	+
S87	叶状		+		
S88	叶状	+	+	+	+
S89	叶状		+		+
S90	叶状	+	+	+	+
S91	叶状	+		+	
S92	叶状	+	+		
S93	叶状		+		
S94	叶状				+
S95	叶状		+		
S96	叶状			+	
S97	叶状	+			
S98	鳞片状				+
S99	叶状	+	+		
S100	叶状	+			
S101	叶状		+		
S102	叶状		+		
S103	叶状	+	+		

（续表）

物种编号 Number of species	生长型 Growth form	海拔 Altitude（m）			
		900 ~ 1 100	1 200 ~ 1 700	1 800 ~ 2 000	2 100 ~ 2 300
S104	叶状	+		+	
S105	叶状		+		
S106	鳞片状		+		
S107	枝状		+	+	
S108	叶状			+	
S109	叶状	+	+	+	
S110	叶状		+		

2.5.2 保护区大型地衣基物类型分析

大型地衣的分布范围比较广泛，其生态环境及基物类型多种多样，巴尔鲁克山国家级自然保护区森林结构复杂，地理位置特殊，山北面受湿气的影响湿润，东南部受到荒漠干热气流的影响干旱，因此，该地区的大型地衣表现出多种类型的分布模式。巴尔鲁克山国家级自然保护区大型地衣的生长基物类型主要包括岩石、树皮和树枝、地面（地面苔藓）3种类型（图2-2）。

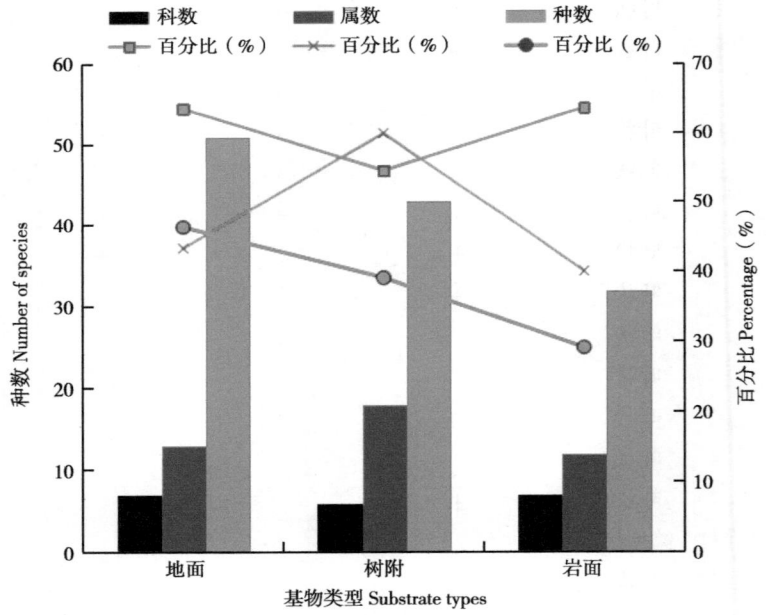

图2-2　大型地衣在不同基物上的分布状况

Figure 2-2　The distribution of macrolichens on different substrate types

（1）岩面生大型地衣（Saxicolous macrolichen）

岩面生大型地衣主要分布在保护区各垂直带中的岩石表面，主要以叶状地衣种类占优势，其中有少量的鳞片状和枝状种类。分布在该保护区的岩面生地衣共有7科12属30种，分别占该区科、属、种的63.64%、37.5%、27.27%。其中仅分布在岩石的种类有珊瑚芽蜈蚣衣 *Physcia clementi*、异白点蜈蚣衣 *P. phaea*、灰色大孢蜈蚣衣 *Physconia grisea*、哑铃孢 *Heterodermia speciosa*、石生树花 *Ramalina intermedia*、睫毛黑蜈蚣衣 *Phaeophyscia ciliata*、平坦北极梅 *Arctoparmelia separat*、淡腹黄梅 *Xanthoparmelia mexicana*、怀俄明黄梅 *X. wyomingica*、北美黄梅 *X. viriduloumbrina*、*X. pulvinaris*、杜瑞氏黄梅 *X. durietzii*、暗褐衣 *Melanelia stygia*、茸褐梅 *M. glabra*、毡褐梅 *M. pannifomis*、短绒皮果衣 *D. vellereum*、皮果衣 *D. miniatum*、*D. arnoldianum*、皮果衣原变种 *D. var. miniatum*、皮果衣覆瓦原变种 *D. var. miniatum imbricatum*、皮果衣重叠瓣变种 *D. var. complicatum*、长根皮果衣 *D. moulinsii*、翅白角衣 *Siphula pteruloides*、多盘石耳 *Umbilicaria proboscidea*、淡肤根石耳 *U. virginis*、*U. aprina* 26个种。

（2）树附生大型地衣（Epiphytic macrolichen）

树附生地衣的主要生境为树皮、树枝及朽木，巴尔鲁克山国家级自然保护区森林用地面总积达34 614.95 hm^2。从森林构建类型看，针叶林面积为3 499.81 hm^2，以雪岭云杉林为主，占总森林用地面积的10.11%；阔叶林面积为3 787.03 hm^2，其主要树种有苦杨树、天山桦、疣枝桦、新疆野苹果、天山樱桃等，占总森林用地面积的10.94%；灌木林面积为15 564.1 hm^2，其中野生巴旦林面积为1 608 hm^2，占4.65%，灌木层主要种植蔷薇、野巴旦杏、金丝桃叶绣线菊、锦鸡儿、忍冬、新疆圆柏和枸杞子等[1-2]。保护区复杂的森林结构及树种多样性为树附生地衣生长提供了多种栖息环境，此类生境中分布的地衣种类共有6科18属44种。占该区大型地衣科、属、种的54.55%、56.25%、40.00%。其中仅分布在树皮上的地衣为30个种，包括蜈蚣衣 *Physcia stellaris*、斑面蜈蚣衣 *P. aipolia*、对开蜈蚣衣 *P. dimidiata*、糙蜈蚣衣 *P. tribacia*、白粉蜈蚣衣 *P. biziana*、圆叶黑蜈蚣衣 *Phaeophyscia orbicularis*、密集黑蜈蚣衣 *P. constipata*、粉缘黑蜈蚣衣 *P. limbata*、毛边黑蜈蚣衣 *P. hispidula*、伴藓大孢衣 *Physconia muscigena*、*P. rossica*、毛边雪花衣 *Anaptychia ciliaris*、刚毛雪花衣 *A. setifera*、长石蕊 *Cladonia ecmocyna*、尖头石蕊 *C. subulata*、黄绿石蕊 *C. ochrochlora*、短柄石蕊 *C. kurokawae*、中国树花 *Ramalina sinensis*、刺小孢发 *Bryoria confusa*、裂芽黄髓梅 *Myelochroa obsessa*、微糙褐梅 *Melanelia exasperatula*、皱黄星点衣 *Flavopunctelia flaventior*、亚花松萝 *Usnea subfloridana*、拟扁枝衣 *Pseudevernia furfuracea*、长芽黑尔衣 *Melanohalea elegantula*、土星猫耳衣 *Leptogium saturninum*、亚石胶衣 *Collema subflaccidum*、砖孢胶衣 *C. subconveniens*、软地卷 *Peltigera malacea*、小皿叶 *Normandina pulchella*。

（3）地面生大型地衣（Terricolous macrolichen）

地面生生境的地衣主要生长在土壤、土壤苔藓，岩石表面土壤、岩石缝隙土壤苔藓，灌木根下土壤苔藓上。此类生境中分布的大型地衣种类共有7科13属50种。占该地区大型地衣科、属、种的63.64%、40.63%、45.45%。其中地卷属、大孢蜈蚣衣属等地衣物种仅生长在地面。

2.5.3 保护区大型地衣的垂直分布

巴尔鲁克山海拔范围内降水量较丰富，植被盖度比较高，并能为叶状地衣的生长提供充足的水分和适宜的栖息环境。巴尔鲁克山国家级自然保护区110种大型地衣在不同海拔的分布见表2-12。由表可知，巴尔鲁克山国家级自然保护区大型地衣的垂直地带性分布比较明显，保护区900~2 300 m不同海拔梯度范围都可以采集大型地衣标本。大型地衣数量从海拔900 m开始出现上升，到了海拔1 200~1 700 m的种类最多，共有73个种；从海拔1 800 m开始出现地衣数量减少，为38个种，在海拔2 100~2 300 m的区域种数最少，为32个种（图2-3）。

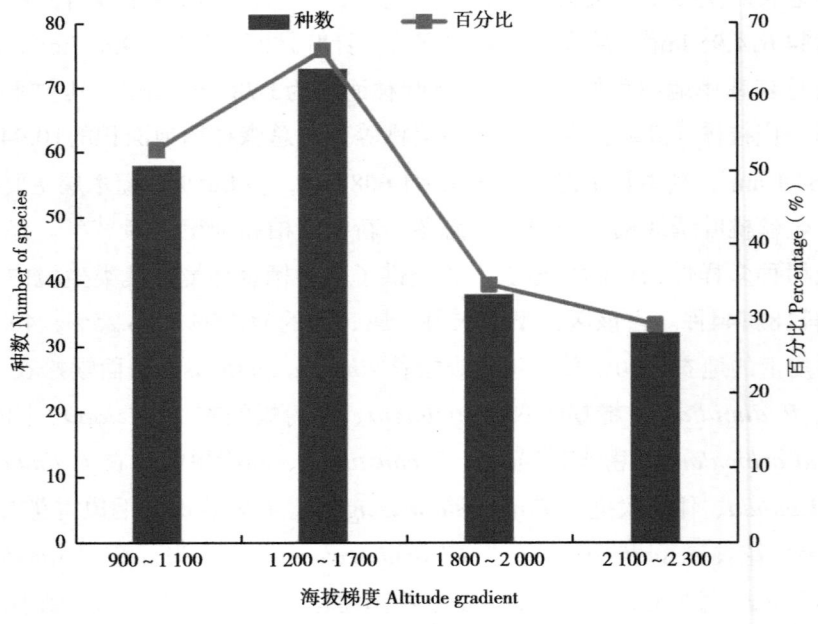

图2-3 不同海拔梯度下大型地衣的分布状况

Figure 2-3 The distribution of macrolichens at different altitude gradient

巴尔鲁克山国家级自然保护区植被垂直带包括：亚高山地带：海拔2 300 m以上，气候冷湿，生长着高山植被；亚高山草甸带：海拔1 400~2 300 m，该地带降水丰富、植被丰茂，主要为云杉针叶林；灌木草原和草甸草原带：海拔900~1 400 m，生长着禾本科草类植被，以多年生灌木及半灌木为主；山前平原带：海拔500~900 m，该地带呈荒漠草原景观，植被以深根性和耐旱性小灌木和半灌木为主[1-3]。大型地衣在上述植被垂直地带中均有分布。其中，在海拔900~1 700 m 随着海拔的升高，大型地衣的物种多样性开始增加，海拔1 800 m开始大型地衣物种数量出现减少，海拔上升到2 300 m之后大型地衣的种类数量降到最低。

第三章 保护区微型（壳状）地衣物种多样性

3.1 保护区微型地衣物种组成

研究初步确定分布在巴尔鲁克山国家级自然保护区的微型（壳状）地衣共71种，隶属于11目13科27属（表3-1）。

表3-1 巴尔鲁克山国家级自然保护区微型地衣名录
Table 3-1 Species list of microlichen in Barluk Mountain National Nature reserve

物种编号 Number of species	目、科、属和种名 Name of order, family, genus and species
	微孢衣目 Acarosporales
	微孢衣科 Acarosporacea
	微孢衣属 *Acarospora* A.Massal.
S1	深褐微孢衣 *Acarospora badiofusca*（Nyl.）
S2	包氏微孢衣 *Acarospora bohlinii* H. Magn.
S3	短片微孢衣 *Acarospora brevilobata* Magn.
S4	苍果微孢衣 *Acarospora glaucocarpa*（Ach.）Arnold
S5	聚盘微孢衣 *Acarospora glypholecioides* H.Magn.
S6	莲座微孢衣 *Acarospora rosulata*（Th. Fr.）H. Magn.
S7	被膜微孢衣 *Acarospora molybdina* Trevis.
	聚盘衣属 *Glypholecia* Nyl
S8	糙聚盘衣 *Glypholecia scabra*（Pers.）Müll. Arg.，Hedwigia
	金卵石衣属 *Pleopsidium* Körb.
S9	戈壁金卵石衣 *Pleopsidiumg obiense*（H. Magn.）Hafellner
	黄茶渍目 Candelariales
	黄烛衣科 Candelariaceae
	黄茶渍属 *Candelariella* Müll. Arg.
S10	金黄茶渍 *Candelariella aurella*（Hoffm.）Zahlbr.
S11	粉黄茶渍 *Candelariella efflorescens* R.C. Harris
S12	油黄茶渍 *Candelariella oleifera* H.Magn.
S13	株头黄茶渍 *Candelariella xanthostigma*（pers.ex.Ach.）Lettau

（续表）

物种编号 Number of species	目、科、属和种名 Name of order, family, genus and species
	粉衣目 Calciales
	粉衣科 Caliciaceae
	鳞饼衣属 *Dimelaena* Norman
S14	鳞饼衣 *Dimelaena oreina*（Ach.）Norman
	四胞极衣属 *Tetramelas* Norman
S15	绿色四胞极衣 *Tetramelas chloroleucus*（Korb.）A. Nordin.
	粉头衣目 Coniocybales
	粉头衣科 Coniocybaceae
	口果粉衣属 *Chaenotheca*（Th.Fr.）Th.Fr
S16	茎口果粉衣 *Chaenotheca stemonea*（Ach.）Müll. Arg.
	茶渍目 Lecanorales
	旋衣科 Byssolomataceae
	亚网衣属 *Micarea* Fr.
S17	黑亚网衣 *Micarea melaena*（Nyl.）Hedl.
	茶渍科 Lecanoraceae
	茶渍属 *Lecanora* Ach.
S18	聚茶渍 *Lecanora accumulata* H.Magn.
S19	碎茶渍 *Lecanora argopholis*（Ach.）Ach., LIch.
S20	坚盘茶渍 *Lecanora cenisia* Ach.
S21	边缘茶渍 *Lecanora marginata*（Schaer.）Hertel & Rambold, Bot.
S22	灰叶茶渍 *Lecanora phaedrophthalma* poelt
S23	亚丽茶渍 *Lecanora chlarotera* Nyl.
S24	木生茶渍 *Lecanora xylophila* Hue
	小网衣属 *Lecidella* Körb.
S25	破小网衣 *Lecidella carpathica* Körb.
S26	油色小网衣 *Lecidella elaeochroma*（Ach.）M. Choisy
S27	优果小网衣 *Lecidella euphorea*（Flörke）Hertel
S28	平小网衣 *Lecidella stigmatea*（Ach.）Hertel & Leuckert
S29	肿胀小网衣 *Lecidella tumidula*（A. Massal.）Knoph & Leuckert
	多盘衣属 *Myriolecis* Clem
S30	散多盘衣 *Myriolecis dispersa*（Pers.）Śliwa, Zhao Xin & Lumbsch
S31	小多盘衣 *Myriolecis hagenii*（Ach.）Śliwa
	原类梅属 *Protoparmeliopsis* M.
S32	嘎氏原类梅 *Protoparmeliopsis garovaglii*（Körb.）Arup
S33	青海原类梅 *Protoparmeliopsis kukunorensis*（H.Magn.）S.Y.Kondr.

（续表）

物种编号 Number of species	目、科、属和种名 Name of order, family, genus and species
S34	石墙原类酶 *Protoparmeliopsis muralis*（Schreb.）M. Choisy
	脐鳞属 *Rhizoplaca* Zopf
S35	红脐鳞衣 *Rhizoplaca chrysoleuca*（Sm.）Zopf
S36	垫脐鳞 *Rhizoplaca melanophthalma*（Ram）
S37	贝加尔脐鳞 *Rhizoplaca baicalensis*（Zahlbr.）S.Y. Kondr.
	珊瑚枝科 Stereocaulaceae
	癞屑衣属 *Lepraria* Ach.
S38	灰白癞屑衣 *Lepraria incana*（L.）Ach.
S39	*Lepraria rigidula*（B. de Lesd.）Diederich
	网衣目 Lecideales
	网衣科 Lecideaceae
	网衣属 *Lecidea* Ach.
S40	黑棕网衣 *Lecidea atrobrunnea*（DC.）Schaer.
S41	方斑网衣 *Lecidea tessellata* var. *tessellata* Flörke
	拟沉衣属 *Lecaimmeria* C.M. Xie
S42	伊朗拟沉衣 *Lecaimmeria iranica*（Valadb., Sipman & Rambold）
S43	蒙古拟沉衣 *Lecaimmeria mongolica* C.M. Xie & Lu L. Zhang
	地图衣目 Rhizocarpales
	地图衣科 Rhizocarpceae
	地图衣属 *Rhizocarpon* Ramond ex DC.
S44	灰地图衣 *Rhizocarpon disporum*（Nägeli ex Hepp）Müll. Arg.
S45	雪山地图衣 *Rhizocarpon effiguratum*（Anzi）Th. Fr.
S46	双胞地图衣 *Rhizocarpon geminatum* Körb.
S47	地图衣 *Rhizocarpon geographicum*（L.）DC.
	黄枝衣目 Teloschistales
	黄枝衣科 Teloschistaceae
	美衣属 *Calogaya* Arup
S48	类锈美衣 *Calogaya ferrugineoides*（H. Magn.）
S49	皇冠黄绿衣 *Flavoplaca coronata*（Kremp. ex Körb.）Arup
	黄鳞衣属 *Rusavskia* S.Y
S50	丽黄鳞衣 *Rusavskia elegans*（Link）S.Y.
	橙衣属 *Caloplaca* Th.Fr.
S51	蜡黄橙衣 *Caloplaca cerina*（Ehrh. ex Hedw.）Th. Fr.
S52	蜂窝橙衣 *Caloplaca scrobiculata* H. Magn.

（续表）

物种编号 Number of species	目、科、属和种名 Name of order, family, genus and species
	羊角衣目 Baeomycetales
	羊角衣科 Baeomycetaceae
	柄盘衣属 *Anamylopsora*（Timdal）
S53	巴基斯坦柄盘衣 *Anamylopsora pakistanica* Usman & Khalid
S54	阿勒泰柄盘衣 *Anamylopsora altaica* Ahat, A. Abbas.
	文字衣目 Graphidales
	文字衣科 Graphidaceae
	双缘衣属 *Diploschistes* Norman
S55	双壳双缘衣 *Diploschistes diacapsis*（Ach.）Lumbsch
S56	藓生双缘衣 *Diploschistes muscorum*（Scop.）R. Sant.
S57	双缘衣 *Diploschistes scruposus*（Schreb.）Norman
	鸡皮衣目 Pertusariales
	巨孢衣科 Megalosporaceae
	奥氏衣属 *Oxneriaria* S. Y. Kondr. et L. Lőkös
S58	*Oxneriaria permutata*（Zahlbr.）S.Y. Kondr. & Lőkös
	平茶渍属 *Aspicilia* A. Massal.
S59	灰平茶渍 *Aspicilia cinerea*（L.）Körb.
S60	杯形平茶渍 *Aspicilia cupulifera*（H. Magn.）
S61	白边平茶渍 *Aspicilia sublaqueata*（H.Magn）J.C. Wei
	野粮衣属 *Circinaria* Link
S62	风滚野粮衣 *Circinaria affinis*（Eversm.）Sohrabi
S63	旱生野粮衣 *Circinaria arida* Owe-Larss.
S64	果野粮衣 *Circinaria fruticulosa*（Eversm.）Sohrabi
S65	斑点野粮衣 *Circinaria maculata*（H. Magn.）Q. Ren,
S66	赭白野粮衣 *Circinaria ochraceoalba*（H. Magn.）
S67	扭曲野粮衣 *Circinaria tortuosa*（H. Magn.）Q. Ren, comb.
S68	小角野粮衣 *Circinaria transbaicalica*（Oxner）Q. Ren
	瓣茶衣属 *Lobothallia*（Clauzade & Cl. Roux）Hafellner
S69	粉瓣茶衣 *Lobothallia alphoplaca*（Wahlenb.）Hafellner
S70	原辐瓣茶衣 *Lobothallia praeradiosa*（Nyl.）Hafellner
S71	辐射裂片茶渍 *Lobothallia radiosa*（Hoffm.）Hafellner

从科级水平上看，茶渍科（Lecanoraceae）包含20种，巨孢衣科（Megalosporaceae）14种，微孢衣科（Acarosporacea）9种，3个优势科的种数共43，占保护区微型地衣总种

数的60.6%。种数≥5种的优势属共有茶渍属 *Lecanora* Ach.（7种）、微孢衣属 *Acarospora* A.Massal.（7种）、野粮衣属 *Circinaria* Link（7种）和小网衣属 *Lecidella* Körb.（5种）4个属，其种数占保护区微型地衣总种数的36.6%（表3-2）。

表3-2 保护区微型地衣科、属、种数量统计
Table 3-2 Statistics of microlichen family, genus and species number in Nature reserve

目名 Order	科数 Number of family	百分比 Percentage（%）	属数 Number of genus	百分比 Percentage（%）	种数 Number of species	百分比 Percentage（%）
微孢衣目 Acarosporales	1	7.69	3	11.11	9	12.68
黄茶渍目 Candelariales	1	7.69	2	7.41	5	7.04
粉衣目 Calciales	1	7.69	2	7.41	2	2.82
粉头衣目 Coniocybales	1	7.69	1	3.70	1	1.41
茶渍目 Lecanorales	3	23.1	7	25.93	23	32.39
网衣目 Lecideales	1	7.69	2	7.41	4	5.63
地图衣目 Rhizocarpales	1	7.69	1	3.70	4	5.63
黄枝衣目 Teloschistales	1	7.69	3	11.11	4	5.63
羊角衣目 Baeomycetales	1	7.69	1	3.70	2	2.82
文字衣目 Graphidales	1	7.69	1	3.70	3	4.23
鸡皮衣目 Pertusariales	1	7.69	4	14.81	14	19.72
总计 Total	13	100	27	100	71	100

3.2 保护区微型地衣物种多样性

保护区45个样点的微型地衣物种多样性和均匀度，见表3-3。

表3-3 微型地衣多样性和均匀度指数
Table 3-3 Diversity and evenness index of microlichens

样点 Sampling points	Shannon-Wiener多样性指数（H'） Shannon-Wiener diversity index	Simpson's多样性指数（D） Simpson's diversity index	Patrick丰富度指数（D_P） Patrick abundance	Pielou均匀度指数（J） Pielou evenness
P1	1.604	0.731	8	0.771
P2	1.692	0.706	13	0.660
P3	1.683	0.696	13	0.656
P4	1.996	0.839	13	0.778
P5	2.291	0.851	20	0.765

（续表）

样点 Sampling points	Shannon-Wiener多样性 指数（H'） Shannon-Wiener diversity index	Simpson's多样性 指数（D） Simpson's diversity index	Patrick丰富度 指数（D_P） Patrick abundance	Pielou均匀度 指数（J） Pielou evenness
P6	2.273	0.859	17	0.802
P7	2.194	0.862	14	0.831
P8	2.559	0.906	18	0.885
P9	1.768	0.799	8	0.850
P10	2.020	0.830	10	0.877
P11	1.720	0.776	10	0.747
P12	1.621	0.755	11	0.676
P13	1.455	0.715	6	0.812
P14	1.599	0.731	8	0.769
P15	2.653	0.916	19	0.901
P16	1.209	0.591	5	0.751
P17	1.998	0.807	12	0.804
P18	2.128	0.849	13	0.830
P19	2.007	0.825	11	0.837
P20	2.297	0.863	15	0.848
P21	2.181	0.853	15	0.805
P22	2.423	0.883	17	0.855
P23	1.385	0.709	6	0.773
P24	2.398	0.890	15	0.886
P25	2.595	0.915	17	0.916
P26	1.836	0.806	8	0.883
P27	2.553	0.905	17	0.901
P28	2.357	0.878	16	0.850
P29	2.248	0.877	11	0.937
P30	2.436	0.897	15	0.899
P31	1.658	0.663	12	0.667
P32	1.796	0.758	10	0.780
P33	2.017	0.841	11	0.841
P34	1.748	0.780	8	0.841
P35	2.008	0.808	12	0.808
P36	0.913	0.467	5	0.567
P37	2.685	0.911	20	0.896
P38	2.642	0.915	19	0.897

（续表）

样点 Sampling points	Shannon-Wiener多样性指数（H'） Shannon-Wiener diversity index	Simpson's多样性指数（D） Simpson's diversity index	Patrick丰富度指数（D_P） Patrick abundance	Pielou均匀度指数（J） Pielou evenness
P39	2.189	0.878	10	0.951
P40	2.488	0.906	15	0.919
P41	2.728	0.915	23	0.870
P42	1.731	0.785	10	0.752
P43	2.568	0.907	20	0.857
P44	1.626	0.655	14	0.616
P45	2.922	0.928	30	0.859

计算α-多样性指数发现，13个样点含有20~30个壳状地衣种类，占样点总数的28.9%；分布在23个样点的壳状地衣种类10~15种，占样点总数的51.1%；9个样点的壳状地衣种数少于10个种，说明巴尔鲁克山国家级自然保护区微型（壳状）地衣在各不同生境的分布差异比较显著。其中，样点45的香浓维纳多样性指数最大，为2.922；其次为样点41，其多样性指数为2.728；样点36的多样性指数最低，为0.913。物种在不同样点的分布情况显示，不同样点所含的地衣种类不均匀，主要受到样点的生物因素和非生物因素的影响。6个样点的均匀度指数大于0.9；样点36的壳状地衣种类有5种，但其物种分布的均匀度很低，为0.567，说明这些种类间的竞争比较强，为了争取栖息地资源，栖息地空间中出现不均匀分布现象。

样点6、2、12、1、31和44共6个样点分布在低海拔区域，地衣种类比较相似。样点26、16、20、40、4、45、29、42、32、27、30和43共12个样点分布在高海拔地区；其余的样点37、21、22、18、23、24、7、35、39、9、3、5、8、11、14、10、15、17、13、19、36、38、25、33、34、28和41共27个样点分布在中等海拔地区，其生境异质性较高，地衣种类丰富（图3-1）。

由表3-4可知，样点15和样点20的β-多样性指数为0.36，样点36和样点23的为0.38，样点41和样点42的为0.38，样点31和样点44的为0.37，其余样点的β-多样性指数均小于0.30，说明保护区微型（壳状）地衣种类在不同生境中的替换率比较低，各样点间地衣种类的差异不显著。通过实地调查我们认为，微型（壳状）地衣对环境的适应能力比较好，各不同基物选择方面虽然具有一定的差异，但在保护区的不同海拔、不同生境中都能分布，与此同时，保护区海拔的垂直变化不显著，各不同海拔带间的环境异质性不大，因此，地衣种类间的差异不大。

Pearson相关性分析结果显示（表3-5、图3-2）各样点间的相关性较低，相关指数大于0.5的样点组共有13对，其中样点6和样点12的相关性最大，为0.74，其次为样点16和样点26，相关指数为0.71，样点16和样点20的相关性指数为0.70。

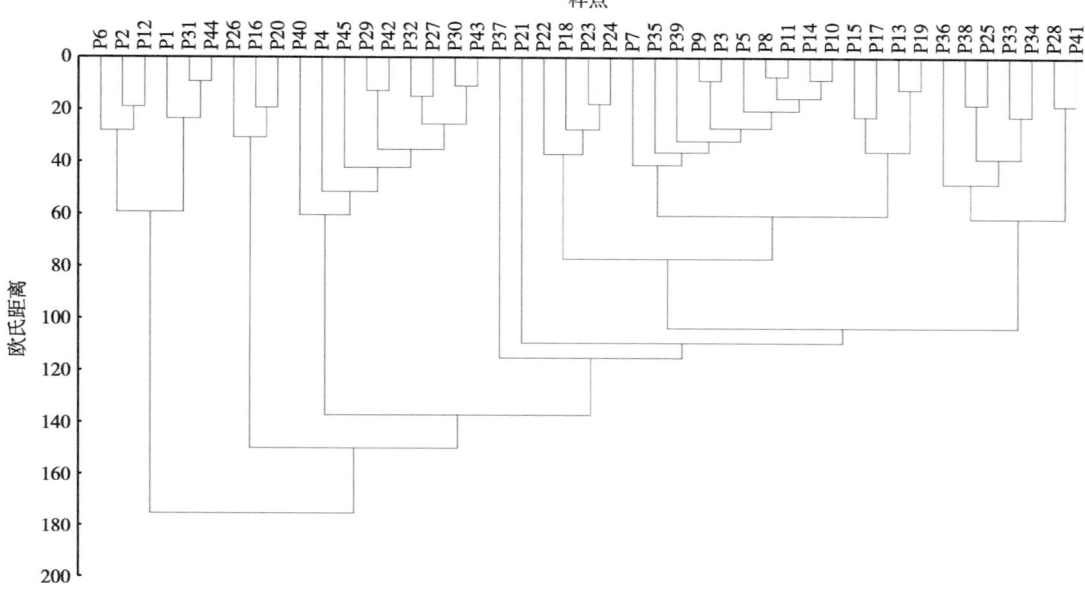

图3-1 巴尔鲁克山国家级自然保护区45个样点微型（壳状）地衣多样性比较

Figure 3-1 Compare the microlichens diversity between 45 sampling points

表3-4 45个样点微型（壳状）地衣β-多样性

Table 3-4 β-diversity index of microlichens in 45 sampling points

样点 Sampling points	P1	P2	P3	P4	P5	P6	P7	P8	P9	P10	P11	P12	P13	P14	P15
P1	1.00														
P2	0.17	1.00													
P3	0.05	0.24	1.00												
P4	0.11	0.13	0.37	1.00											
P5	0.12	0.27	0.18	0.14	1.00										
P6	0.25	0.30	0.11	0.11	0.19	1.00									
P7	0.22	0.29	0.23	0.17	0.17	0.29	1.00								
P8	0.18	0.24	0.24	0.11	0.41	0.40	0.28	1.00							
P9	0.00	0.17	0.40	0.17	0.12	0.09	0.16	0.18	1.00						
P10	0.13	0.10	0.21	0.28	0.03	0.13	0.14	0.08	0.00	1.00					
P11	0.13	0.10	0.28	0.15	0.11	0.13	0.20	0.17	0.38	0.11	1.00				
P12	0.27	0.20	0.09	0.09	0.29	0.27	0.19	0.45	0.06	0.11	0.11	1.00			
P13	0.00	0.00	0.06	0.00	0.04	0.05	0.05	0.09	0.08	0.00	0.14	0.00	1.00		
P14	0.07	0.11	0.00	0.05	0.12	0.25	0.10	0.18	0.00	0.06	0.06	0.19	0.17	1.00	

（续表）

样点 Sampling points	P1	P2	P3	P4	P5	P6	P7	P8	P9	P10	P11	P12	P13	P14	P15
P15	0.00	0.00	0.07	0.07	0.11	0.16	0.18	0.12	0.13	0.00	0.12	0.11	0.09	0.04	1.00
P16	0.08	0.06	0.06	0.06	0.09	0.10	0.06	0.10	0.00	0.07	0.00	0.23	0.00	0.08	0.20
P17	0.11	0.09	0.14	0.19	0.10	0.16	0.08	0.11	0.11	0.10	0.05	0.15	0.13	0.18	0.11
P18	0.11	0.13	0.08	0.24	0.22	0.15	0.17	0.24	0.17	0.05	0.21	0.20	0.00	0.11	0.23
P19	0.12	0.09	0.04	0.04	0.11	0.12	0.09	0.21	0.06	0.17	0.11	0.22	0.21	0.12	0.15
P20	0.00	0.00	0.08	0.08	0.09	0.07	0.07	0.18	0.10	0.00	0.09	0.08	0.24	0.15	0.36
P21	0.00	0.00	0.12	0.12	0.13	0.03	0.07	0.14	0.15	0.04	0.14	0.13	0.17	0.05	0.26
P22	0.09	0.07	0.15	0.11	0.16	0.13	0.11	0.21	0.19	0.08	0.17	0.17	0.21	0.14	0.24
P23	0.00	0.06	0.06	0.12	0.08	0.10	0.11	0.09	0.17	0.00	0.07	0.13	0.09	0.17	0.14
P24	0.05	0.04	0.00	0.12	0.06	0.19	0.07	0.06	0.05	0.09	0.09	0.13	0.00	0.05	0.26
P25	0.04	0.03	0.03	0.11	0.16	0.10	0.07	0.06	0.00	0.04	0.08	0.12	0.10	0.14	0.16
P26	0.07	0.05	0.05	0.11	0.04	0.00	0.10	0.08	0.07	0.00	0.06	0.06	0.17	0.07	0.13
P27	0.09	0.15	0.20	0.30	0.16	0.10	0.11	0.06	0.09	0.23	0.08	0.08	0.10	0.04	0.09
P28	0.09	0.07	0.16	0.16	0.13	0.10	0.11	0.17	0.04	0.13	0.13	0.13	0.10	0.20	0.06
P29	0.00	0.09	0.14	0.14	0.07	0.00	0.04	0.00	0.06	0.05	0.05	0.00	0.00	0.00	0.07
P30	0.15	0.22	0.27	0.22	0.09	0.10	0.21	0.10	0.05	0.14	0.14	0.08	0.00	0.00	0.03
P31	0.05	0.19	0.14	0.19	0.10	0.07	0.04	0.07	0.11	0.10	0.00	0.05	0.00	0.00	0.03
P32	0.13	0.15	0.15	0.21	0.11	0.08	0.04	0.08	0.00	0.25	0.00	0.17	0.07	0.00	0.07
P33	0.12	0.09	0.00	0.04	0.11	0.17	0.09	0.21	0.06	0.11	0.11	0.16	0.06	0.12	0.03
P34	0.00	0.11	0.17	0.17	0.12	0.04	0.00	0.04	0.14	0.06	0.13	0.00	0.00	0.07	0.04
P35	0.05	0.25	0.32	0.19	0.23	0.12	0.13	0.25	0.25	0.10	0.16	0.15	0.00	0.05	0.11
P36	0.00	0.13	0.06	0.06	0.14	0.05	0.19	0.05	0.18	0.00	0.07	0.07	0.00	0.00	0.14
P37	0.08	0.10	0.14	0.14	0.18	0.19	0.13	0.19	0.08	0.03	0.15	0.11	0.04	0.04	0.11
P38	0.00	0.10	0.10	0.03	0.11	0.09	0.14	0.12	0.13	0.07	0.12	0.03	0.09	0.04	0.27
P39	0.06	0.00	0.05	0.05	0.11	0.00	0.09	0.12	0.06	0.00	0.05	0.05	0.14	0.13	0.16
P40	0.05	0.08	0.22	0.27	0.13	0.03	0.07	0.10	0.10	0.25	0.09	0.04	0.05	0.05	0.10
P41	0.11	0.09	0.20	0.24	0.34	0.14	0.16	0.28	0.11	0.10	0.18	0.17	0.12	0.19	0.17
P42	0.06	0.05	0.21	0.28	0.20	0.04	0.09	0.12	0.20	0.11	0.25	0.05	0.00	0.06	0.12
P43	0.12	0.14	0.18	0.27	0.29	0.12	0.10	0.19	0.08	0.15	0.15	0.15	0.00	0.12	0.05
P44	0.10	0.13	0.17	0.23	0.13	0.11	0.12	0.07	0.10	0.20	0.09	0.04	0.05	0.05	0.00
P45	0.19	0.13	0.19	0.19	0.19	0.21	0.19	0.26	0.06	0.14	0.08	0.21	0.16	0.12	0.17

样点 Sampling points	P16	P17	P18	P19	P20	P21	P22	P23	P24	P25	P26	P27	P28	P29	P30
P16	1.00														
P17	0.13	1.00													
P18	0.06	0.19	1.00												

（续表）

样点 Sampling points	P16	P17	P18	P19	P20	P21	P22	P23	P24	P25	P26	P27	P28	P29	P30
P19	0.14	0.28	0.20	1.00											
P20	0.25	0.17	0.17	0.18	1.00										
P21	0.05	0.23	0.17	0.24	0.36	1.00									
P22	0.16	0.21	0.20	0.22	0.39	0.39	1.00								
P23	0.10	0.29	0.19	0.13	0.24	0.17	0.21	1.00							
P24	0.18	0.23	0.27	0.24	0.25	0.20	0.14	0.17	1.00						
P25	0.10	0.16	0.11	0.12	0.19	0.23	0.17	0.21	0.28	1.00					
P26	0.08	0.05	0.11	0.12	0.15	0.10	0.14	0.08	0.10	0.09	1.00				
P27	0.05	0.12	0.15	0.04	0.07	0.07	0.21	0.10	0.03	0.06	0.04	1.00			
P28	0.05	0.12	0.04	0.23	0.03	0.15	0.18	0.05	0.03	0.18	0.09	0.10	1.00		
P29	0.00	0.05	0.09	0.10	0.00	0.08	0.08	0.00	0.04	0.08	0.00	0.27	0.08	1.00	
P30	0.05	0.13	0.12	0.08	0.03	0.07	0.14	0.00	0.07	0.07	0.10	0.33	0.19	0.24	1.00
P31	0.06	0.14	0.09	0.05	0.04	0.00	0.04	0.00	0.04	0.00	0.05	0.26	0.08	0.21	0.17
P32	0.15	0.16	0.10	0.24	0.04	0.09	0.13	0.00	0.14	0.04	0.13	0.23	0.18	0.11	0.25
P33	0.00	0.05	0.20	0.22	0.13	0.08	0.12	0.06	0.24	0.08	0.06	0.00	0.04	0.00	0.00
P34	0.00	0.11	0.11	0.06	0.05	0.21	0.09	0.00	0.15	0.19	0.00	0.09	0.14	0.12	0.05
P35	0.13	0.04	0.09	0.05	0.13	0.08	0.21	0.06	0.04	0.12	0.11	0.21	0.12	0.10	0.13
P36	0.00	0.06	0.13	0.07	0.11	0.11	0.10	0.38	0.05	0.05	0.08	0.16	0.05	0.00	0.05
P37	0.00	0.07	0.14	0.11	0.09	0.13	0.03	0.04	0.30	0.23	0.04	0.16	0.13	0.11	0.09
P38	0.04	0.07	0.10	0.15	0.21	0.21	0.20	0.09	0.26	0.24	0.13	0.06	0.13	0.11	0.10
P39	0.07	0.10	0.15	0.11	0.19	0.19	0.17	0.14	0.04	0.08	0.29	0.13	0.18	0.00	0.09
P40	0.05	0.08	0.17	0.08	0.07	0.07	0.19	0.00	0.03	0.00	0.10	0.45	0.19	0.24	0.20
P41	0.12	0.21	0.16	0.21	0.15	0.19	0.25	0.12	0.12	0.21	0.11	0.11	0.50	0.06	0.12
P42	0.07	0.05	0.15	0.11	0.04	0.14	0.13	0.00	0.00	0.00	0.06	0.08	0.24	0.17	0.14
P43	0.09	0.10	0.18	0.11	0.06	0.09	0.12	0.00	0.13	0.09	0.08	0.19	0.33	0.15	0.30
P44	0.06	0.13	0.08	0.09	0.04	0.00	0.03	0.00	0.12	0.11	0.05	0.19	0.15	0.09	0.26
P45	0.13	0.20	0.16	0.21	0.25	0.18	0.31	0.09	0.18	0.15	0.15	0.18	0.18	0.11	0.18

样点 Sampling points	P31	P32	P33	P34	P35	P36	P37	P38	P39	P40	P41	P42	P43	P44	P45
P31	1.00														
P32	0.22	1.00													
P33	0.05	0.05	1.00												
P34	0.00	0.00	0.06	1.00											
P35	0.09	0.10	0.00	0.25	1.00										
P36	0.00	0.00	0.07	0.08	0.13	1.00									
P37	0.10	0.03	0.19	0.17	0.14	0.09	1.00								

（续表）

样点 Sampling points	P31	P32	P33	P34	P35	P36	P37	P38	P39	P40	P41	P42	P43	P44	P45
P38	0.00	0.04	0.15	0.23	0.15	0.14	0.15	1.00							
P39	0.10	0.11	0.11	0.06	0.05	0.15	0.07	0.07	1.00						
P40	0.35	0.25	0.08	0.10	0.13	0.05	0.09	0.03	0.25	1.00					
P41	0.06	0.14	0.06	0.15	0.21	0.04	0.10	0.11	0.14	0.19	1.00				
P42	0.00	0.11	0.05	0.20	0.16	0.00	0.07	0.12	0.11	0.14	0.38	1.00			
P43	0.23	0.20	0.07	0.12	0.10	0.00	0.14	0.18	0.11	0.21	0.30	0.43	1.00		
P44	0.37	0.20	0.04	0.05	0.08	0.00	0.10	0.10	0.04	0.12	0.16	0.09	0.26	1.00	
P45	0.08	0.25	0.17	0.03	0.11	0.00	0.14	0.11	0.11	0.18	0.33	0.08	0.11	0.16	1.00

表3-5　45个样点微型地衣的Pearson相关系数

Table 3-5　Pearson correlation between 45 sampling points

样点 Sampling points	P1	P2	P3	P4	P5	P6	P7	P8	P9	P10	P11	P12	P13	P14	P15
P2	0.20														
P3	0.13	0.24													
P4	0.02	−0.05	0.00												
P5	0.63	0.08	0.07	0.02											
P6	0.53	0.68	0.07	−0.01	0.35										
P7	0.32	0.30	0.21	0.02	0.18	0.48									
P8	0.26	0.47	−0.02	−0.10	0.21	0.49	0.32								
P9	−0.06	0.08	0.59	−0.08	−0.07	−0.05	−0.01	−0.06							
P10	0.27	0.25	0.03	0.24	0.16	0.51	0.57	0.11	−0.08						
P11	−0.03	0.33	−0.01	0.01	−0.07	0.39	0.47	0.15	0.25	0.51					
P12	0.41	0.77	0.04	−0.04	0.30	0.74	0.40	0.75	−0.06	0.28	0.25				
P13	−0.05	−0.05	−0.04	−0.07	−0.06	−0.06	−0.05	−0.01	−0.01	−0.07	0.09	−0.05			
P14	−0.05	−0.05	−0.05	0.05	0.03	0.25	0.46	0.11	−0.06	0.62	0.47	0.10	0.05		
P15	−0.10	−0.10	−0.08	−0.13	−0.05	−0.06	−0.08	−0.11	0.00	−0.13	0.04	−0.07	−0.06	−0.03	
P16	0.10	0.00	−0.01	−0.04	0.08	0.06	0.00	0.01	−0.05	0.01	−0.05	0.12	−0.04	0.04	0.07
P17	0.02	−0.02	0.08	−0.01	0.03	0.02	−0.01	0.06	0.02	−0.04	−0.07	0.10	0.02	0.08	0.15
P18	−0.02	0.57	−0.06	0.13	0.02	0.39	0.06	0.45	−0.03	0.07	0.21	0.55	−0.07	0.16	−0.01
P19	−0.02	0.31	−0.06	−0.09	−0.04	0.17	−0.01	0.15	−0.06	0.15	0.09	0.26	0.66	0.01	−0.09
P20	−0.08	−0.07	−0.06	0.01	−0.07	−0.08	−0.09	−0.01	−0.02	−0.10	−0.01	0.00	0.03	0.04	0.11
P21	−0.07	−0.07	−0.05	0.26	−0.08	−0.10	−0.08	−0.12	0.11	−0.03	0.01	−0.07	−0.04	−0.06	0.06
P22	−0.06	−0.04	−0.06	−0.11	0.00	−0.04	−0.08	0.15	0.08	−0.08	0.02	0.05	0.00	0.11	0.02
P23	−0.05	−0.05	−0.05	−0.04	0.03	−0.01	−0.06	0.05	−0.04	−0.07	−0.05	0.07	−0.04	0.21	0.06

（续表）

样点 Sampling points	P1	P2	P3	P4	P5	P6	P7	P8	P9	P10	P11	P12	P13	P14	P15
P24	−0.08	0.11	−0.08	0.02	−0.03	0.09	−0.06	0.07	−0.09	0.02	−0.01	0.17	−0.08	0.11	0.33
P25	−0.05	−0.09	−0.08	−0.04	0.03	−0.04	−0.13	−0.16	−0.12	−0.08	−0.09	−0.08	−0.08	−0.04	0.08
P26	0.01	−0.06	−0.04	0.03	−0.08	−0.09	−0.08	−0.07	−0.07	−0.08	−0.05	−0.02	0.11	−0.02	0.07
P27	−0.02	−0.04	−0.05	0.47	−0.06	−0.07	−0.10	−0.14	−0.10	0.07	−0.07	−0.06	−0.04	−0.08	−0.16
P28	0.01	−0.05	−0.03	−0.04	−0.03	−0.01	−0.02	−0.03	−0.09	−0.01	−0.04	−0.04	0.17	0.06	−0.01
P29	−0.08	−0.05	0.01	0.27	−0.10	−0.12	−0.01	−0.15	−0.07	−0.02	−0.08	−0.09	−0.08	−0.08	−0.15
P30	0.02	0.01	0.08	0.40	−0.06	−0.06	0.19	−0.13	−0.10	−0.02	−0.09	−0.05	−0.09	−0.09	−0.17
P31	0.80	0.18	0.17	0.09	0.59	0.56	0.32	0.18	−0.03	0.32	−0.05	0.38	−0.05	−0.05	−0.09
P32	0.01	−0.02	−0.01	0.60	−0.02	−0.03	−0.05	−0.06	−0.07	0.18	−0.06	−0.03	−0.03	−0.06	−0.10
P33	−0.01	0.13	−0.07	0.04	0.01	0.16	0.00	0.22	−0.07	0.05	0.01	0.09	−0.04	−0.06	−0.13
P34	−0.06	−0.05	−0.02	0.43	−0.06	0.02	−0.09	−0.09	−0.01	0.02	−0.06	−0.06	−0.06	−0.05	−0.11
P35	−0.04	−0.05	0.01	−0.08	−0.02	−0.04	−0.08	0.05	0.02	−0.05	−0.05	−0.05	−0.06	−0.06	−0.10
P36	−0.04	−0.03	−0.04	−0.05	−0.03	−0.05	−0.04	−0.07	−0.03	−0.05	−0.04	−0.04	−0.04	−0.04	0.00
P37	−0.06	0.05	−0.07	−0.04	−0.03	0.06	−0.05	0.12	0.03	−0.09	−0.01	0.01	−0.08	−0.09	0.12
P38	−0.10	−0.09	−0.06	−0.06	−0.12	−0.11	−0.05	−0.03	0.03	−0.04	0.05	−0.11	−0.06	−0.10	0.24
P39	0.09	−0.08	−0.08	0.15	−0.09	−0.12	−0.09	−0.05	−0.08	−0.11	−0.09	−0.09	0.13	0.00	−0.03
P40	−0.05	−0.08	−0.06	0.27	−0.07	−0.10	−0.09	−0.12	−0.08	0.01	−0.10	−0.08	−0.01	−0.07	−0.12
P41	0.06	−0.07	−0.06	−0.03	0.14	0.01	0.11	0.27	−0.10	0.01	−0.01	0.18	0.18	0.18	0.01
P42	0.06	−0.06	−0.03	0.39	0.27	−0.05	−0.01	−0.11	−0.06	0.11	0.01	−0.06	−0.06	0.05	−0.07
P43	0.08	−0.06	−0.05	0.46	0.15	−0.05	−0.08	−0.13	−0.11	0.00	−0.08	−0.05	−0.09	−0.05	−0.13
P44	0.80	0.20	0.23	0.09	0.59	0.56	0.43	0.18	−0.03	0.39	−0.04	0.38	−0.04	−0.04	−0.09
P45	0.00	0.10	0.01	0.33	0.13	0.00	0.20	0.03	−0.12	0.08	−0.05	0.06	−0.04	−0.08	−0.16

样点 Sampling points	P16	P17	P18	P19	P20	P21	P22	P23	P24	P25	P26	P27	P28	P29	P30
P17	0.01														
P18	0.02	0.08													
P19	−0.03	0.32	0.25												
P20	0.70	−0.03	0.02	−0.04											
P21	0.06	0.06	0.12	0.01	0.26										
P22	0.15	0.02	0.17	−0.02	0.14	0.23									
P23	0.04	0.21	0.26	0.00	0.08	0.24	0.21								
P24	0.12	0.18	0.38	0.12	0.17	0.12	0.10	0.56							
P25	0.03	0.04	−0.07	−0.05	0.15	0.11	0.00	0.46	0.25						
P26	0.71	−0.07	0.06	−0.03	0.53	0.10	0.13	−0.02	0.04	0.01					
P27	−0.06	−0.08	0.18	−0.12	−0.12	−0.09	−0.07	−0.07	−0.04	−0.16	0.02				
P28	−0.05	0.15	−0.11	0.09	−0.06	−0.10	−0.01	0.13	−0.11	0.25	0.10	0.09			

（续表）

样点 Sampling points	P16	P17	P18	P19	P20	P21	P22	P23	P24	P25	P26	P27	P28	P29	P30
P29	−0.07	0.14	−0.10	0.01	−0.12	−0.11	−0.11	−0.08	−0.11	−0.05	−0.10	0.22	0.10		
P30	−0.06	0.38	0.15	0.08	−0.13	−0.10	−0.10	−0.09	0.00	−0.09	0.03	0.53	0.27	0.47	
P31	0.12	0.03	0.00	−0.03	−0.06	−0.07	−0.06	−0.05	−0.05	−0.09	−0.03	0.11	0.03	0.00	0.10
P32	0.00	−0.05	0.06	0.07	−0.06	−0.07	−0.06	−0.05	0.02	−0.10	0.03	0.53	0.03	0.01	0.34
P33	−0.06	−0.08	0.14	0.08	0.29	0.13	−0.08	−0.06	0.09	0.08	−0.07	−0.13	−0.09	−0.11	−0.12
P34	−0.05	0.04	−0.07	−0.06	0.13	0.51	0.00	−0.06	−0.04	0.06	−0.07	−0.07	−0.05	−0.06	−0.08
P35	0.00	−0.07	−0.06	−0.08	0.03	−0.06	0.07	−0.06	−0.10	0.00	−0.01	−0.08	−0.07	−0.04	−0.09
P36	−0.03	−0.04	−0.02	−0.04	−0.04	0.02	−0.03	0.05	−0.06	0.02	−0.01	0.08	0.10	−0.06	−0.06
P37	−0.08	−0.06	0.10	−0.04	−0.06	−0.05	0.10	−0.10	0.34	−0.01	−0.08	−0.07	−0.04	−0.11	−0.03
P38	−0.06	−0.05	−0.12	−0.07	0.22	0.02	0.07	0.04	0.02	0.47	0.00	−0.14	0.21	−0.09	−0.07
P39	−0.04	−0.07	0.25	−0.03	−0.02	−0.02	0.01	0.05	−0.02	−0.01	0.25	0.24	0.29	−0.13	0.18
P40	−0.07	−0.10	0.17	−0.10	−0.08	0.00	0.01	−0.09	−0.08	−0.18	0.02	0.52	0.04	0.15	0.17
P41	−0.03	0.25	−0.03	0.08	−0.02	−0.07	0.29	0.34	0.03	0.21	0.08	−0.11	0.61	−0.07	0.01
P42	−0.02	0.17	−0.08	0.02	0.00	−0.08	−0.08	−0.06	−0.06	0.04	−0.07	0.02	0.01	0.53	0.25
P43	−0.03	0.40	0.16	0.08	−0.04	−0.12	−0.12	−0.09	0.02	−0.06	0.04	0.45	0.17	0.34	0.72
P44	0.12	0.03	−0.01	0.03	−0.07	−0.07	−0.06	−0.05	−0.02	−0.08	−0.03	0.09	0.03	−0.02	0.17
P45	−0.03	−0.06	0.07	0.03	−0.11	−0.07	−0.04	0.11	0.08	−0.03	−0.06	0.23	−0.03	−0.07	0.30

样点 Sampling points	P31	P32	P33	P34	P35	P36	P37	P38	P39	P40	P41	P42	P43	P44
P32	0.09													
P33	−0.06	−0.02												
P34	−0.05	−0.06	0.18											
P35	−0.03	−0.06	−0.09	0.09										
P36	−0.03	−0.04	−0.04	0.20	0.09									
P37	−0.05	−0.06	0.32	0.13	0.29	−0.04								
P38	−0.09	−0.09	0.13	0.13	0.18	0.07	0.12							
P39	0.03	0.12	−0.07	−0.06	−0.06	0.05	0.01	0.02						
P40	0.12	0.31	−0.11	−0.07	−0.06	−0.03	−0.02	−0.15	0.38					
P41	0.01	−0.01	−0.11	−0.09	−0.02	0.09	−0.12	0.13	0.24	0.01				
P42	−0.05	0.03	−0.04	−0.05	−0.06	−0.04	−0.09	−0.06	−0.09	−0.02	0.12			
P43	0.11	0.35	−0.09	−0.08	−0.10	−0.07	−0.04	−0.07	0.18	0.20	0.10	0.55		
P44	0.94	0.13	−0.02	−0.05	−0.03	−0.03	−0.07	−0.07	−0.01	0.03	0.01	−0.04	0.09	
P45	−0.01	0.58	0.07	−0.12	−0.06	−0.08	−0.05	−0.16	0.01	0.15	0.10	0.06	0.17	0.08

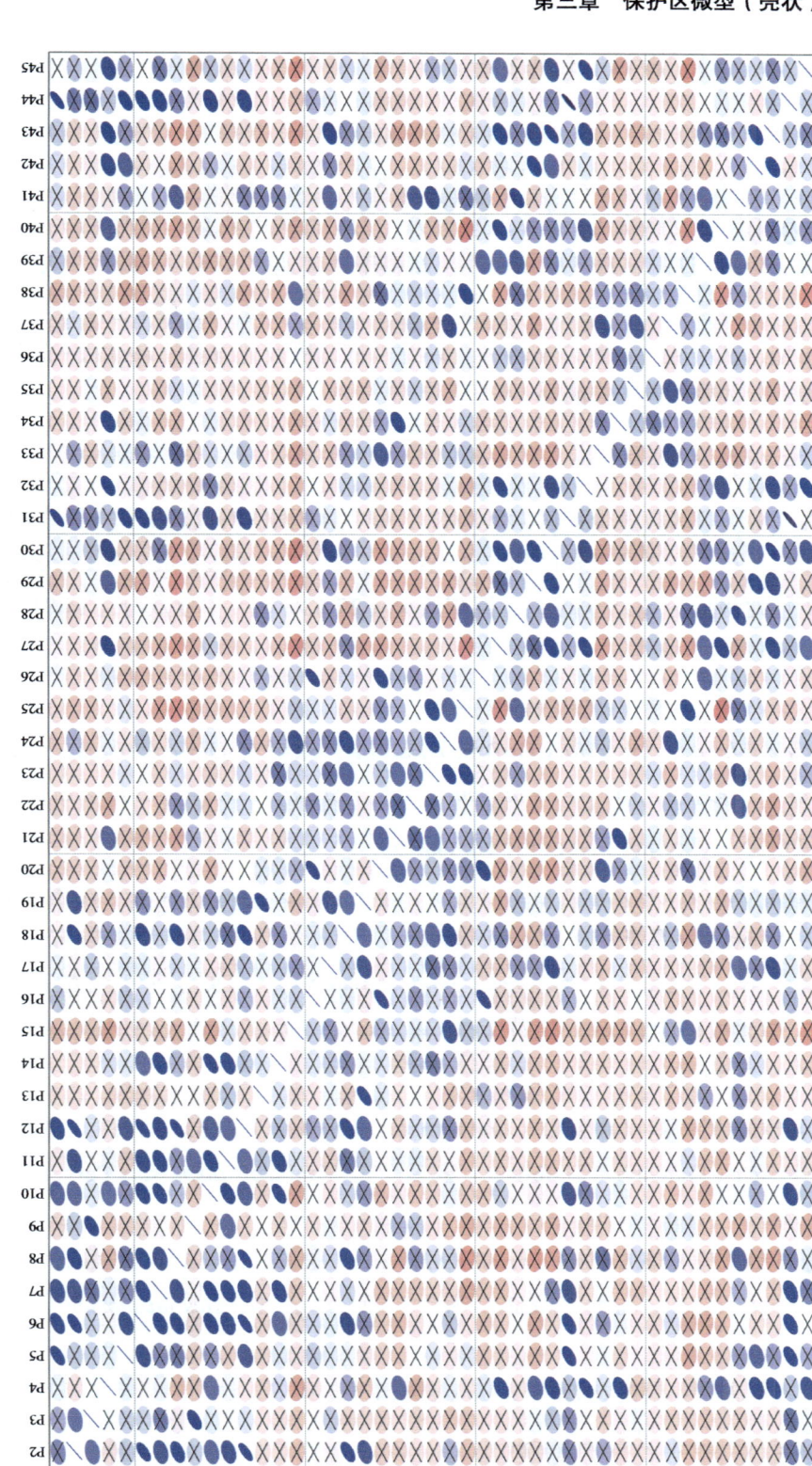

图3-2 45个样点微型地衣的Pearson相关性分析

Figure 3-2 Pearson correlation analysis between 45 sampling points

3.3 保护区微型地衣区系特征

某地区的地衣区系是指在一定自然地理、气候和地质演化背景下，尤其是历史自然生态环境条件的长期综合作用下形成、发展和演化的现有地衣种类的综合[10-13]。国内，吴征镒、王荷生等对中国植物区系进行了长期的研究，为研究我国地衣区系地理的发展奠定了基础[10-12]。新疆地域辽阔，自然环境多变，新疆干旱区地衣区系成分既古老又年轻，具有种类贫乏，但区系复杂性等特点。阿不都拉·阿巴斯（1998）把新疆地衣地理分布区划分为17个分布型，其中除了世界广布种外，环北极低北极及北方种、环北极-高山种、环北方种占优势，占新疆地衣种数的40.3%[14]。

3.3.1 以往研究分类结果

有关巴尔鲁克山国家级自然保护区微型地衣区系特征方面的研究甚少，热汗古丽·买买提艾力等（2023）对分布在该保护区的27种壳状地衣划分为5种区系成分和3种分布型：世界广布成分、环北极成分（25.93%）、温带成分（29.63%）、中亚成分（14.81%）和中国特有种（18.52%）。

（1）世界广布成分（Cosmopolitan element）

金黄茶渍 *Candelariella aurella*（Hoffm.）Zahlbr.、双缘衣 *Diploschistes scruposus*（Schreb.）Norm.、小多盘衣 *Myriolecis hagenii*（Ach.）Śliwa, Zhao Xin & Lumbsch。

（2）环北极成分（Circumpolar arctic element）

霜降衣 *Icmadophila ericetorum*（L.）Zahlbr.、小美衣 *Calogaya pusilla*（A. Massal.）Arup, Frödén & Søchting、黑亚网衣 *Micarea melaena*（Nyl.）、双孢灰地图衣 *Rhizocarpon disporum*（Hepp.）Arg.、地图衣 *Rhizocarpon geographicum*（L.）DC.、平小网衣 *Lecidella stigmatea*（Ach.）Hertel & Leuckert、蜡黄橙衣 *Caloplaca cerina*（Ehrh. ex Hedw.）Th. Fr.。

（3）温带成分（Temperate element）

①欧亚-北美分布型：茎口果粉衣 *Chaenotheca stemonea*（Ach.）Muell.、粉瓣茶衣 *Lobothallia alphoplaca*（Wahlenb.）Hafellner、散多盘衣 *Myriolecis dispersa*（Pers.）、碎茶渍 *Lecanora argopholis*（Ach）Ach.。

②北温带分布型：疏展茶渍 *Candelariella efflorescens* R.C.Harris & W.R.Buck、果野粮衣 *Circinaria fruticulosa*（Eversm.）Sohrabi、藓生双缘衣 *Diploschistes muscorum*（Scop.）R.Sant。

③北半球广布分布型：鳞饼衣 *Dimelaena oreina*（Ach.）。

（4）中亚成分（Middle Asia element）

苍果微孢衣 *Acarospora glaucocarpa*（Ach.）Arnold、聚盘微孢衣 *A.glypholecioides*

H.Magn.、戈壁微孢衣 *A.gobiensis* H.Magn.、疣微孢衣 *A.verruculosa* H.Magn.。

（5）中国特有种（Endemic to China）

白边平茶渍 *Aspicilia sublaqueata*（H.Magn）J.C. Wei、蜂窝橙衣 *Caloplaca scrobiculata* H. Magn.、青海原类梅 *Protoparmeliopsis kukunorensis* H.Magn.、聚茶渍 *Lecanora accumulata* H.Magn.、扭曲野粮衣 *Circinaria tortuosa*（H.Magn.）Globk.。

3.3.2 本研究分类结果

为了查明巴尔鲁克山国家级自然保护区地衣的区系地理成分，在野外采集大量标本的基础上首先确定了分布该保护区的微型（壳状）地衣的种类名录，并参考新疆地衣区系划分标准把分布在巴尔鲁克山国家级自然保护区的71种微型（壳状）地衣的地理区系成分划分如下。

（1）世界广布成分（Cosmopolitan element）

指的是广泛分布于世界各大洲，而不局限于某些特定地区的物种，巴尔鲁克山壳状地衣中属于该成分的有10个种：金黄茶渍 *Candelariella aurella*（Hoffm.）Zahlbr.、株头黄茶渍 *Candelariella xanthostigma*（pers.ex.Ach.）Lettau、双缘衣 *Diploschistes scruposus*（Schreb.）Norm.、粉瓣茶衣 *Lobothallia alphoplaca*（Wahlenb.）Hafellner、碎茶渍 *Lecanora argopholis*（Ach）Ach.、散多盘衣 *Myriolecis dispersa*（Pers.）Śliwa, Zhao Xin & Lumbsch、小多盘衣 *Myriolecis hagenii*（Ach.）Śliwa、石墙原类酶 *Protoparmeliopsis muralis*（Schreb.）M. Choisy、丽黄鳞衣 *Rusavskia elegans*（Link）S.Y.、绿色四胞极衣 *Tetramelas chloroleucus*（Korb.）A. Nordin.。

（2）环北极成分（Circumpolar arctic element）

指的是广泛分布在北极与泛北极所有地区及欧洲、亚洲、北美洲北部接近北极区域等高纬度地区的物种，有些物种分布会延伸至较低纬度的高山。本地区属于该成分的有10个种，属于以下2种分布型。

①环北极高山分布型（Circumpolar arctic-alpine species）：被膜微孢衣 *Acarospora molybdina* Trevis.、黑棕网衣 *Lecidea atrobrunnea*（DC.）Schaer.、平小网衣 *Lecidella stigmatea*（Ach.）Hertel & Leuckert、方斑网衣 *Lecidea tessellata* var. *tessellata* Flörke、地图衣 *Rhizocarpon geographicum*（L.）DC.、红脐鳞衣 *Rhizoplaca chrysoleuca*（Sm.）Zopf、灰地图衣 *Rhizocarpon disporum*（Nägeli ex Hepp）Müll. Arg.。

②环北方分布型（Circumpolar boreal species）：蜡黄橙衣 *Caloplaca cerina*（Ehrh. ex Hedw.）Th. Fr.、优果小网衣 *Lecidella euphorea*（Flörke）Hertel、黑亚网衣 *Micarea melaena*（Nyl.）Hedl.。

（3）温带成分（Temperate element）

主要指的是分布于南北温带的物种，部分种类可能延伸至南北温带两极地区边缘及泛热带的高山等地。该地区属于温带成分壳状地衣，共有29个种，属于以下6种分布型。

①欧亚-北美分布型（EuroAsia-North America species）：杯形平茶渍 *Aspicilia cupulifera*（H. Magn.）、深褐微孢衣 *Acarospora badiofusca*（Nyl.）、巴基斯坦柄盘衣 *Anamylopsora pakistanica* Usman & Khalid、莲座微孢衣 *Acarospora rosulata*（Th. Fr.）H. Magn.、茎口果粉衣 *Chaenotheca stemonea*（Ach.）Müll. Arg.、双壳双缘衣 *Diploschistes diacapsis*（Ach.）Lumbsch、皇冠黄绿衣 *Flavoplaca coronata*（Kremp. ex Körb.）Arup、糙聚盘衣 *Glypholecia scabra*（Pers.）Müll. Arg.、Hedwigia.、原辐瓣茶衣 *Lobothallia praeradiosa*（Nyl.）Hafellner、辐射裂片茶渍 *Lobothallia radiosa*（Hoffm.）Hafellner、坚盘茶渍 *Lecanora cenisia* Ach.、破小网衣 *Lecidella carpathica* Körb.、肿胀小网衣 *Lecidella tumidula*（A. Massal.）Knoph & Leuckert、灰白癞屑衣 *Lepraria incana*（L.）Ach.、*Lepraria rigidula*（B. de Lesd.）Diederich、*Oxneriaria permutata*（Zahlbr.）S.Y. Kondr. & Lőkös、雪山地图衣 *Rhizocarpon effiguratum*（Anzi）Th. Fr.。

②温带亚洲分布型（Temperate Asia species）：伊朗拟沉衣 *Lecaimmeria iranica*（Valadb., Sipman & Rambold）、戈壁金卵石衣 *Pleopsidium gobiense*（H. Magn.）Hafellner.。

③北温带分布型（North temperate zone species）：粉黄茶渍 *Candelariella efflorescens* R.C.Harris & W.R.Buck、藓生双缘衣 *Diploschistes muscorum*（Scop.）R.Sant、油色小网衣 *Lecidella elaeochroma*（Ach.）M. Choisy、双孢地图衣 *Rhizocarpon geminatum* Körb.、嘎氏原类梅 *Protoparmeliopsis garovaglii*（Körb.）Arup、果野粮衣 *Circinaria fruticulosa*（Eversm.）Sohrabi.。

④北半球广布分布型（Species widespread in north hemisphere）：鳞饼衣 *Dimelaena oreina*（Ach.）、旱生野粮衣 *Circinaria arida* Owe-Larss.。

⑤北美-澳大利亚分布型（Nerth America-Australia species）：边缘茶渍 *Lecanora marginata*（Schaer.）Hertel & Rambold，Bot.。

⑥东亚-北美分布型（Eastasia-North America species）：木生茶渍 *Lecanora xylophila* Hue.。

（4）中亚成分（Middle Asia element）

斑点野粮衣 *Circinaria maculata*（H. Magn.）Q. Ren、小角野粮衣 *Circinaria transbaicalica*（Oxner）Q. Ren、贝加尔脐鳞 *Rhizoplaca baicalensis*（Zahlbr.）S.Y. Kondr.、聚盘微孢衣 *Acarospora glypholecioides* H.Magn.、苍果微孢衣 *Acarospora glaucocarpa*（Ach.）Arnold。

（5）两半球广布种（Species widespread in both hemisphere）

垫脐鳞 *Rhizoplaca melanophthalma*（Ram）。

（6）中西亚成分（Middle and west Asia element）

指的是西起地中海沿岸地区，经过西亚、中亚、俄罗斯中南部、蒙古国及中国西北等地区分布的物种。属于该成分的物种有短片微孢衣 *Acarospora brevilobata* Magn.、包氏微孢衣 *Acarospora bohlinii* H. Magn.。

（7）中亚－北美西部成分（Middle Asia-Western north America element）

灰叶茶渍 *Lecanora phaedrophthalma* poelt。

（8）地中海成分（Mediterranean element）

亚丽茶渍 *Lecanora chlarotera* Nyl.。

（9）中国特有种（Endemic to China）

指的是主要分布在中国或者目前只在中国有发现、报道的物种。包括：阿勒泰柄盘衣 *Anamylopsora altaica* Ahat，A. Abbas.、灰平茶渍 *Aspicilia cinerea*（L.）Körb.、白边平茶渍 *Aspicilia sublaqueata*（H.Magn）J.C. Wei、油黄茶渍 *Candelariella oleifera* H.Magn.、蜂窝橙衣 *Caloplaca scrobiculata* H. Magn.、类锈美衣 *Calogaya ferrugineoides*（H. Magn.）、风滚野粮衣 *Circinaria affinis*（Eversm.）Sohrabi、赭白野粮衣 *Circinaria ochraceoalba*（H. Magn.）、扭曲野狼衣 *Circinaria tortuosa*（H. Magn.）Q. Ren，comb.、聚茶渍 *Lecanora accumulata* H.Magn.、蒙古拟沉衣 *Lecaimmeria mongolica* C.M. Xie & Lu L. Zhang、青海原类梅 *Protoparmeliopsis kukunorensis*（H.Magn.）S.Y.Kondr.。

3.4 保护区微型地衣生态学特征

3.4.1 保护区微型（壳状）地衣基物类型分析

分布在保护区的微型（壳状）地衣的基物类型主要包括岩石、树皮、朽木、苔藓和土壤5种。其中岩生地衣共48种，占壳状地衣总种数的67.61%；树皮生地衣10种，占壳状地衣总种数的14.08%；朽木生地衣7种，占壳状地衣总种数的9.86%；岩石苔藓伴生地衣4种，占壳状地衣总种数的5.63%；土壤生地衣2种，占壳状地衣总种数的2.82%（表3-6）。

表3-6　71种微型地衣的基物类型及海拔分布范围

Table 3-6　Substrate types and elevation gradients of 71 microlichens

物种编号 Number of species	种名 Name of species	基物类型 Substrate types	分布海拔 Distribution altitude（m）
S1	深褐微孢衣 *Acarospora badiofusca*（Nyl.）	岩石	1 081
S2	包氏微孢衣 *Acarospora bohlinii* H. Magn.	岩石	1 173
S3	短片微孢衣 *Acarospora brevilobata* Magn.	岩石	1 350～1 854

（续表）

物种编号 Number of species	种名 Name of species	基物类型 Substrate types	分布海拔 Distribution altitude（m）
S4	苍果微孢衣 *Acarospora glaucocarpa*（Ach.）Arnold	岩石	1 452～1 785
S5	聚盘微孢衣 *Acarospora glypholecioides* H.Magn.	岩石	1 303
S6	莲座微孢衣 *Acarospora rosulata*（Th. Fr.）H. Magn.	岩石	1 037
S7	被膜微孢衣 *Acarospora molybdina* Trevis.	岩石	987
S8	糙聚盘衣 *Glypholecia scabra*（Pers.）Müll. Arg., Hedwigia	岩石	1 722
S9	戈壁金卵石衣 *Pleopsidiumg obiense*（H. Magn.）Hafellner	岩石	1 821
S10	皇冠黄绿衣 *Flavoplaca coronata*（Kremp. ex Körb.）Arup	树皮	980～1 452
S11	金黄茶渍 *Candelariella aurella*（Hoffm.）Zahlbr.	树皮	1 000～2 200
S12	粉黄茶渍 *Candelariella efflorescens* R.C. Harris	树皮	1 000～1 385
S13	油黄茶渍 *Candelariella oleifera* H.Magn.	岩石	1 185～1 258
S14	株头黄茶渍 *Candelariella xanthostigma*（pers.ex.Ach.）Lettau	朽木	1 272
S15	鳞饼衣 *Dimelaena oreina*（Ach.）Norman	岩石	995
S16	绿色四胞极衣 *Tetramelas chloroleucus*（Korb.）A. Nordin.	岩石藓丛	1 100～2 200
S17	茎口果粉衣 *Chaenotheca stemonea*（Ach.）Müll. Arg.	朽木	1 250～1 400
S18	黑亚网衣 *Micarea melaena*（Nyl.）Hedl.	树皮	1 325
S19	聚茶渍 *Lecanora accumulata* H.Magn.	岩石	980～2 141
S20	碎茶渍 *Lecanora argopholis*（Ach.）Ach., LIch.	岩石	960～1 350
S21	坚盘茶渍 *Lecanora cenisia* Ach.	树皮	1 176
S22	边缘茶渍 *Lecanora marginata*（Schaer.）Hertel & Rambold, Bot.	岩石	1 100～1 400
S23	灰叶茶渍 *Lecanora phaedrophthalma* poelt	岩石	1 075～1 249
S24	亚丽茶渍 *Lecanora chlarotera* Nyl.	树皮	1 000～2 300
S25	木生茶渍 *Lecanora xylophila* Hue	树皮	1 259
S26	破小网衣 *Lecidella carpathica* Körb.	朽木	1 134～2 185
S27	油色小网衣 *Lecidella elaeochroma*（Ach.）M. Choisy	树皮	1 100～2 100
S28	优果小网衣 *Lecidella euphorea*（Flörke）Hertel	朽木	1 264～1 841
S29	平小网衣 *Lecidella stigmatea*（Ach.）Hertel & Leuckert	岩石	1 300～2 200
S30	肿胀小网衣 *Lecidella tumidula*（A. Massal.）Knoph & Leuckert	树皮	1 722
S31	散多盘衣 *Myriolecis dispersa*（Pers.）Śliwa, Zhao Xin & Lumbsch	树皮	1 000～1 300

（续表）

物种编号 Number of species	种名 Name of species	基物类型 Substrate types	分布海拔 Distribution altitude（m）
S32	小多盘衣 Myriolecis hagenii（Ach.）Śliwa	朽木	1 564~2 054
S33	嘎氏原类梅 Protoparmeliopsis garovaglii（Körb.）Arup	岩石	1 200~2 200
S34	青海原类梅 Protoparmeliopsis kukunorensis（H.Magn.）S.Y.Kondr.	岩石	900~1 900
S35	石墙原类梅 Protoparmeliopsis muralis（Schreb.）M. Choisy	岩石	1 200~1 542
S36	红脐鳞衣 Rhizoplaca chrysoleuca（Sm.）Zopf	岩石	990~2 545
S37	垫脐鳞 Rhizoplaca melanophthalma（Ram）	岩石	980~1 900
S38	贝加尔脐鳞 Rhizoplaca baicalensis（Zahlbr.）S.Y. Kondr.	岩石	980~2 100
S39	灰白癞屑衣 Lepraria incana（L.）Ach.	朽木	1 699
S40	稍硬癞屑衣 Lepraria rigidula（B. de Lesd.）Diederich	岩石藓丛	
S41	黑棕网衣 Lecidea atrobrunnea（DC.）Schaer.	岩石	1 699
S42	方斑网衣 Lecidea tessellata var. tessellata Flörke	岩石	1 178
S43	伊朗拟沉衣 Lecaimmeria iranica（Valadb.，Sipman & Rambold）	岩石	1 000~1 800
S44	蒙古拟沉衣 Lecaimmeria mongolica C.M. Xie & Lu L. Zhang	岩石	1 000~1 400
S45	灰地图衣 Rhizocarpon disporum（Nägeli ex Hepp）Müll. Arg.	岩石	998~1 000
S46	雪山地图衣 Rhizocarpon effiguratum（Anzi）Th. Fr.	岩石	1 200~1 458
S47	双胞地图衣 Rhizocarpon geminatum Körb.	岩石	1 127
S48	地图衣 Rhizocarpon geographicum（L.）DC.	岩石	1 175~2 242
S49	类锈美衣 Calogaya ferrugineoides（H. Magn.）	朽木	1 445
S50	丽黄鳞衣 Rusavskia elegans（Link）S.Y.	岩石	1 193
S51	蜡黄橙衣 Caloplaca cerina（Ehrh. ex Hedw.）Th. Fr.	岩石	1 000~1 900
S52	蜂窝橙衣 Caloplaca scrobiculata H. Magn.	岩石	900~1 985
S53	巴基斯坦柄盘衣 Anamylopsora pakistanica Usman & Khalid	岩石	1 024~1 154
S54	阿勒泰柄盘衣 Anamylopsora altaica Ahat，A. Abbas.	岩石	950~2 200
S55	双壳双缘衣 Diploschistes diacapsis（Ach.）Lumbsch	岩石藓丛	968~1 230
S56	藓生双缘衣 Diploschistes muscorum（Scop.）R. Sant.	岩石藓丛	2 101
S57	双缘衣 Diploschistes scruposus（Schreb.）Norman	岩石	1 781
S58	Oxneriaria permutata（Zahlbr.）S.Y. Kondr. & Lőkös	岩石	1 000~1 800
S59	灰平茶渍 Aspicilia cinerea（L.）Körb.	岩石	1 000~1 300
S60	杯形平茶渍 Aspicilia cupulifera（H. Magn.）	岩石	1 338

（续表）

物种编号 Number of species	种名 Name of species	基物类型 Substrate types	分布海拔 Distribution altitude（m）
S61	白边平茶渍 *Aspicilia sublaqueata*（H.Magn）J.C. Wei	岩石	1 684
S62	风滚野粮衣 *Circinaria affinis*（Eversm.）Sohrabi	土壤	1 135
S63	旱生野粮衣 *Circinaria arida* Owe-Larss.	岩石	1 254～1 586
S64	果野粮衣 *Circinaria fruticulosa*（Eversm.）Sohrabi	土壤	1 035
S65	斑点野粮衣 *Circinaria maculata*（H. Magn.）Q. Ren	岩石	1 160～1 600
S66	赭白野粮衣 *Circinaria ochraceoalba*（H. Magn.）	岩石	1 254～1 600
S67	扭曲野狼衣 *Circinaria tortuosa*（H. Magn.）Q. Ren，comb.	岩石	1 100～1 800
S68	小角野粮衣 *Circinaria transbaicalica*（Oxner）Q. Ren	岩石	994～1 512
S69	粉瓣茶衣 *Lobothallia alphoplaca*（Wahlenb.）Hafellner	岩石	994～1 000
S70	原辐瓣茶衣 *Lobothallia praeradiosa*（Nyl.）Hafellner	岩石	1 759
S71	辐射裂片茶渍 *Lobothallia radiosa*（Hoffm.）Hafellner	岩石	980～2 030

3.4.2 保护区微型（壳状）地衣的垂直分布

保护区微型（壳状）地衣的分布具有一定的海拔梯度差异（图3-3）。

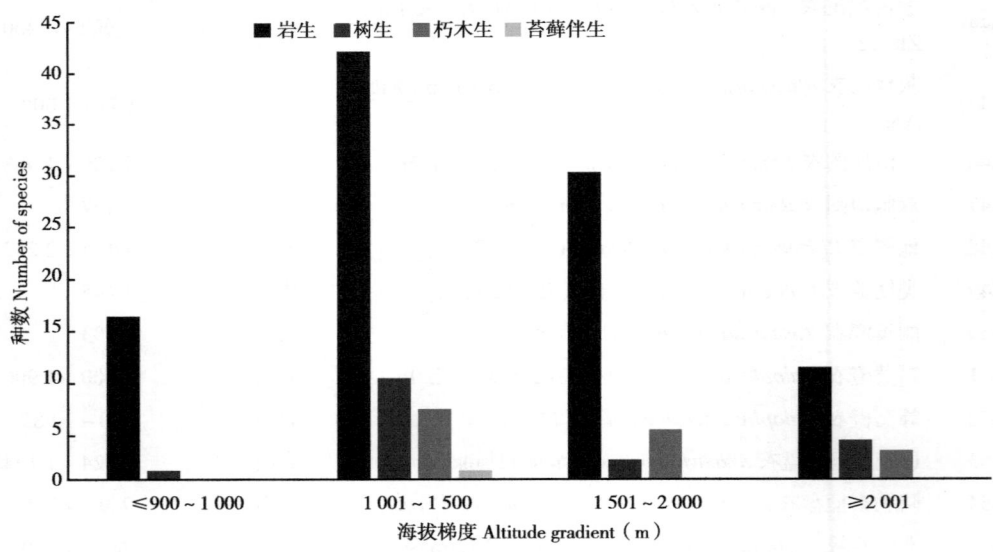

图3-3 不同海拔梯度下微型（壳状）地衣的分布状况

Figure 3-3 The distribution of microlichens at different altitude gradient

从图3-3可知，壳状地衣种类数量在海拔1 000 m以下比较少，随着海拔梯度的增加，海拔1 000～1 500 m的种数明显增加，海拔1 500 m开始出现种数减少趋势，海拔2 001 m以上的生境中地衣种类明显减少。

第四章　保护区地衣群落生态学特征

4.1 研究方法

4.1.1 野外调查

在巴尔鲁克山国家级自然保护区，从海拔900 m的山地荒漠带至海拔2 300 m的高山草甸带之间供设置47个样点，采集大型地衣标本。标本采集点分布和采集点信息见表4-1。用手持GPS记录采集点经纬度、海拔高度等信息，在野外用数码相机拍照记录大型地衣生长的栖息地环境、大型地衣的外部形态等。

表4-1　保护区大型地衣标本采集点信息

Table 4-1　The macrolichen specimens collection sites information in the nature reserve

样点 Sampling points	海拔 Altitude（m）	东经（E）Longitude	北纬（N）Latitude
P1	968	82°25′20″	45°47′50″
P2	1 075	82°26′49″	45°47′31″
P3	1 213	82°29′54″	45°44′31″
P4	1 177	82°44′06″	45°55′26″
P5	1 176	82°44′01″	45°55′25″
P6	1 174	82°44′21″	45°55′16″
P7	1 271	82°44′59″	45°53′30″
P8	1 337	82°44′09″	45°52′24″
P9	1 345	82°44′14″	45°52′09″
P10	1 379	82°30′59″	45°44′36″
P11	1 781	83°04′42″	45°58′41″
P12	1 302	83°02′08″	46°01′04″
P13	2 118	82°55′31″	45°47′16″
P14	2 138	82°55′53″	45°53′18″
P15	2 080	82°55′53″	45°47′11″
P16	2 065	82°55′56″	45°47′11″
P17	1 172	82°48′26″	46°05′37″
P18	1 234	82°44′44″	45°54′54″

（续表）

样点 Sampling points	海拔 Altitude（m）	东经（E） Longitude	北纬（N） Latitude
P19	1 120	82°42′30″	45°55′59″
P20	1 114	82°42′30″	45°55′58″
P21	1 116	82°42′32″	45°55′58″
P22	1 121	82°42′36″	45°55′56″
P23	1 122	82°42′37″	45°55′56″
P24	1 122	82°42′36″	45°55′55″
P25	1 184	82°44′45″	45°55′02″
P26	1 286	82°44′50″	45°54′21″
P27	1 215	82°26′60″	45°45′35″
P28	1 093	82°26′43″	45°45′11″
P29	1 177	82°44′21″	45°55′16″
P30	1 243	82°46′01″	45°53′39″
P31	1 245	83°01′56″	46°01′27″
P32	1 224	82°30′05″	45°44′30″
P33	1 307	82°30′19″	45°44′21″
P34	1 117	82°27′13″	45°47′33″
P35	1 118	82°27′18″	45°47′34″
P36	1 103	82°27′02″	45°47′35″
P37	1 098	82°27′01″	45°47′02″
P38	1 121	82°42′35″	45°55′55″
P39	1 137	82°43′25″	45°55′47″
P40	1 133	82°27′33″	45°47′37″
P41	1 076	82°26′49″	45°47′31″
P42	1 250	82°45′05″	45°53′45″
P43	1 247	83°02′26″	46°03′20″
P44	1 173	83°01′24″	46°01′40″
P45	1 720	83°03′24″	45°59′20″
P46	2 014	82°56′16″	45°47′15″
P47	2 201	82°54′39″	45°47′15″

4.1.2 地衣盖度及环境参数

对大型地衣群落野外调查时，在保护区根据海拔、地形和植被类型选择47个20 m×20 m的典型样点，进行群落常规调查，测量47个样点中的大型地衣物种盖度（表4-2）。

表4-2 巴尔鲁克山国家级自然保护区110种大型地衣在47个样点中的盖度

单位：%

Table 4-2 Coverage of 110 macrolichens in 47 sampling points in Barluk Mountain National Nature Reserve

样点 Sampling points	S1	S2	S3	S4	S5	S6	S7	S8	S9	S10	S11	S12	S13	S14	S15	S16	S17	S18	S19	S20
P1	0.00	0.00	0.00	0.00	0.00	0.00	0.00	0.00	0.00	0.00	0.00	0.00	0.00	0.00	0.00	0.00	0.00	0.00	0.00	0.00
P2	0.00	0.00	0.00	0.00	0.00	0.00	0.00	0.00	0.00	0.00	0.00	0.00	0.00	0.00	0.00	0.00	0.00	0.00	0.00	0.00
P3	1.50	1.2	1.27	0.00	0.00	0.89	0.17	0.00	0.00	0.00	0.00	0.00	0.00	0.00	0.00	0.00	0.00	0.00	0.00	0.00
P4	0.36	0.00	0.00	0.38	0.73	1.15	0.00	0.00	0.00	0.00	0.00	0.00	0.00	0.00	0.00	0.18	0.00	0.00	0.00	0.00
P5	0.23	0.00	0.00	0.27	0.00	0.45	0.00	0.00	0.57	0.00	0.00	0.00	0.00	0.00	0.00	0.00	0.00	0.00	0.00	0.00
P6	0.67	0.33	0.00	0.00	0.00	0.38	0.25	0.38	0.00	0.88	0.00	0.00	0.00	0.00	0.42	0.63	0.00	0.33	0.9	0.50
P7	0.35	1.32	14.10	0.00	0.00	0.00	0.00	0.00	0.00	0.00	0.00	0.00	0.00	0.00	0.00	0.00	0.00	0.00	0.00	0.00
P8	0.42	0.00	0.00	0.00	0.00	0.58	0.00	0.00	0.00	0.00	0.00	0.00	0.00	0.00	0.00	0.00	0.00	0.83	0.00	0.00
P9	1.22	1.03	0.00	0.00	0.00	0.22	0.00	0.00	0.00	0.96	0.00	2.53	0.00	0.00	0.54	0.35	0.00	0.00	0.00	0.00
P10	0.77	0.00	0.00	0.95	0.00	0.36	0.00	0.00	0.00	0.00	0.00	0.00	0.00	0.00	0.00	1.85	1.96	0.00	0.00	0.00
P11	0.00	0.00	0.00	0.00	0.00	0.00	0.00	1.58	0.00	0.00	0.00	0.00	0.00	0.00	0.00	0.00	0.00	0.00	0.00	0.00
P12	0.00	0.27	0.00	0.19	0.27	0.52	0.00	0.00	0.00	0.00	0.00	0.00	0.00	0.00	0.00	0.19	0.33	0.00	0.00	0.00
P13	0.78	0.00	0.00	0.00	0.00	0.37	0.00	0.00	0.00	0.04	0.00	0.00	0.00	0.00	0.00	0.00	0.00	0.00	0.00	0.00
P14	0.00	0.00	0.00	0.00	0.00	0.00	0.00	5.97	0.00	0.00	0.00	0.00	0.00	0.00	0.00	0.00	0.00	0.00	0.00	0.00
P15	1.58	0.00	0.00	0.00	0.00	2.17	0.00	0.00	0.00	0.00	0.00	0.00	0.00	0.00	0.00	0.00	0.00	0.00	0.00	0.00
P16	0.00	0.00	0.00	0.00	0.00	0.00	0.00	0.00	0.00	0.00	0.00	0.00	0.00	0.00	0.00	0.00	0.00	0.00	0.00	0.00
P17	0.00	3.75	0.00	0.00	0.00	0.00	0.00	0.00	0.00	0.36	0.00	0.00	0.00	0.00	0.00	0.00	0.42	0.00	0.00	0.00
P18	0.36	6.19	0.00	0.00	0.00	0.95	0.00	0.00	0.00	0.00	0.00	0.00	0.00	0.00	0.00	0.00	0.00	0.00	0.00	0.00
P19	0.46	6.16	0.00	0.00	0.00	0.37	0.00	0.00	0.00	0.00	0.00	0.00	0.00	0.00	0.00	0.00	0.00	0.00	0.00	0.00
P20	1.11	2.22	0.00	0.00	0.00	0.00	0.00	0.00	0.00	2.64	0.00	0.00	0.00	0.00	0.00	0.00	0.00	0.00	0.00	0.00
P21	0.67	1.8	0.00	0.00	0.00	0.00	0.00	0.00	0.00	0.18	0.00	0.00	0.00	0.00	0.00	0.00	0.00	0.00	0.00	0.00
P22	0.00	11.07	0.00	0.00	0.00	0.00	0.00	0.00	0.00	0.00	0.00	0.00	0.00	0.00	0.00	0.00	0.00	0.00	0.00	0.00
P23	1.49	4.23	0.00	0.00	0.00	0.00	0.00	0.00	0.00	0.00	0.00	0.00	0.00	0.00	0.00	0.00	0.00	0.00	0.00	0.00

（续表）

样点 Sampling points	S1	S2	S3	S4	S5	S6	S7	S8	S9	S10	S11	S12	S13	S14	S15	S16	S17	S18	S19	S20
P24	1.67	4.8	0.00	0.00	0.00	0.25	0.00	0.00	0.00	0.00	0.00	0.00	0.00	0.00	0.00	0.00	0.00	0.00	0.00	0.00
P25	0.00	3.80	0.00	1.35	0.00	0.36	0.00	0.00	0.00	0.00	0.00	0.00	0.00	0.00	0.00	0.00	0.00	0.00	0.00	0.00
P26	6.81	5.97	3.19	0.00	0.00	0.00	0.00	0.00	0.00	0.00	0.00	0.00	0.00	0.00	0.00	0.00	0.00	0.00	0.00	0.00
P27	0.00	0.00	0.00	0.00	0.00	0.18	0.00	0.00	0.00	0.00	0.00	0.00	0.00	0.00	0.00	0.00	0.00	0.00	0.00	0.00
P28	0.28	1.11	0.00	0.00	2.85	2.22	0.00	0.00	0.00	0.00	0.00	0.00	0.00	0.00	0.00	0.00	0.00	0.00	0.00	0.00
P29	0.00	0.00	0.00	0.00	0.00	0.00	0.00	0.00	0.00	0.00	0.00	0.00	0.00	0.00	0.00	0.00	0.00	0.00	0.00	0.00
P30	0.16	0.00	0.31	0.00	0.00	0.00	0.00	0.00	0.00	0.00	0.00	0.00	0.00	0.00	0.00	0.00	0.00	0.00	0.00	0.00
P31	0.00	0.00	0.00	0.00	0.00	0.00	0.00	0.00	0.00	0.00	0.00	0.00	0.00	0.00	0.00	0.00	0.00	0.00	0.00	0.00
P32	0.00	0.00	2.22	0.00	0.00	3.75	0.00	0.00	0.00	0.00	0.00	0.00	0.00	0.00	0.00	0.00	0.00	0.00	0.00	0.00
P33	0.00	0.00	3.19	0.00	0.00	0.76	0.00	0.00	0.00	0.00	0.00	0.00	0.00	0.00	0.00	0.00	0.00	0.00	0.00	0.00
P34	0.00	0.00	0.00	0.00	0.00	0.00	0.00	0.00	0.00	0.00	0.00	0.00	0.00	0.00	0.00	0.00	0.00	0.00	0.00	0.00
P35	0.00	0.00	3.61	0.00	0.00	0.00	0.00	0.00	0.00	0.00	0.00	0.00	0.00	0.00	0.00	0.00	0.00	0.00	0.00	0.00
P36	0.00	0.00	0.00	0.00	0.00	8.6	0.00	0.00	0.00	1.11	0.00	0.00	0.00	0.00	0.00	0.00	0.00	0.00	0.00	0.00
P37	0.00	0.00	1.67	0.00	0.00	0.00	0.00	0.00	0.00	0.00	0.00	0.00	0.00	0.00	0.00	0.00	0.00	0.00	0.00	0.00
P38	0.00	8.33	0.00	0.00	0.00	0.00	0.00	0.00	0.77	0.00	0.00	0.00	0.00	0.00	0.00	0.00	0.00	0.00	0.00	0.00
P39	3.6	0.00	0.00	0.00	0.00	0.00	0.00	0.00	0.00	0.00	0.00	0.00	0.00	0.00	0.00	0.00	0.00	0.00	0.00	0.00
P40	4.27	2.8	0.00	0.00	0.00	0.00	0.00	0.00	0.00	0.00	0.00	0.00	0.00	0.00	0.00	0.00	0.00	0.00	0.00	0.00
P41	0.00	0.00	0.00	0.00	0.00	0.00	0.00	0.00	0.00	0.00	1.94	0.00	0.00	0.00	0.00	0.00	0.00	0.00	0.00	0.00
P42	0.00	0.69	0.00	0.00	0.00	0.00	0.00	0.00	0.00	0.00	0.00	0.00	3.47	4.03	0.00	0.00	0.00	0.00	0.00	0.00
P43	0.00	0.00	0.00	0.00	0.00	0.00	0.00	0.00	0.00	0.00	0.00	0.00	0.00	0.00	0.00	0.00	0.00	0.00	0.00	0.00
P44	0.00	0.00	0.00	0.00	0.00	0.00	0.00	0.00	0.00	0.00	0.00	0.00	0.00	0.00	0.00	0.00	0.00	0.00	0.00	0.00
P45	0.00	0.00	0.00	0.00	0.00	0.00	0.00	0.00	0.00	0.00	0.00	0.00	0.00	0.00	0.00	0.00	0.00	0.00	0.00	0.00
P46	0.00	0.00	0.00	0.00	0.00	0.00	0.00	0.00	0.00	0.00	0.00	0.00	0.00	0.00	0.00	0.00	0.00	0.00	0.00	0.00
P47	0.00	0.00	0.00	0.00	0.00	0.00	0.00	0.00	0.00	0.00	0.00	0.00	0.00	0.00	0.00	0.00	0.00	0.00	0.00	0.00

（续表）

样点 Sampling points	S21	S22	S23	S24	S25	S26	S27	S28	S29	S30	S31	S32	S33	S34	S35	S36	S37	S38	S39	S40
P1	0.00	0.00	0.00	0.00	0.00	0.00	0.00	0.00	0.00	0.00	0.00	0.00	0.00	0.00	0.00	0.00	0.00	0.00	0.00	0.00
P2	0.00	0.00	0.00	0.00	0.00	0.00	0.00	0.00	0.00	0.00	0.00	0.00	0.00	0.00	0.00	0.00	0.00	0.00	0.00	0.00
P3	0.00	0.00	0.00	0.00	0.00	0.00	0.00	0.00	0.00	0.00	0.00	0.00	0.00	0.00	0.00	0.00	0.00	0.00	0.00	0.00
P4	0.00	0.00	0.00	0.00	0.00	0.00	0.00	0.00	0.00	0.00	0.00	0.8	0.00	0.00	0.15	0.00	0.00	0.00	0.00	0.00
P5	0.23	0.00	0.00	0.00	0.00	0.00	0.61	0.00	0.00	0.00	0.00	0.00	0.00	0.00	0.00	0.00	0.00	0.00	0.00	0.00
P6	0.00	0.00	0.00	0.00	0.00	0.00	0.00	0.00	0.00	0.00	0.00	0.00	0.00	0.00	0.00	0.00	0.00	0.00	0.00	0.00
P7	0.00	0.00	0.00	0.00	0.00	0.00	0.00	0.00	0.00	0.00	0.00	0.00	0.00	0.00	0.00	0.00	0.00	0.00	0.00	0.00
P8	0.00	0.00	0.00	0.00	0.00	1.00	2.92	0.25	0.00	0.00	0.00	0.00	0.33	0.00	0.58	0.00	0.00	0.00	0.00	0.00
P9	0.00	0.00	0.00	0.00	0.00	0.00	0.00	0.00	0.00	0.00	0.00	0.00	0.00	0.00	0.06	0.00	0.00	0.00	0.00	0.00
P10	0.00	0.00	0.00	0.00	0.00	0.00	0.00	0.00	0.00	0.00	0.00	0.00	0.00	0.00	0.00	0.00	0.00	0.00	0.00	0.00
P11	0.00	0.00	0.00	0.00	0.00	0.00	0.00	0.00	0.00	0.00	0.00	0.00	0.00	0.00	0.00	0.00	0.00	0.00	0.00	0.00
P12	0.16	0.00	0.00	0.00	0.00	0.00	0.74	0.54	0.65	0.00	0.00	0.00	0.00	0.22	1.11	0.00	0.00	0.00	0.00	0.00
P13	0.00	0.00	0.00	0.00	0.83	0.00	0.00	0.00	0.00	0.00	0.00	0.00	0.00	0.00	0.00	0.00	0.00	0.00	0.00	0.00
P14	0.00	0.00	0.00	0.00	0.00	0.00	0.00	0.00	0.00	0.00	0.00	0.00	0.00	0.00	0.00	0.00	0.00	0.00	0.00	0.00
P15	0.00	0.00	0.00	0.00	0.00	0.00	0.00	0.00	0.00	0.00	0.00	0.00	0.00	0.00	0.00	0.00	0.00	0.00	0.00	0.00
P16	0.00	0.00	0.00	0.00	0.00	3.96	2.71	0.00	0.00	0.00	0.00	0.00	0.00	0.00	0.52	0.00	0.00	0.00	0.00	1.67
P17	0.00	0.00	0.00	0.00	0.00	0.00	0.00	0.00	0.00	0.00	0.00	0.00	0.00	0.00	0.00	0.00	0.00	0.00	0.00	0.00
P18	0.00	0.00	0.00	0.00	0.00	0.00	0.00	0.00	0.00	0.00	0.00	0.00	0.00	0.00	0.00	0.00	0.00	0.00	0.00	0.00
P19	0.00	0.00	0.00	0.00	0.00	0.00	0.00	0.00	0.00	0.00	0.00	0.00	0.00	0.00	0.00	0.00	0.00	0.00	0.00	0.00
P20	0.00	0.00	0.00	0.00	0.00	0.00	0.00	0.00	0.00	0.00	0.00	0.00	0.00	0.00	0.00	0.00	0.00	0.00	0.00	0.00
P21	0.00	0.00	0.00	0.00	0.00	0.00	0.00	0.00	0.00	0.00	0.00	0.00	0.00	0.00	0.00	0.00	0.00	0.00	0.00	0.00
P22	0.00	0.00	0.00	0.00	0.00	0.00	0.00	0.00	0.00	0.00	0.00	0.00	0.00	0.00	0.00	0.00	0.00	0.00	0.00	0.00
P23	0.00	0.00	0.00	0.00	0.00	0.00	0.00	0.00	0.00	0.00	0.00	0.00	0.00	0.00	0.00	0.00	0.00	0.00	0.00	0.00
P24	0.00	0.00	0.00	0.00	0.00	0.00	0.00	0.00	0.00	0.00	0.00	0.00	0.00	0.00	0.00	0.00	0.00	0.00	0.00	0.00

（续表）

样点 Sampling points	S21	S22	S23	S24	S25	S26	S27	S28	S29	S30	S31	S32	S33	S34	S35	S36	S37	S38	S39	S40
P25	0.00	0.00	0.00	0.00	0.00	0.00	0.00	0.00	0.00	0.00	0.00	0.00	0.00	0.00	0.00	0.00	0.00	0.00	0.00	0.00
P26	0.00	0.00	0.00	0.00	0.00	0.00	0.00	0.00	0.00	0.00	0.00	0.00	0.00	0.00	0.00	0.00	0.00	0.00	0.00	0.00
P27	0.00	0.00	0.00	0.00	0.00	0.00	0.00	0.00	0.00	0.00	0.00	0.00	0.00	0.00	0.00	0.00	0.00	0.00	0.00	0.00
P28	0.00	0.00	0.00	0.00	0.00	0.00	0.00	0.00	0.00	0.00	0.00	0.00	0.00	0.00	0.00	0.00	0.00	0.00	0.00	0.00
P29	0.00	0.00	0.00	0.00	0.00	0.00	0.00	0.00	0.00	0.00	0.00	0.00	0.00	0.00	0.00	0.00	0.00	0.00	0.00	0.00
P30	0.00	0.00	0.00	0.00	0.00	0.00	0.00	0.00	0.00	0.00	0.00	0.00	0.00	0.00	0.00	0.00	0.00	0.00	0.00	0.00
P31	0.00	0.00	0.00	0.00	0.00	0.00	0.00	0.00	0.00	0.00	0.00	0.00	0.00	0.00	0.00	0.00	0.00	0.00	0.00	0.00
P32	0.00	0.00	0.00	0.00	0.00	0.00	0.00	0.00	0.00	0.00	0.00	0.00	0.00	0.00	0.00	0.00	0.00	0.00	0.00	0.00
P33	0.00	0.00	0.12	0.00	0.00	0.00	0.00	0.00	0.00	0.00	0.00	0.00	0.00	0.00	0.00	0.00	0.00	0.00	0.00	0.00
P34	0.00	0.00	0.00	0.00	0.00	0.00	0.00	0.00	0.00	0.00	0.00	0.00	0.00	0.00	0.00	0.00	0.00	0.00	0.00	0.00
P35	0.00	0.00	0.00	0.00	0.00	0.00	0.00	0.00	0.00	0.00	0.00	0.00	0.00	0.00	0.00	0.00	0.00	0.00	0.00	0.00
P36	0.00	0.00	0.00	0.00	0.00	0.00	0.00	0.00	0.00	0.00	0.00	0.00	0.00	0.00	0.00	0.00	0.00	0.00	0.00	0.00
P37	0.00	0.00	0.00	0.00	0.00	0.00	0.00	0.00	0.00	0.00	0.00	0.00	0.00	0.00	0.00	0.00	0.00	0.00	0.00	0.00
P38	0.00	0.00	0.00	0.00	0.00	0.00	0.00	0.00	0.00	0.00	0.00	0.00	0.00	0.00	0.00	0.00	0.00	0.00	0.00	0.00
P39	0.00	0.00	0.00	0.00	0.00	0.00	0.00	0.00	0.00	0.00	0.00	0.00	0.00	0.00	0.00	0.00	0.00	0.00	0.00	0.00
P40	0.00	0.00	0.00	0.00	0.00	0.00	0.00	0.00	0.00	0.00	0.00	0.00	0.00	0.00	0.00	0.00	0.00	0.00	0.00	0.00
P41	0.00	0.00	0.00	0.00	0.00	0.00	0.00	0.00	0.00	0.00	0.00	0.00	0.00	0.00	0.00	0.00	0.00	0.00	0.00	0.00
P42	0.00	0.00	0.00	0.00	0.00	0.00	0.00	0.00	0.00	0.00	0.00	0.00	0.00	0.00	0.00	0.00	0.00	0.00	0.00	0.00
P43	0.00	0.00	0.00	0.00	0.00	0.00	0.00	0.00	0.00	0.00	0.00	0.00	0.00	0.00	0.00	0.00	0.00	0.00	0.00	0.00
P44	0.00	0.00	0.00	0.00	0.00	0.00	0.00	0.00	0.00	0.00	0.00	0.00	0.00	0.00	0.00	0.00	0.00	0.00	0.00	0.00
P45	0.00	0.00	0.00	0.00	0.00	0.00	0.00	0.00	0.00	0.00	0.00	0.00	0.00	0.00	0.00	0.00	0.00	0.00	0.00	0.00
P46	0.00	0.00	0.00	0.00	0.00	0.00	0.00	0.00	0.00	0.83	1.4	0.00	0.00	0.00	0.00	3.75	4.69	1.67	0.00	0.00
P47	0.00	0.00	0.00	0.00	0.00	0.00	0.00	0.00	0.00	0.00	0.00	0.00	0.00	0.00	0.00	0.00	0.00	0.00	0.00	0.00

（续表）

样点 Sampling points	S41	S42	S43	S44	S45	S46	S47	S48	S49	S50	S51	S52	S53	S54	S55	S56	S57	S58	S59	S60
P1	0.00	0.00	0.00	0.00	0.00	0.00	0.00	0.00	0.00	0.00	0.00	0.00	0.00	0.00	0.00	0.00	0.00	0.00	0.00	6.15
P2	0.00	0.00	0.00	0.00	0.00	0.00	0.00	0.00	0.00	0.00	0.00	0.00	0.00	0.00	0.00	0.00	31.67	0.00	0.00	0.00
P3	0.00	0.00	0.00	0.00	0.00	0.00	0.00	0.00	0.00	0.00	0.00	0.00	0.00	0.16	0.00	0.00	0.00	0.00	0.00	0.2
P4	0.00	0.00	0.00	0.00	0.00	0.00	0.00	0.00	0.00	0.00	0.00	0.00	0.00	0.00	0.00	0.00	0.00	0.00	0.00	0.00
P5	0.00	0.00	0.00	0.00	0.00	0.00	0.00	0.00	0.49	0.00	0.00	0.00	0.00	0.00	0.00	0.00	0.00	0.00	0.00	0.8
P6	0.00	0.00	0.00	0.00	0.00	0.00	0.00	0.00	0.00	0.00	0.00	0.00	0.00	0.00	0.00	0.00	0.00	0.00	0.00	6.42
P7	0.00	0.00	0.00	0.00	0.00	0.00	2.99	0.00	0.00	0.00	0.00	0.00	0.00	0.00	0.00	0.00	0.00	0.00	0.00	0.00
P8	0.00	0.00	0.00	0.00	0.00	0.00	0.00	0.00	0.00	0.00	0.00	0.00	0.00	0.00	0.00	0.00	0.00	0.00	0.00	0.00
P9	0.00	0.00	0.00	0.00	0.00	0.00	0.00	0.00	0.00	0.00	0.00	0.00	0.00	0.00	0.00	0.00	0.00	0.00	0.00	0.00
P10	0.00	0.00	0.00	0.00	0.00	0.00	0.00	0.00	0.00	3.54	0.00	0.00	0.00	0.00	0.00	0.00	0.48	0.00	0.00	2.44
P11	0.00	0.00	0.00	0.00	0.00	0.00	0.00	0.00	0.00	0.00	1.67	0.00	0.00	0.00	0.00	0.00	0.00	0.00	0.00	0.00
P12	0.00	0.4	0.00	0.00	0.00	0.00	0.00	0.00	0.00	0.00	0.00	0.11	0.00	0.00	0.00	0.11	0.00	0.00	0.00	1.8
P13	0.00	0.00	0.05	0.1	0.00	0.00	0.00	0.00	0.00	0.11	0.00	0.00	0.00	0.00	0.00	0.00	0.00	0.00	0.00	0.00
P14	0.00	0.00	0.00	0.00	0.00	0.00	0.00	0.00	0.00	0.00	0.00	0.00	0.00	0.00	0.00	0.00	0.00	0.00	0.00	0.00
P15	0.00	0.00	0.00	0.00	0.00	0.00	0.00	0.00	0.00	0.00	0.00	0.00	0.00	0.00	0.00	0.00	0.00	0.00	0.00	0.00
P16	0.31	0.00	0.00	0.00	1.25	0.83	0.00	0.00	0.00	0.63	0.00	0.00	0.00	0.00	0.00	0.00	0.00	0.00	0.00	0.00
P17	0.00	0.00	0.00	0.00	0.00	0.00	0.00	0.00	0.00	0.00	0.00	0.00	0.00	0.00	0.00	0.00	0.00	0.00	0.00	0.00
P18	0.00	0.00	0.00	0.00	0.00	0.00	0.00	0.00	0.00	0.00	0.00	0.00	0.00	0.00	0.00	0.00	0.00	0.00	0.00	0.00
P19	0.00	0.00	0.00	0.00	0.00	0.00	0.00	0.00	0.00	0.00	0.00	0.00	0.00	0.00	0.00	0.00	0.00	0.00	0.00	0.00
P20	0.00	0.00	0.00	0.00	0.00	0.00	0.00	0.00	0.00	0.00	0.00	0.00	0.00	0.00	0.00	0.00	0.00	0.00	0.00	0.00
P21	0.00	0.00	0.00	0.00	0.00	0.00	0.00	0.00	0.00	0.00	0.00	0.00	0.00	0.00	0.00	0.00	0.00	0.00	0.00	0.00
P22	0.00	0.00	0.00	0.00	0.00	0.00	0.00	0.00	0.00	0.00	0.00	0.00	0.00	0.00	0.00	0.00	0.00	0.00	0.00	0.00
P23	0.00	0.00	0.00	0.00	0.00	0.00	0.00	0.00	0.00	0.00	0.00	0.00	0.00	0.00	0.00	0.00	0.00	0.00	0.00	0.00
P24	0.00	0.00	0.00	0.00	0.00	0.00	0.00	0.00	0.00	0.00	0.00	0.00	0.00	0.00	0.00	0.00	0.00	0.00	0.00	0.00

（续表）

样点 Sampling points	S41	S42	S43	S44	S45	S46	S47	S48	S49	S50	S51	S52	S53	S54	S55	S56	S57	S58	S59	S60
P25	0.00	0.00	0.00	0.00	0.00	0.00	0.00	0.00	0.00	0.00	0.00	0.00	0.00	0.00	0.00	0.00	0.00	0.00	0.00	0.00
P26	0.00	0.00	0.00	0.00	0.00	0.00	0.00	0.00	0.00	0.00	0.00	0.00	0.00	0.00	0.00	0.00	0.00	0.00	0.00	0.00
P27	0.00	0.00	0.00	0.00	0.00	0.00	0.00	0.00	0.00	0.00	0.00	0.00	0.00	0.00	0.00	0.00	2.14	3.4	0.00	6.85
P28	0.00	0.00	0.00	0.00	0.00	0.00	0.00	0.00	0.00	0.00	0.00	0.00	0.00	0.00	0.00	0.00	0.00	1.74	0.00	6.6
P29	0.00	0.00	0.00	0.00	0.00	0.00	0.00	0.00	0.00	0.00	0.00	0.00	0.00	0.00	0.00	0.00	0.00	0.00	0.00	5.63
P30	0.00	0.00	0.00	0.00	0.00	0.00	0.00	0.00	0.00	0.00	0.00	0.00	0.00	0.00	0.00	0.26	0.00	1.5	0.00	2.4
P31	0.00	0.00	0.00	0.00	0.00	0.00	0.00	0.00	0.00	0.00	0.00	0.00	0.00	2.36	0.00	0.00	0.00	0.00	0.00	14.38
P32	0.00	0.00	0.00	0.00	0.00	0.00	0.00	0.00	0.00	0.00	0.00	0.00	0.00	3.6	0.00	0.00	0.00	0.00	0.00	6.11
P33	0.00	0.00	0.00	0.00	0.00	0.00	0.00	0.00	0.00	0.00	0.00	0.00	0.00	0.00	0.00	0.00	2.28	0.00	0.00	2.36
P34	0.00	0.00	0.00	0.00	0.00	0.00	0.00	0.00	0.00	0.00	0.00	0.00	0.00	0.00	0.00	0.00	0.00	0.00	0.00	0.00
P35	0.00	0.00	0.00	0.00	0.00	0.00	0.00	0.00	0.00	0.00	0.00	0.00	0.00	0.00	0.00	0.00	0.00	0.00	0.00	0.00
P36	0.00	0.00	0.00	0.00	0.00	0.00	0.00	0.00	0.00	0.00	0.00	0.00	0.00	0.00	0.00	0.00	0.00	0.00	0.00	0.00
P37	0.00	0.00	0.00	0.00	0.00	0.00	0.00	0.00	0.00	0.00	0.00	0.00	0.00	0.00	0.00	0.00	0.00	0.00	0.00	0.00
P38	0.00	0.00	0.00	0.00	0.00	0.00	0.00	0.00	0.00	0.00	0.00	0.00	0.00	0.00	0.00	0.00	0.00	0.00	0.00	0.00
P39	0.00	0.00	0.00	0.00	0.00	0.00	0.00	0.00	0.00	0.00	0.00	0.00	0.00	0.00	0.00	0.00	0.00	0.00	0.00	0.00
P40	0.00	0.00	0.00	0.00	0.00	0.00	0.00	0.00	0.00	0.00	0.00	0.00	0.00	0.00	0.00	0.00	0.00	0.00	0.00	0.00
P41	0.00	0.00	0.00	0.00	0.00	0.00	0.00	0.00	0.00	0.00	0.00	0.00	9.58	0.00	0.00	0.00	0.00	0.00	0.00	0.00
P42	0.00	0.00	0.00	0.00	0.00	0.00	0.00	0.00	0.00	0.00	0.00	0.00	1.25	0.00	1.04	0.00	0.00	0.00	0.00	0.00
P43	0.00	0.00	0.00	0.00	0.00	0.00	0.00	0.00	0.00	0.00	0.00	0.00	0.00	0.00	0.00	0.00	0.00	0.00	0.00	0.00
P44	0.00	0.00	0.00	0.00	0.00	0.00	0.00	0.00	0.00	0.00	0.00	0.00	0.00	0.00	0.00	0.00	0.00	0.00	0.00	0.00
P45	0.00	0.00	0.00	0.00	0.00	0.00	0.00	0.42	0.00	0.00	0.00	0.00	3.54	0.00	0.00	0.00	0.00	0.00	0.00	0.00
P46	0.00	0.00	0.00	0.00	0.00	0.00	0.00	0.00	0.00	0.00	0.00	0.00	0.00	0.00	0.00	0.00	0.00	0.00	0.00	0.00
P47	0.00	0.00	0.00	0.00	0.00	0.00	0.00	0.00	0.00	0.00	0.00	0.00	0.00	0.00	0.00	0.00	0.00	0.00	0.00	0.00

（续表）

样点 Sampling points	S61	S62	S63	S64	S65	S66	S67	S68	S69	S70	S71	S72	S73	S74	S75	S76	S77	S78	S79	S80
P1	0.83	0.00	0.00	0.00	0.00	0.00	0.00	0.00	0.00	0.00	0.00	0.00	0.00	0.00	0.00	0.00	0.00	0.00	0.00	0.00
P2	0.00	0.00	0.00	0.00	0.00	0.00	0.00	0.00	0.00	0.00	0.00	0.00	0.00	0.00	0.00	0.00	0.00	0.00	0.00	0.00
P3	1.27	1.47	0.00	0.00	0.15	0.34	0.37	0.00	0.00	0.00	0.00	0.00	0.00	0.00	0.00	0.00	0.00	0.00	0.00	0.00
P4	0.00	0.00	0.00	0.00	0.00	0.00	0.00	0.00	0.00	0.00	0.00	0.00	0.00	0.00	0.00	0.00	0.00	0.00	0.00	0.00
P5	0.00	0.8	0.00	0.00	0.00	0.64	0.00	0.00	0.00	0.00	0.00	0.00	0.00	0.00	0.00	0.00	0.00	0.00	0.00	0.98
P6	1.42	0.00	1.8	0.00	0.00	0.79	0.00	0.00	0.00	0.00	0.00	0.00	0.00	0.13	0.00	0.00	0.00	0.00	0.00	0.00
P7	0.00	0.00	0.00	0.00	0.00	0.00	0.7	0.00	0.00	0.00	0.00	0.00	2.5	0.00	0.00	0.00	0.00	0.00	0.00	0.00
P8	0.00	0.00	0.00	0.00	0.00	0.00	0.00	0.00	0.00	0.00	0.00	0.00	0.00	0.00	0.00	0.00	0.00	0.00	0.00	0.00
P9	0.00	0.00	0.00	0.00	0.00	0.00	0.00	0.00	0.00	0.00	0.00	0.00	0.00	0.00	0.74	0.00	4.52	0.00	0.00	0.00
P10	0.00	0.00	0.00	0.00	0.00	0.00	0.00	0.00	0.00	0.00	0.00	0.00	0.00	0.00	0.00	0.00	0.00	0.00	0.00	0.00
P11	0.00	1.88	0.00	0.00	0.11	0.00	0.00	0.00	0.00	0.00	0.00	0.00	0.00	0.00	3.14	0.00	0.00	0.00	0.00	0.00
P12	2.86	0.00	0.00	1.12	0.00	0.00	0.00	0.00	0.00	0.00	0.00	0.00	0.00	0.00	0.00	0.00	0.00	0.00	0.00	0.00
P13	0.00	0.00	0.00	0.00	0.00	0.00	0.00	0.00	0.00	0.00	0.00	0.00	0.00	0.00	0.00	0.00	0.00	0.00	0.00	0.00
P14	0.00	0.00	0.00	0.00	0.00	0.00	0.00	0.00	0.00	0.00	0.00	0.00	0.00	0.00	0.00	0.00	0.00	0.00	0.00	0.00
P15	0.00	0.00	0.00	0.00	0.00	0.00	1.37	0.00	0.00	0.00	0.00	0.00	0.00	0.00	0.00	0.00	0.00	0.00	0.00	0.00
P16	0.00	0.00	0.00	0.00	0.83	0.00	0.00	0.00	0.00	0.00	0.00	0.00	0.00	0.00	0.00	0.00	0.00	0.00	0.00	0.00
P17	0.00	0.00	0.00	0.00	0.71	0.00	0.65	0.00	0.00	0.00	0.00	0.00	0.00	0.00	0.00	0.00	0.00	0.00	0.00	0.00
P18	0.00	0.00	0.00	0.00	0.00	0.00	0.00	0.00	0.00	0.00	0.00	0.00	0.00	0.00	0.00	0.00	8.1	0.00	0.00	0.00
P19	0.00	0.00	0.00	0.00	0.00	0.00	0.00	0.00	0.00	0.00	0.00	0.00	0.00	0.00	0.00	0.00	0.00	0.00	0.00	0.00
P20	0.00	0.00	0.00	0.00	0.00	0.00	0.00	0.00	0.00	0.00	0.00	0.00	0.00	0.00	0.00	0.00	0.00	0.00	0.00	0.00
P21	0.00	0.00	0.00	0.00	0.5	0.00	0.00	0.00	0.00	0.00	0.00	0.00	0.00	0.00	0.00	0.00	0.00	0.00	0.00	0.00
P22	0.00	0.00	0.00	0.00	0.12	0.00	0.77	0.00	0.00	0.00	0.00	0.00	0.00	0.00	0.00	0.00	0.00	0.00	0.00	0.00
P23	0.00	0.00	0.00	0.00	0.00	0.00	0.00	0.00	0.00	0.00	0.00	0.00	0.00	0.00	0.00	0.00	0.00	0.00	0.00	0.00
P24	0.00	0.00	0.00	0.00	0.00	0.00	0.00	0.00	0.00	0.00	0.00	0.00	0.00	0.00	0.00	0.00	0.00	0.00	0.00	0.00

（续表）

样点 Sampling points	S61	S62	S63	S64	S65	S66	S67	S68	S69	S70	S71	S72	S73	S74	S75	S76	S77	S78	S79	S80
P25	0.00	0.00	0.00	0.00	0.00	0.00	2.66	0.00	0.00	0.00	0.00	0.00	0.00	0.00	0.00	0.00	0.36	0.00	0.00	0.00
P26	0.00	0.00	0.00	0.00	2.64	0.00	1.53	0.00	0.00	0.00	0.00	0.00	0.00	0.00	0.00	0.00	0.00	0.00	0.00	0.00
P27	1.49	0.00	0.00	0.00	0.00	0.00	0.00	0.00	0.00	0.00	0.00	0.00	0.00	0.00	0.00	0.00	0.00	0.00	0.00	0.00
P28	11.11	0.00	0.00	0.00	0.00	0.00	0.00	0.00	0.00	0.00	0.00	0.00	0.00	0.00	0.00	0.00	0.00	0.00	0.00	0.00
P29	0.00	0.00	0.00	0.00	0.00	0.00	0.00	0.00	0.00	0.00	7.92	0.00	0.00	0.00	0.00	0.00	0.00	0.00	0.00	0.00
P30	0.00	0.00	0.00	0.00	0.00	0.00	0.00	0.00	0.00	0.00	0.00	0.00	0.00	0.00	0.00	0.00	0.00	0.00	0.00	0.00
P31	4.58	0.00	0.00	0.00	0.00	1.46	2.81	0.00	1.11	0.00	0.00	0.00	0.00	0.00	0.00	0.00	0.00	0.00	0.00	0.00
P32	0.00	0.00	0.00	0.00	0.00	0.00	0.00	0.00	0.00	0.00	0.00	0.00	0.00	0.00	0.00	0.00	0.00	0.00	0.00	0.00
P33	0.00	0.00	0.00	0.00	0.35	0.00	0.00	0.00	0.00	0.00	0.00	0.00	0.00	0.00	0.00	0.00	0.00	0.00	0.00	0.00
P34	0.00	0.00	0.00	0.00	0.00	0.00	0.00	0.00	0.00	0.00	0.00	0.00	0.00	0.00	0.00	0.00	0.00	0.00	0.00	0.00
P35	0.00	0.00	0.00	0.00	0.00	0.00	0.00	2.22	0.00	0.00	0.00	0.00	3.75	0.00	0.00	0.00	0.00	0.00	0.00	0.00
P36	0.00	0.00	0.00	0.00	0.00	0.00	0.00	0.00	0.00	0.00	0.00	0.00	0.00	0.00	0.00	0.00	0.00	0.00	0.00	0.00
P37	0.00	0.00	0.00	0.00	0.00	0.00	0.00	0.00	0.00	0.00	0.00	0.00	0.00	0.00	0.00	0.00	0.00	0.00	0.00	0.00
P38	0.00	0.00	0.00	0.00	0.00	0.00	0.00	0.00	0.00	0.00	0.00	0.00	0.00	0.00	0.00	0.00	0.00	0.00	0.00	0.00
P39	0.00	0.00	0.00	0.00	0.00	0.00	0.00	0.00	0.00	0.00	0.00	0.00	0.00	0.00	0.00	0.00	0.00	0.00	0.00	0.00
P40	0.00	0.00	0.00	0.00	0.00	0.00	0.00	2.6	0.00	0.00	0.00	0.00	0.00	0.00	0.00	0.00	0.00	0.00	0.00	0.00
P41	0.00	0.00	0.00	0.00	0.00	0.00	0.00	0.00	0.00	0.00	0.00	0.00	0.00	0.00	0.00	0.00	0.00	5.42	0.00	0.00
P42	0.00	0.00	0.00	0.00	2.36	0.00	0.00	0.00	0.00	0.00	0.00	0.00	0.00	0.00	0.00	0.00	0.00	0.00	0.00	0.00
P43	0.00	0.00	0.00	0.00	0.00	0.00	0.00	0.00	0.00	0.00	0.00	0.00	0.00	0.00	0.00	0.00	0.00	0.00	0.00	0.00
P44	0.00	0.00	0.00	0.00	0.00	0.00	1.88	0.00	0.00	0.00	0.00	0.00	0.00	0.00	0.00	0.00	0.00	0.00	0.00	0.00
P45	0.00	0.00	0.00	0.00	0.42	0.00	0.00	0.00	0.00	0.00	0.00	0.00	0.00	0.00	0.00	0.00	0.00	0.00	0.00	0.00
P46	0.00	0.00	0.00	0.00	0.00	0.00	0.00	0.00	0.00	1.25	0.00	8.75	0.00	0.00	0.00	0.00	0.00	0.00	0.00	0.00
P47	0.00	0.00	0.00	2.29	0.00	0.00	0.00	0.00	0.00	0.00	0.00	0.00	0.00	0.00	0.00	0.00	0.00	0.00	0.00	0.00

(续表)

样点 Sampling points	S81	S82	S83	S84	S85	S86	S87	S88	S89	S90	S91	S92	S93	S94	S95	S96	S97	S98	S99	S100
P1	0.00	0.00	0.00	0.00	0.00	0.00	0.00	0.00	0.00	0.00	0.00	0.00	0.00	0.00	0.00	0.00	0.00	0.00	0.00	0.00
P2	0.00	0.00	0.00	0.00	0.00	0.00	0.00	0.00	0.00	0.00	0.00	0.00	0.00	0.00	0.00	0.00	0.00	0.00	0.00	0.00
P3	0.00	0.00	0.00	0.00	0.00	0.00	0.00	0.00	0.00	0.00	0.00	0.00	0.00	0.00	0.00	0.00	0.00	0.00	0.00	0.2
P4	0.5	0.00	0.00	0.00	0.00	0.00	0.00	0.00	0.00	0.00	0.00	0.00	0.00	0.00	0.00	0.00	0.00	0.8	0.00	1.77
P5	0.00	0.00	0.15	1.75	1.37	0.00	0.00	0.64	2.3	0.00	0.00	0.00	0.00	0.00	0.00	0.00	0.00	0.00	0.00	0.00
P6	0.13	0.00	0.25	0.00	0.13	0.00	0.00	0.00	0.00	0.00	0.00	0.00	0.00	0.00	0.00	0.00	0.00	0.00	0.00	0.00
P7	0.00	0.00	0.00	0.00	0.00	0.00	0.00	0.00	0.00	0.00	0.00	0.00	0.00	0.00	0.00	0.00	0.00	0.00	0.00	0.00
P8	0.67	0.14	0.00	0.00	0.00	0.00	0.00	0.00	0.00	0.00	0.00	0.00	0.00	0.00	0.00	0.00	0.00	0.00	0.00	0.00
P9	0.00	0.00	0.00	0.00	0.00	0.00	0.00	0.00	0.00	0.00	0.00	0.00	0.00	0.00	0.00	0.00	0.00	0.00	0.00	0.00
P10	0.00	0.00	0.00	0.00	0.00	0.00	0.00	0.00	0.00	0.00	0.00	0.00	0.00	0.00	0.00	0.00	0.00	0.00	0.00	0.00
P11	0.00	0.00	0.00	0.00	0.00	0.00	0.00	0.00	0.00	0.00	0.00	0.00	0.00	0.00	0.00	0.00	0.00	0.00	0.00	0.00
P12	0.00	0.00	0.00	0.00	0.00	0.00	0.00	0.00	0.00	0.45	1.39	0.14	0.38	0.00	0.78	0.00	0.00	0.00	0.00	0.00
P13	0.00	0.00	0.00	0.00	0.36	2.39	1.12	1.47	0.00	0.00	12.63	0.00	0.00	1.75	0.00	0.00	0.00	0.00	0.00	0.00
P14	0.00	0.00	0.00	0.00	0.00	0.00	0.00	0.00	0.00	0.00	0.00	0.00	0.00	0.00	0.00	0.00	0.00	0.00	0.00	0.00
P15	0.00	0.00	0.00	0.00	0.00	0.00	0.00	0.00	0.00	0.00	0.00	0.00	0.00	0.00	0.00	0.00	0.00	0.00	0.00	0.00
P16	0.00	0.00	0.00	0.00	0.00	0.00	0.00	0.00	0.00	0.00	6.25	8.2	0.00	0.00	0.00	0.00	0.00	0.00	0.00	0.00
P17	0.00	0.00	0.00	0.00	0.00	0.00	0.00	0.00	0.00	0.00	0.00	0.00	0.00	0.00	0.00	0.00	0.00	0.00	0.00	0.00
P18	0.00	0.00	0.00	0.00	0.00	0.00	0.00	0.00	0.00	0.00	0.00	0.00	0.00	0.00	0.00	0.00	0.00	0.00	0.00	0.00
P19	0.00	0.00	0.00	0.00	0.00	0.00	0.00	0.00	0.00	0.00	0.00	0.00	0.00	0.00	0.00	0.00	0.00	0.00	0.00	0.00
P20	0.00	0.00	0.00	0.00	0.00	0.00	0.00	0.00	0.00	0.00	0.00	0.00	0.00	0.00	0.00	0.00	0.00	0.00	0.00	0.00
P21	0.00	0.00	0.00	0.00	0.00	0.00	0.00	0.00	0.00	0.00	0.00	0.00	0.00	0.00	0.00	0.00	0.00	0.00	0.00	0.00
P22	0.00	0.00	0.00	0.00	0.00	0.00	0.00	0.00	0.00	0.00	0.00	0.00	0.00	0.00	0.00	0.00	0.00	0.00	0.00	0.00
P23	0.00	0.00	0.00	0.00	0.00	0.00	0.00	0.00	0.00	0.00	0.00	0.00	0.00	0.00	0.00	0.00	0.00	0.00	0.00	0.00
P24	0.00	0.00	0.00	0.00	0.00	0.00	0.00	0.00	0.00	0.00	0.00	0.00	0.00	0.00	0.00	0.00	0.00	0.00	0.00	0.00

（续表）

样点 Sampling points	S81	S82	S83	S84	S85	S86	S87	S88	S89	S90	S91	S92	S93	S94	S95	S96	S97	S98	S99	S100
P25	0.00	0.00	0.00	0.00	0.00	0.00	0.00	0.00	0.00	0.00	0.00	0.00	0.00	0.00	0.00	0.00	0.00	0.00	0.00	0.00
P26	0.00	0.00	0.00	0.00	0.00	0.00	0.00	0.00	0.00	0.00	0.00	0.00	0.00	0.00	0.00	0.00	0.00	0.00	0.00	0.00
P27	0.00	0.00	0.00	0.00	0.00	0.00	0.00	0.00	0.00	0.00	0.00	0.00	0.00	0.00	0.00	0.00	0.00	0.00	0.00	0.00
P28	0.00	0.00	0.00	0.00	0.00	0.00	0.00	0.00	0.00	0.00	0.00	0.00	0.00	0.00	0.00	0.00	0.00	0.00	0.00	0.00
P29	0.00	0.00	0.00	0.00	0.00	0.00	0.00	0.00	0.00	0.00	0.00	0.00	0.00	0.00	0.00	0.00	0.00	0.00	0.00	0.00
P30	0.00	0.00	0.00	0.00	0.00	0.00	0.00	0.00	0.00	0.00	0.00	0.00	0.00	0.00	0.00	0.00	0.00	0.00	0.00	0.00
P31	0.00	0.00	0.00	0.00	0.00	0.00	0.00	0.00	0.00	0.00	0.00	0.00	0.00	0.00	0.00	0.00	0.00	0.00	0.00	0.00
P32	0.00	0.00	0.00	0.00	0.00	0.00	0.00	0.00	0.00	0.00	0.00	0.00	0.00	0.00	0.00	0.00	0.00	0.00	0.00	0.00
P33	0.00	0.00	0.00	0.00	0.00	0.00	0.00	0.00	0.00	0.00	0.00	0.00	0.00	0.00	0.00	0.00	0.00	0.00	0.00	0.00
P34	0.00	0.00	0.00	0.00	0.00	0.00	0.00	0.00	0.00	0.00	0.00	0.00	0.00	0.00	0.00	0.00	0.00	0.00	0.00	0.00
P35	0.00	0.00	0.00	0.00	0.00	0.00	0.00	0.00	0.00	0.00	0.00	0.00	0.00	0.00	0.00	0.00	0.00	0.00	0.00	0.00
P36	0.00	0.00	0.00	0.00	0.00	0.00	0.00	0.00	0.00	0.00	0.00	0.00	0.00	0.00	0.00	0.00	0.00	0.00	0.00	1.53
P37	0.00	0.00	0.00	0.00	0.00	0.00	0.00	0.00	0.00	0.00	0.00	0.00	0.00	0.00	0.00	0.00	0.00	0.00	0.00	0.83
P38	0.00	0.00	0.00	0.00	0.00	0.00	0.00	0.00	0.00	0.00	0.00	0.00	0.00	0.00	0.00	0.00	0.00	0.00	0.00	0.00
P39	0.00	0.00	0.00	0.00	0.00	0.00	0.00	0.00	0.00	0.00	0.00	0.00	0.00	0.00	0.00	0.00	0.00	0.00	0.00	0.00
P40	0.00	0.00	0.00	0.00	0.00	0.00	0.00	0.00	0.00	0.00	0.00	0.00	0.00	0.00	0.00	0.00	0.00	0.00	0.00	0.00
P41	0.00	0.00	0.00	0.00	0.00	0.00	0.00	0.00	0.00	0.00	0.00	0.00	0.00	0.00	0.00	0.00	0.00	0.00	0.00	0.00
P42	0.00	0.00	0.00	0.00	0.00	0.00	0.00	0.00	0.00	0.00	0.00	0.00	0.00	0.00	0.00	0.00	0.00	0.00	0.00	0.00
P43	0.00	0.00	0.00	0.00	0.00	0.00	0.00	0.00	0.00	0.00	0.00	0.00	0.00	0.00	0.00	0.00	0.00	0.00	0.00	0.00
P44	0.00	0.00	0.00	0.00	0.00	0.00	0.00	0.00	0.00	0.00	0.00	0.00	0.00	0.00	0.00	0.00	0.00	0.00	0.00	0.00
P45	0.00	0.00	0.00	0.00	0.00	0.00	0.00	0.00	0.00	0.00	0.00	0.00	0.00	0.00	0.00	0.00	0.00	0.00	0.00	0.00
P46	0.00	0.00	0.00	0.00	0.00	0.00	0.00	0.00	0.00	0.00	0.00	0.94	0.00	0.00	0.00	0.00	0.00	0.00	0.00	0.00
P47	0.00	0.00	0.00	0.00	0.00	0.00	0.00	0.00	0.00	0.00	0.00	0.00	0.00	0.00	0.00	0.00	0.00	0.00	0.00	0.00

(续表)

样点 Sampling points	S101	S102	S103	S104	S105	S106	S107	S108	S109	S110	样点 Sampling points	S101	S102	S103	S104	S105	S106	S107	S108	S109	S110
P1	0.00	0.00	0.00	0.00	0.00	0.00	0.00	0.00	0.00	0.00	P25	0.00	0.00	0.00	0.00	0.00	0.00	0.00	0.00	0.00	0.00
P2	0.00	0.00	0.00	0.00	0.00	0.00	0.00	0.00	0.00	0.00	P26	0.00	0.00	0.00	0.00	0.00	0.00	0.00	0.00	0.00	0.00
P3	0.00	0.00	0.00	0.00	0.00	0.00	0.00	0.00	0.00	0.00	P27	0.00	0.00	0.00	0.00	0.00	0.00	0.00	0.00	0.00	0.00
P4	0.8	0.00	5.99	0.00	0.47	0.23	0.00	0.00	0.00	0.8	P28	0.00	0.00	0.00	0.00	0.00	0.00	0.00	0.00	0.00	0.00
P5	0.00	0.00	0.8	0.00	0.00	0.00	0.00	0.00	0.00	0.00	P29	0.00	0.00	0.00	0.00	0.00	0.00	0.00	0.00	0.00	0.00
P6	0.00	0.00	0.00	0.00	0.00	0.00	0.00	0.00	0.00	0.00	P30	0.00	0.00	0.00	0.00	0.00	0.00	0.00	0.00	0.00	0.00
P7	0.00	0.00	0.00	0.00	0.00	0.00	0.00	0.00	0.00	0.00	P31	0.00	0.00	0.00	0.00	0.00	0.00	0.00	0.00	0.00	0.00
P8	0.00	0.00	0.00	0.00	0.00	0.00	0.00	0.00	0.00	0.00	P32	0.00	0.00	0.00	0.00	0.00	0.00	0.00	0.00	0.00	0.00
P9	0.00	0.00	0.00	0.00	0.00	0.00	0.00	0.00	0.00	0.00	P33	0.00	0.00	0.00	0.00	0.00	0.00	0.00	0.00	0.00	0.00
P10	0.83	0.00	0.71	0.00	2.56	0.42	0.00	0.00	0.00	0.00	P34	3.13	0.00	3.13	0.00	16.7	0.00	0.00	0.00	0.00	0.00
P11	0.00	0.00	0.00	0.00	0.00	0.00	0.00	0.00	0.00	0.00	P35	0.00	0.00	0.00	0.00	0.00	0.00	0.00	0.00	0.00	0.00
P12	0.16	0.00	0.00	0.3	0.00	0.00	0.00	0.00	0.00	0.00	P36	0.00	0.00	0.00	0.00	0.00	0.00	0.00	0.00	0.00	0.00
P13	0.00	0.00	0.00	0.00	0.00	0.00	0.00	0.00	0.00	0.94	P37	0.00	0.00	0.00	0.00	6.67	0.00	0.00	0.00	0.00	0.00
P14	0.00	0.00	0.00	0.00	0.00	0.00	0.00	0.00	0.00	0.00	P38	0.00	0.00	0.00	0.00	0.00	0.00	0.00	0.00	0.00	0.00
P15	0.00	0.00	0.00	0.00	0.00	0.00	0.00	0.00	0.33	12.5	P39	0.00	0.00	0.00	0.00	0.00	0.00	0.00	0.00	0.00	0.00
P16	0.00	0.00	0.00	0.00	0.00	0.00	0.00	0.00	0.00	0.00	P40	0.00	0.00	0.00	0.00	0.00	0.00	0.00	0.00	0.00	0.00
P17	0.00	0.00	0.00	0.00	0.00	0.00	0.00	0.00	0.00	0.00	P41	0.00	0.00	0.00	0.00	0.00	0.00	0.00	0.00	0.00	0.00
P18	0.00	0.00	0.00	0.00	0.00	0.00	0.00	0.00	0.00	0.00	P42	0.00	0.00	0.00	0.00	0.00	0.00	0.00	0.00	0.00	0.00
P19	0.00	0.00	0.00	0.00	0.00	0.00	0.00	0.00	0.00	0.00	P43	0.00	0.00	0.00	0.00	0.00	0.00	0.00	0.00	0.00	0.00
P20	0.00	0.00	0.00	0.00	0.00	0.00	0.00	0.00	0.00	0.00	P44	0.00	0.00	0.00	0.00	0.00	0.00	0.00	0.00	0.00	0.00
P21	0.00	0.00	0.00	0.00	0.00	0.00	0.00	0.00	0.00	0.00	P45	0.00	0.00	0.00	0.00	0.00	0.00	0.00	1.04	0.00	0.00
P22	0.00	0.00	0.00	0.00	0.00	0.00	1.67	0.00	0.00	0.00	P46	0.00	0.00	0.00	0.00	0.00	0.00	0.00	0.00	0.00	0.00
P23	0.00	0.00	0.00	0.00	0.00	0.00	0.00	0.00	0.00	0.00	P47	0.00	0.00	0.00	0.00	0.00	0.00	0.00	0.00	0.00	0.00
P24	0.00	0.00	0.00	0.00	0.00	0.00	0.00	0.00	0.00	0.00											

对岩面生大型地衣群落调查时，在面积为20 m×20 m的样点内调查所有被地衣覆盖的岩石，用大小为20 cm×20 cm、30 cm×30 cm和50 cm×50 cm的自制样方框计数每一种岩面生大型地衣在样方中覆盖的面积和出现的频度。标本采集点和样方的经纬度，海拔高度等信息用手持GPS获取。样点内每个岩石的坡度和坡向用坡度仪测量，用光照仪测量样点的光照强度，同时测量并记录空气湿度、岩石的大小尺寸、各种人为干扰、林冠层郁闭度等信息，岩石pH在实验室进行测量[15-17]。

对树附生大型地衣群落调查时，在面积为20 m×20 m的样点内调查所有树上的大型地衣，用20 cm×20 cm的取样框计算大型地衣物种的盖度和频率。记录样点内每棵树所处位置的经纬度、海拔高度。在野外测量获取树种、树皮粗糙度、树胸径高度、树木大小、朽木的腐蚀程度，样点的坡向、坡度、光照强度、湿度、林冠层郁闭度和人为干扰程度等信息[18-19]。

对地面生大型地衣群落研究时，在每个20 m×20 m的样点内调查获取地衣种类、不同种类的盖度、样方中出现的频度。同时记录样点的经纬度、海拔、光照强度、空气湿度、土壤pH、人为干扰程度和森林郁闭度等[5, 7, 20]。

在实地通过目测划分样点中各种干扰的等级。空气相对湿度用手持式湿度仪测量，根据测量数据划分5个不同等次；目测划分郁闭度大小。岩石和树木大小在实地用米尺和红外线测距仪测量获取，地衣生长基物的pH在实验室测量。大型地衣标本采集点信息及环境因子原始数据见表4-3至表4-5。

表4-3　地面生大型地衣24个样点环境参数

Table 4-3　Environmental variables of 24 sampling points of terricolous macrolichens

样点 Sampling points	海拔 Altitude（m）	光照强度 Light intensity	空气相对湿度 Air humidity（%）	郁闭度 Canopy density	人为干扰强度 Human Disturbance degree	土壤pH Soil pH	草本盖度 Herb coverage（%）	灌木盖度 Shrub Coverage（%）	乔木盖度 Arbor Coverage（%）	土壤湿度 Soil Humidity（%）
P3	1 213	较弱	中等	较大	较少	7.05	8.54	5.45	68.5	74.2
P4	1 178	中等	较干燥	小	无	7.54	15.24	5.64	35.21	56.24
P5	1 176	弱	较潮湿	较大	较多	7.23	8.74	3.65	72.25	68.26
P6	1 174	强	干燥	小	无	6.89	45.21	3.65	12.35	25.36
P7	1 271	较弱	较潮湿	中等	较少	7.12	8.21	3.26	56.55	65.51
P8	1 338	较弱	中等	中等	中等	6.52	8.62	4.21	78.54	72.71
P9	1 346	较弱	较潮湿	大	较少	7.54	7.56	6.36	65.48	56.38
P10	1 380	较强	干燥	小	较少	6.32	32.21	4.25	12.32	10.21
P11	1 781	较强	干燥	小	中等	7.75	65.21	2.31	5.34	4.52
P12	1 303	较强	干燥	小	较少	6.54	65.25	3.54	6.31	5.36

（续表）

样点 Sampling points	海拔 Altitude（m）	光照强度 Light intensity	空气相对湿度 Air humidity（%）	郁闭度 Canopy density	人为干扰强度 Human Disturbance degree	土壤 pH Soil pH	草本盖度 Herb coverage（%）	灌木盖度 Shrub Coverage（%）	乔木盖度 Arbor Coverage（%）	土壤湿度 Soil Humidity（%）
P13	2 318	弱	潮湿	大	干扰大	6.52	3.24	1.54	87.54	56.32
P14	2 138	强	干燥	小	较少	7.25	45.68	1.25	12.35	12.24
P16	2 065	较弱	较潮湿	较大	中等	6.68	25.64	2.74	52.31	45.32
P17	1 172	较弱	中等	中等	中等	7.25	36.54	4.52	56.54	50.23
P18	1 234	中等	较干燥	中等	较少	7.35	25.62	2.45	45.24	35.62
P21	1 855	较弱	潮湿	较大	中等	7.65	45.38	1.25	40.63	40.21
P25	1 184	弱	较潮湿	较大	较少	6.85	45.25	2.35	20.32	20.36
P32	1 275	较强	较干燥	较小	较少	7.08	12.25	2.02	70.32	56.38
P33	1 308	较强	较干燥	较小	较少	6.95	58.36	4.54	69.25	55.32
P35	1 118	较弱	较干燥	中等	较少	7.48	42.25	25.32	20.12	12.25
P36	1 103	较弱	干燥	小	较少	7.06	52.32	3.54	45.65	35.63
P41	1 077	弱	中等	较大	较少	6.85	45.26	6.54	75.54	56.35
P44	1 173	强	干燥	小	中等	7.14	25.63	2.35	8.54	12.35
P46	2 015	较强	干燥	小	较少	7.21	12.36	5.35	23.65	36.32

表4-4 树附生大型地衣31个样点相关环境因子数据

Table 4-4 Environmental variables of 31 sampling points of epiphytic macrolichens

样点 Sampling points	海拔 Altitude（m）	光照强度 Light intensity	空气相对湿度 Air humidity（%）	树干方向 the direction of the trunk	郁闭度 Canopy density	干扰强度 Human Disturbance degree	胸径大小 Diameter at Breast Height（cm）	树皮粗糙度 Bark roughness
P3	1 213	较弱	中等	南向	较大	较少	120	粗糙
P4	1 178	中等	较干燥	南向	小	无	85	中度粗糙
P5	1 176	弱	较潮湿	北向	较大	较多	94	中度粗糙
P6	1 174	强	干燥	北向	小	无	110	粗糙
P7	1 271	较弱	较潮湿	北向	中等	较少	250	粗糙
P8	1 338	较弱	中等	南向	中等	中等	45	光滑
P9	1 396	较弱	较潮湿	北向	大	较少	185	粗糙
P10	1 380	较强	干燥	东向	小	较少	56	光滑
P12	1 303	较强	干燥	北向	小	较少	85	中度粗糙
P13	2 118	弱	潮湿	北向	大	大	250	粗糙

（续表）

样点 Sampling points	海拔 Altitude （m）	光照强度 Light intensity	空气相对湿度 Air humidity （%）	树干方向 the direction of the trunk	郁闭度 Canopy density	干扰强度 Human Disturbance degree	胸径大小 Diameter at Breast Height （cm）	树皮粗糙度 Bark roughness
P15	2 081	中等	较干燥	南向	中等	中等	156	中度粗糙
P16	2 165	较弱	较潮湿	东向	较大	中等	70	光滑
P18	1 234	中等	较干燥	东向	中等	较少	65	光滑
P19	1 121	较弱	较干燥	西向	较大	较少	78	中度粗糙
P20	1 598	较弱	较潮湿	南向	较大	中等	225	粗糙
P21	1 855	较弱	潮湿	西向	较大	中等	174	粗糙
P22	1 121	较弱	较干燥	北向	较大	较少	220	粗糙
P23	1 171	弱	较干燥	北向	大	较少	170	粗糙
P24	1 222	弱	较干燥	西向	大	较少	140	中度粗糙
P25	1 184	弱	较潮湿	南向	较大	较少	85	光滑
P26	1 286	强	干燥	东向	小	无	80	光滑
P28	1 093	强	干燥	西向	小	无干扰	120	粗糙
P36	1 103	较弱	干燥	南向	小	较少	205	粗糙
P38	1 321	中等	较干燥	南向	较小	较少	45	光滑
P39	1 137	较弱	较干燥	东向	较小	较少	110	粗糙
P40	1 184	弱	较干燥	东向	较大	较少	110	中度粗糙
P42	1 251	中等	较干燥	北向	较小	中等	78	中度粗糙
P43	1 137	较强	干燥	南向	小	无	145	粗糙
P45	1 721	较强	干燥	南向	小	较少	163	粗糙
P46	2 015	较强	干燥	西向	小	较少	152	粗糙
P47	2 201	较弱	较干燥	南向	较大	较少	130	粗糙

表4-5 岩面生大型地衣28个样点相关环境因子数据

Table 4-5 Environmental variables of 28 sampling points of saxicolous macrolichens

样点 Sampling points	海拔 Altitude （m）	光照强度 Light intensity	空气相对湿度 Air humidity （%）	坡度 Slope （°）	坡向 Aspect	干扰强度 Disturbance	岩石大小 Rock size （cm）	风蚀程度 Erosion degree	岩石pH Rock pH	取样岩石数 Number of sample rocks
P1	969	较强	干燥	25	东南向	无	100~150	轻度	7.24	15
P2	1 076	较弱	较干燥	29	南向	较少	70~125	中度	7.3	25

（续表）

样点 Sampling points	海拔 Altitude （m）	光照强度 Light intensity	空气相对湿度 Air humidity（%）	坡度 Slope（°）	坡向 Aspect	干扰强度 Disturbance	岩石大小 Rock size（cm）	风蚀程度 Erosion degree	岩石pH Rock pH	取样岩石数 Number of sample rocks
P3	1 213	较弱	中等	23	西南向	较少	75~180	中度	7.48	18
P4	1 178	中等	较干燥	45	西北向	无	100~250	轻度	7.36	16
P5	1 176	弱	较潮湿	38	南向	较多	100~180	中度	7.32	20
P6	1 174	较强	干燥	42	北向	无	50~100	中度	7.54	18
P7	1 271	较弱	较潮湿	35	南向	较少	≥250	中度	7.12	25
P9	1 396	较弱	较潮湿	40	北向	较少	≥250	中度	7.25	230
P10	1 380	较强	干燥	25	西向	较少	70~125	重度	7.23	22
P12	1 303	较强	干燥	40	东向	较少	150~220	重度	7.77	23
P15	2 081	中等	较干燥	65	南向	中等	≥200	轻度	7.62	28
P18	1 234	中等	较干燥	36	西北向	较少	50~100	轻度	6.88	44
P22	1 121	较弱	较干燥	38	东向	较少	70~125	轻度	7.05	28
P25	1 184	弱	较潮湿	40	北向	较少	50~100	中度	7.32	31
P27	1 216	强	干燥	50	东南向	无	150~220	中度	7.81	17
P28	1 093	强	干燥	42	东北向	无	150~220	轻度	7.52	23
P29	1 178	较强	较干燥	25	北向	较少	100~150	轻度	7.5	14
P30	1 343	较强	干燥	33	东向	无	75~180	轻度	7.36	21
P31	1 245	较强	干燥	41	东向	无	50~100	中度	7.44	16
P32	1 275	较强	较干燥	38	南向	较少	≥250	中度	7.78	18
P33	1 308	较强	较干燥	52	西北向	较少	100~150	重度	7.26	22
P34	1 117	中等	较干燥	40	西向	较少	75~180	轻度	7.48	20
P35	1 118	较弱	较干燥	25	西向	较少	50~100	重度	7.51	24
P36	1 103	较弱	干燥	30	东向	较少	100~150	重度	7.35	19
P37	1 098	较弱	干燥	58	东北向	较少	50~100	轻度	7.25	23
P42	1 251	中等	较干燥	52	南向	中等	50~100	重度	7.08	26
P44	1 173	强	干燥	48	北向	中等	70~125	重度	7.25	35
P46	2 015	较强	干燥	32	西北向	较少	≥250	重度	7.18	33

4.2 地面生大型地衣群落特征

4.2.1 地面生大型地衣群落数量分类

TWINSPAN分析（图4-1）和DCA排序（图4-2）结果显示，分布在24个样点的地面生大型地衣物种被划分为4个大型地衣群丛。

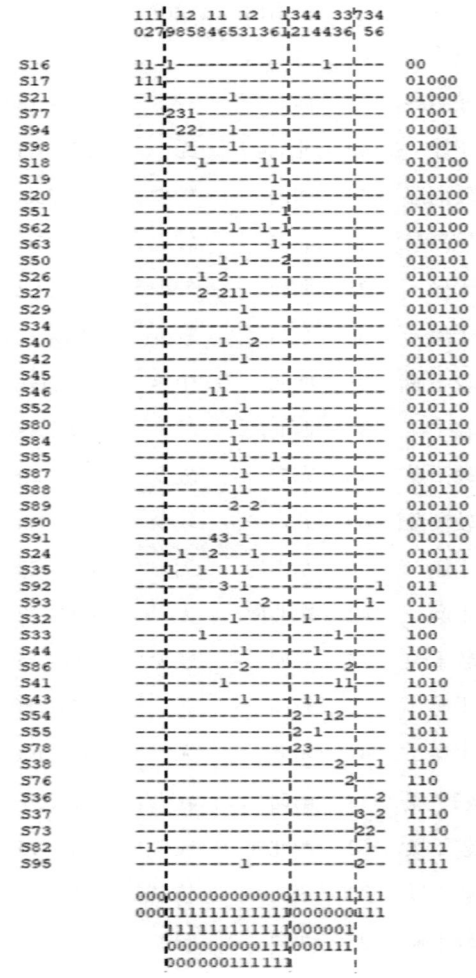

图4-1 地面生大型地衣TWINSPAN分类矩阵

Figure 4-1 TWINSPAN analysis of terricolous macrolichens

群丛1：由样点10、12和17，共3个样点组成，这组样点海拔在1 172～1 380 m，光照强度较强，空气较干燥，人为干扰较小，森林郁闭度小。主要大型地衣为灰色大孢蜈蚣衣 *Physconia grisea*、伴藓大孢衣 *P. muscigena*、亚灰大孢蜈蚣衣 *P. perisidiosa*、砖孢胶衣 *Collema subconveniens* Nyl. 4个种，总覆盖度为5.05%，其中伴藓大孢衣盖度最大，为2.71%，群落定名为灰色大孢蜈蚣衣+伴藓大孢衣群丛。

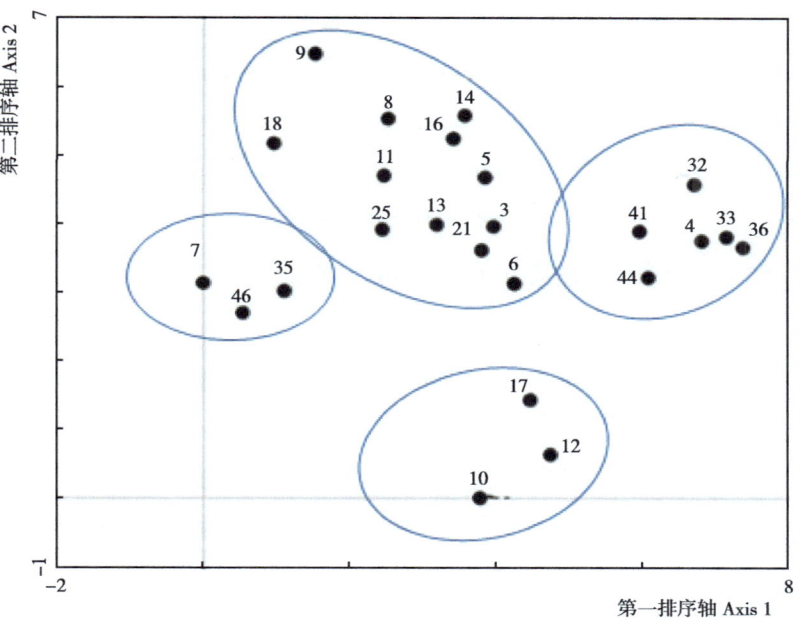

图4-2 地面生大型地衣种类的DCA排序

Figure 4-2 DCA ordination diagram of terricolous macrolichens

群丛2：由样点3、6、5、8、9、11、13、14、16、18、21和25，共12个样点组成，该组样点海拔在1 176～2 318 m，光照强度较弱，空气比较湿润，森林郁闭度较大，人为干扰中等，土壤pH值在6.52～7.75。主要大型地衣有灰色大孢蜈蚣衣 Physconia grisea、伴藓大孢衣原变型 P. muscigena f. muscigena、伴藓大孢衣瘤状变型 P. muscigena f. squarrosa、美洲大孢衣 P. americana、亚灰大孢蜈蚣衣 P. perisidiosa、粉石蕊 Cladonia fimbriata、粗皮石蕊 C. scabriuscula、莲座石蕊 C. pocillum、荒漠黄梅 Xanthoparmelia desertorum、多指地卷 Peltigera polydactylon等40种，大型地衣总盖度为112.4%，其中平盘软地卷盖度最大，为20.27%，定名为平盘软地卷+膜地卷群丛。

群丛3：由样点4、32、33、36、41、44共6个样点组成，这组样点海拔在1 077～1 308 m，光照强度较强，空气比较干燥，郁闭度较小，人为干扰也较小，乔木盖度比例及土壤湿度都较高。有灰色大孢蜈蚣衣 Physconia grisea、粗皮石蕊 Cladonia scabriuscula、陀螺亚种 C. gracilis subsp. Turbinata、尖石蕊 C. acuminata、枪石蕊小钻头变型 C. coniocraea f.certodes、角石蕊 C. cornuta、鳞叶石蕊 C. phyllophora、巴尔迪莫皱衣 Flavoparmelia baltimorensis、平坦北极梅 Arctoparmelia separata、雪黄岛衣 Flavocetraria nivalis、土星猫耳衣 Leptogium saturninum、光滑地卷 Peltigera neckeri共12个种，总盖度为33.10%，盖度最大种类是土星猫耳衣，为10.15%，定名为巴尔迪莫皱衣+土星猫耳衣群丛。

群丛4：由样点7、35、46共3个样点组成，该组样点海拔分别为1 271 m、1 118 m、2 015 m，光照强度较弱，空气较干燥，森林郁闭度中等，人为干扰较小，土壤pH值在

7.12～7.48，比较偏中性。主要大型地衣为长根地卷 *Peltigera neopolydactyla*、平盘地卷 *P. horizontalis*、大陆地卷 *P. continentalis*、槽梅衣 *Parmelia sulcata*、粉屑胶衣 *Collema furfuraceum*、枪石蕊 *Cladonia coniocraea*、拟小漏斗石蕊 *C. conista*、尖石蕊 *C. acuminata* 8 种地衣。大型地衣总盖度为28.42%，盖度最大种类是枪石蕊，为11.93%。根据地衣总平均盖度中的两个优势种，该群落定名为枪石蕊+槽梅衣群丛。

4.2.2 地面生大型地衣群落的多样性和相似性

为了确定各地面生群丛之间的差异，计算Shannon-Weiner多样性（H'）、Simpson's多样性（D）和均匀度指数（表4-6）；用Jaccard's相似性对地面生大型地衣群落进行比较（表4-7）。

表4-6 地面生大型地衣群落的多样性和均匀度指数

Table 4-6 The diversity and evenness index of the terricolous macrolichen

群丛 Association	种数 Number of species	Shannon-Wiener多样性指数（H'） Shannon-Wiener diversity index	Simpson's多样性指数（D） Simpson's diversity index	Pielou均匀度指数（J） Pielou evenness
1	4	0.909	0.547	0.656
2	40	3.079	0.932	0.835
3	12	1.645	0.753	0.791
4	8	2.031	0.830	0.817

由表4-6可知，群丛2的H'和D多样性指数最大，分别为3.079和0.932，组成该群丛的样点数最多，该组样点海拔在1 176～2 318 m，土壤pH值在6.52～7.75，由于该群丛样点比较丰富，环境参数之间的差距较大，栖息地环境异质性高，因此，多样性指数比其他样点较高。群丛4的H'和D多样性指数分别为2.031和0.830，其地衣种类数量为8个种；群丛1的H'和D多样性指数最低，分别为0.909和0.547，各样点中分布的大型地衣的种类很少，只有4个种。在实地调查时也发现，种类较多的样点中各地衣种类的分布比较均匀，种数越少的样点越出现物种的集中分布。

表4-7 地面生大型地衣群落的相似性比较

Table 4-7 Comparison of similarity index in different terricolous macrolichen associations

群丛 Association	1	2	3	4
1	0			
2	0.047	0		
3	0.091	0.067	0	
4	0.067	0.155	0.053	0

由表4-7可知，群丛2和群丛4的相似性指数最大，相似性指数为0.155，该群落由样点7、10、12、17、3、46共6个样点组成，其中样点46海拔在2 014 m，其余样点海拔均在1 300 m左右，样点7和样点17空气比较潮湿，其余样点空气干燥，干扰较少，从样点环境特征可以看出，这些样点特征之间有一定的相似性促使同类地衣物种的出现，这两个群丛中大孢蜈蚣衣属和地卷属地衣的分布较多。其次为群丛1和群丛3的相似性指数最高，为0.091，这两个群丛中石蕊属地衣较多并且多是叶状地衣。群丛1和群丛2的相似性指数最低，为0.047，该群落中群丛1由3个样点组成，群丛2由12个样点组成，由于两个群丛之间样点数量差异较大，分布范围比较广泛，海拔高度、空气湿度及光照强度等环境因素不同，促成了丰富的物种多样性，并导致两个群丛之间地衣种类相似性很低。

4.2.3 地面生大型地衣物种分布与环境因子的关系

为了确定影响地面生大型地衣物种分布的环境因子，对50种地面生大型地衣与环境参数数据进行了典范对应分析，CCA排序结果见图4-3。

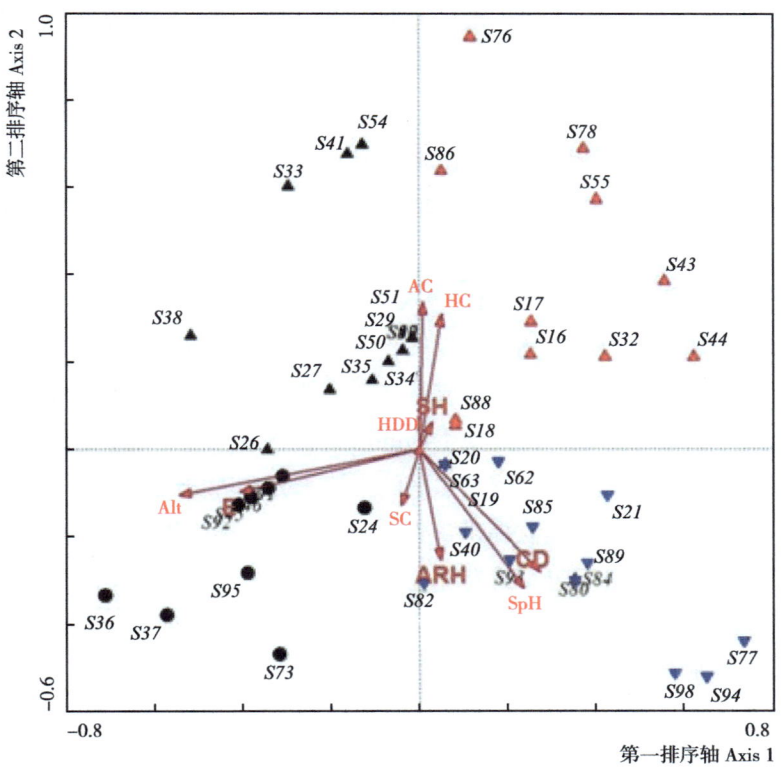

图4-3　地面生大型地衣与环境因子的CCA排序

Figure 4-3　CCA analysis between terricolous macrolichens and environmental factors

CCA结果显示，第一象限包括7个样点和11个地面生大型地衣，其分布与乔木盖度（AC）、草本层盖度（HC）和土壤湿度（SH）有关，其中裂芽地卷 *Peltigera praetextata*

（S88）和伴藓大孢衣原变型 Physconia muscigena f. muscigena（S18）分布在土壤湿度较高的地带。第二象限由4个样点和12个种组成，而其分布很少受到该区环境因子的影响。第三象限包括7个样点和10种大型地衣，其分布主要与海拔（Alt）、光照强度（E）及灌木盖度（SC）相关，其中亚鳞石蕊 Cladonia subsquamosa（S45）、鳞片石蕊 C. squamosa（S46）、平盘软地卷 Peltigera elisabethae（S91）、大陆地卷 P. continentalis（S92）、分布与光照强度相关，主要分布在光照强度较高的地带，刚毛雪花衣 Anaptychia setifera（S24）分布于灌木盖度较大的地带。7个样点及15种大型地衣分布在第四象限中，其分布主要受到空气相对湿度（ARH）、土壤pH（SpH）及森林郁闭度（CD）的影响，其中粉屑胶衣 Collema furfuraceum（S82）分布在空气相对湿度较高的区域，大陆地卷 Peltigera continentalis（S92）分布在土壤pH值较高的地带，朝鲜黄梅 Xanthoparmelia coreana（S19）、荒漠黄梅 X. desertorum（S62）、伴藓大孢衣瘤状变型 Physconia muscigena f. squarrosa（S20）、美洲大孢衣 P. americana（S63）均分布在郁闭度较低的地带。

在CCA排序图中与第一排序轴相关性最大的是草本盖度、土壤pH、森林郁闭度，其次是土壤湿度和空气湿度，而海拔高度、光照强度等与第一排序轴呈较大的负相关。与第二排序轴相关性较大的是乔木盖度、海拔高度、光照强度和灌木盖度等，相对湿度、郁闭度、土壤pH与第二排序轴呈负相关。综上所述，巴尔鲁克山国家级自然保护区地面生大型地衣种类的分布与森林郁闭度、土壤pH、空气湿度、乔木盖度、草本盖度等有关，土壤湿度、人为干扰等对低海拔地区地衣种的分布有一定影响，灌木盖度对地面生地衣的影响不显著。

地面生地衣，特别是叶状和鳞片状等大型地衣，与苔藓植物、藻类和蓝藻等其他土壤生物群形成密切联系，并构成生物土壤结皮。它们大部分分布在干旱和半干旱区域[21]。地面生地衣作为陆地生物多样性的主要成员之一，能够生存在其他高等植物不易定植的气候干旱、养分贫乏、碱性土壤中，其在生物群落演替、改善微生境、促进物质循环、保持水分等方面起着重要作用、这种比较高水平的土壤水分和养分最终有利于小规模景观的发展，以及为维管束植物发芽和建立提供条件[22]。同时地面生地衣群落多样性、种类组成等对栖息地环境的变化做出反应，具有环境指示作用。国外已有以地面生地衣群落参数作为指标评价环境质量方面的研究[23-24]。因此，深入研究影响地面生地衣物种分布的环境因子，在有效保护地面生地衣多样性方面具有重要意义。

根据巴尔鲁克山国家级自然保护区分布的地面生大型地衣种类进行TWINSPAN和DCA分析，把地面生大型地衣种类划分为枪石蕊+槽穗衣群丛、巴尔迪莫皱衣+土星猫耳衣群丛、平盘软地卷+膜地卷群丛、灰色大孢蜈蚣衣+伴藓大孢衣群丛4个群丛。群丛的多样性指数和相似性指数显示，群丛2和群丛4的相似性指数最大，相似性指数为0.155。群丛2的Shannon-Wiener和Simpson's多样性指数最大，分别为3.079和0.931。国外有关地面生地衣群落的研究表明，土壤pH值与地衣物种覆盖率显著相关，这与其他干旱环境的研究结果一致[21-23]。Gheza等对意大利北部干旱草原的地面生地衣群落研究时发现，地面生地衣种类的分布与土壤pH、光照强度、富营养化的影响等环境因素的关系较密切[24]。艾尼瓦尔·吐米尔等研究阿尔泰山两河源自然保护区地面生地衣群落时发现，地面生地衣的分布与海拔、森林冠层郁闭度、土壤湿度因素有关[20]。田亚楠对博格达山地区研究时指出，该地区地面生地衣的分布受到森林植被郁闭度、人为干扰、光照强度的影响，而地表植被盖度和土壤pH等因素的影响不大[7]。本研究显示，巴尔鲁克山国家级自然保护区地面生大型地衣种类的分布与森林郁闭度、土壤pH、空气湿度、乔木盖度、草本盖度等有关，土壤湿度、人为干扰等对低海拔地区地衣种的分布有一定影响，灌木的盖度对地面生地衣的影响不显著。

4.3 树附生大型地衣群落特征

4.3.1 树附生大型地衣群落数量分类

根据TWINSPAN和DCA分析结果，31个样点的树附生大型地衣种类被划分为5个地衣群丛，见图4-4和图4-5。

群丛1：由12、31两个样点组成，该样点海拔在2 165～2 201 m，光强度较弱，森林郁闭度较大。主要大型地衣有矮石蕊 *Cladonia humilis*（S26）、粉石蕊 *C. fimbriata*（S27）、斜漏斗石蕊 *C. cenotea*（S40）、枪石蕊小钻头变型 *C. coniocraea f.certodes*（S41）、微糙褐梅 *Melanelia exasperatula*（S64）、皱黄星点衣 *Flavopunctelia flaventior*（S70）、亚花松萝 *Usnea subfloridana*（S72）共7个种，总盖度为20.94%，其中亚花松萝盖度最高，为8.75%，该群落定名为亚花松萝+矮石蕊群丛。

群丛2：由样点1、2、3、4、6、7、8、9、11共9个样点组成，其中样点15分布在海拔2 081 m，其余的样点基本分布在海拔1 174～1 396 m的植被带，样点的森林郁闭度中等，光照强度较弱，树皮较粗糙。主要大型地衣为蜈蚣衣 *Physcia stellaris*（S1）、蓝灰蜈蚣衣 *P. caesia*（S6）、珊瑚芽蜈蚣衣 *P. clementi*（S7）、糙蜈蚣衣 *P. tribacia*（S8）、白粉蜈蚣衣 *P. biziana*（S9）、矮石蕊 *Cladonia humilis*（S26）、粗皮石蕊 *C. scabriuscula*（S32）、假杯点山褐衣 *Montanelia disjuncta*（S66）、亚石胶衣 *Collema subflaccidum*（S81）等26种大型地衣，总盖度为54.95%，其中蜈蚣衣盖度最大，为8.62%，该群落定名为蜈蚣衣+蓝灰蜈蚣衣群丛。

群丛3：由样点5、13、14、15、16、17、18、19、20、21、22、23、24、26共14个样点组成。这些样点分布在海拔1 093～1 286 m的植被带，因为森林郁闭度较高，导致射入森林下层的光照减少，因此，比较适合大型地衣的分布。该群丛分布的大型地衣包括蜈蚣衣 *Physcia stellaris*（S1）、斑面蜈蚣衣 *P. aipolia*（S2）、对开蜈蚣衣 *P. dimidiata*（S4）、疑蜈蚣衣 *P. dubia*（S5）、蓝灰蜈蚣衣 *P. caesia*（S6）、白粉蜈蚣衣 *P. biziana*（S9）、

圆叶黑蜈蚣衣 *Phaeophyscia orbicularis*（S10）、毛边雪花衣 *Anaptychia ciliaris*（S23）、刚毛雪花衣 *A. setifera*（S24）、中国树花 *Ramalina sinensis*（S47）、刺小孢发 *Bryoria confusa*（S49）、巧褐梅 *Melanelia incolorata*（S68）、小皿叶 *Normandina pulchella*（S107）共14种，总盖度为115.76%，斑面蜈蚣衣盖度最高，为59.80%，该群落定名为蜈蚣衣+斑面蜈蚣衣群丛。

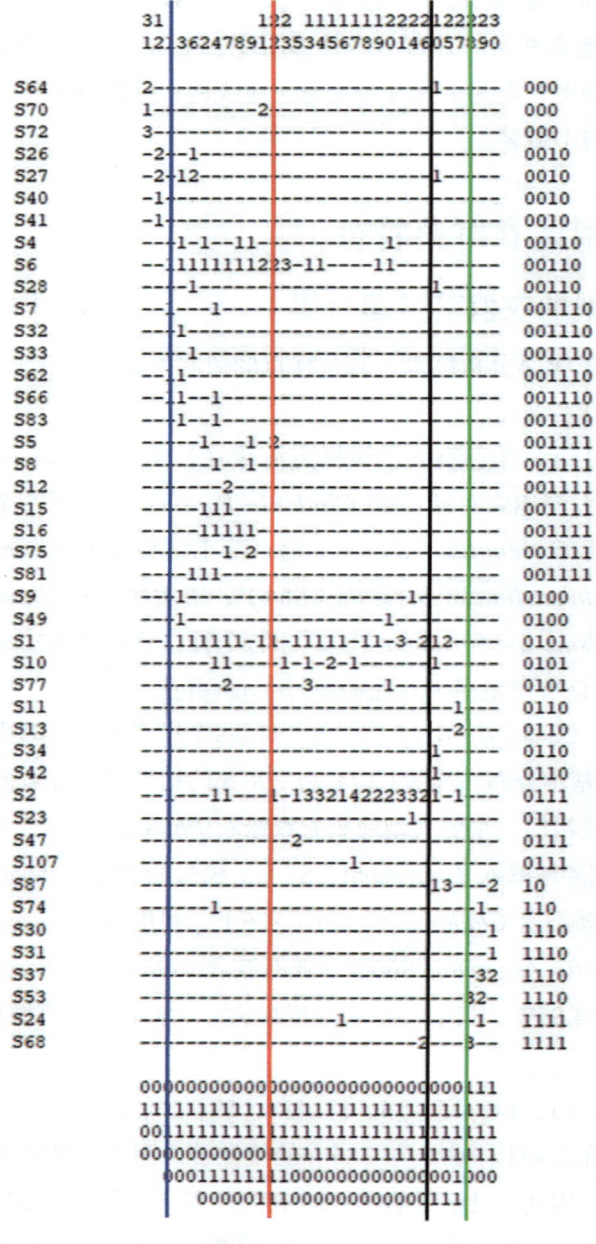

图4-4　树附生大型地衣TWINSPAN分类矩阵

Figure 4-4　TWINSPAN analysis of epiphytic macrolichens

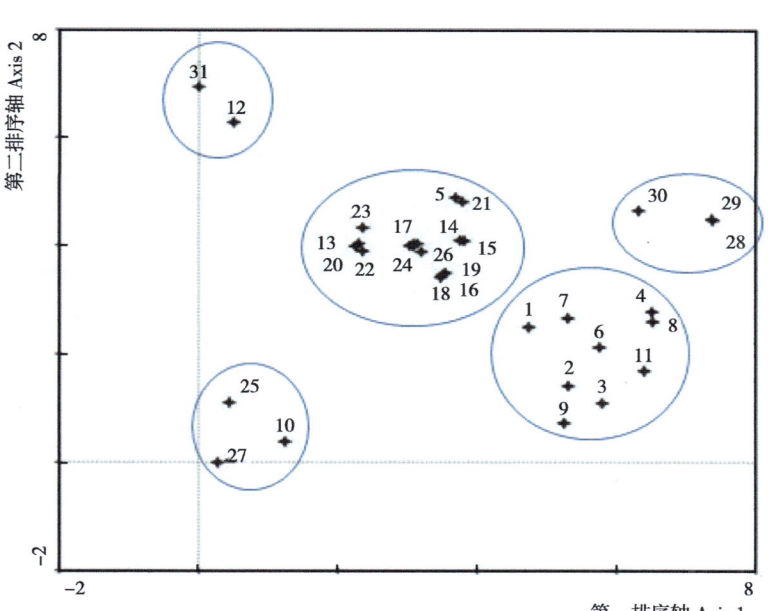

图4-5 树附生大型地衣的除趋势对应排序

Figure 4-5　DCA ordination diagram of epiphytic macrolichens

群丛4：由样点10、25、27共3个样点组成，这些样点树干方向为北向和东向，光照强度较弱，树皮粗糙。主要的树附生大型地衣有蜈蚣衣 *Physcia stellaris*（S1）、斑面蜈蚣衣 *P. aipolia*（S2）、圆叶黑蜈蚣衣 *Phaeophyscia orbicularis*（S10）、密集黑蜈蚣衣 *P. constipata*（S11）、毛边黑蜈蚣衣 *P. hispidula*（S13）、粉石蕊 *Cladonia fimbriata*（S27）、长石蕊 *C. ecmocyna*（S28）、喇叭石蕊 *C. pyxidata*（S34）、枪石蕊截顶变型 *C. coniocraea f.truncata*（S42）、微糙褐梅 *Melanelia exasperatula*（S64）、软地卷 *Peltigera malacea*（S87），总覆盖度为22.46%，其中软地卷盖度最大，为8.62%，以树附生大型地衣总平均盖度中选盖度最大的两个种，定名为软地卷+蜈蚣衣群丛。

群丛5：由样点28、29、30共3个样点组成，这些样点光照强度较强，空气相对干燥，树干方向为南向和西向，郁闭度小，干扰强度也较小，胸径大小为145～163 cm，树皮粗糙。主要大型地衣为刚毛雪花衣 *Anaptychia setifera*（S24）、尖头石蕊 *Cladonia subulata*（S30）黄绿石蕊 *C. ochrochlora*（S31）、枪石蕊 *C. coniocraea*（S37）、裂芽黄髓梅 *Myelochroa obsessa*（S53）、巧褐梅 *Melanelia incolorata*（S68）、拟扁枝衣 *Pseudevernia furfuracea*（S74）、软地卷 *Peltigera malacea*（S87）8种，总盖度为41.05%，裂芽黄髓梅盖度最高，为13.12%，该群落定名为裂芽黄髓梅+枪石蕊群丛。

4.3.2　树附生大型地衣群落多样性和相似性

树附生大型地衣群丛的Shannon-Weiner多样性（H'）、Simpson's多样性（D）、均匀度指数和Jaccard's相似性见表4-8和表4-9。

表4-8 树附生大型地衣群丛多样性和均匀度指数

Table 4-8 The diversity and evenness index of the epiphytic macrolichen

群丛 Association	种数 Number of species	Shannon-Wiener多样性指数（H'） Shannon-Wiener diversity index	Simpson's多样性指数（D） Simpson's diversity index	Pielou均匀度指数（J） Pielou evenness
1	7	1.619	0.751	0.832
2	26	2.923	0.934	0.897
3	14	1.640	0.689	0.621
4	11	1.805	0.777	0.753
5	8	1.627	0.764	0.782

由表4-8可知，群丛2的H'和D多样性指数最大，分别为2.923和0.934，群丛2包括9个样点，这些样点分布的海拔范围比较广，树干上地衣方向为南向、北向及东向等多种方向，光照强度中等，森林郁闭度较小，因此，该群落包括了26种不同的大型地衣物种，多样性指数比较高。其次是群丛4的H'和D多样性指数最高，为1.805和0.777。群丛3的H'和D多样性指数最低，为1.640和0.689。各群丛中地衣分布相对均匀，在这之中群丛2的均匀度最高，均匀度指数为0.897，这是由于巴尔鲁克山林分结构复杂，面积大，能为附生地衣提供多种栖息环境。因此，在资源丰富的森林中，树附生大型地衣种间很少出现强烈的竞争，而是形成资源共享的共存模式，提高了地衣群落的稳定性。

由表4-9可知，群丛2和群丛3的相似性指数最大，相似性指数为0.250，其中群丛2：由9个样点组成，这些样中除了样点15海拔2 081 m之外，其他样点海拔均在1 174～1 396 m，树干方向为南向、北向及东向，光照强度中等，森林郁闭度较小；群丛3由14个样点组成，这些样点中除了样点20和样点21海拔高度在1 598 m、1 855 m之外，其他12个样点海拔均在1 093～1 286 m，光照强度较弱，森林郁闭度较大，干扰较小，虽然两个群落包括的样点数量比较多，但是部分样点的海拔、空气湿度等方面有相似性，

表4-9 树附生大型地衣群丛的相似性指数

Table 4-9 The similarity index between epiphytic macrolichen lichen association

群丛 Association	1	2	3	4	5
1	1.000				
2	0.100	1.000			
3	0.000	0.250	1.000		
4	0.125	0.088	0.086	1.000	
5	0.000	0.000	0.047	0.055	1.000

因此，出现相似性较高的地衣物种。其次是群落1和群落4的相似性指数最高，为0.125；群丛3和群丛5相似性指数最低，为0.047，两个群落样点数量差距比较大，样点3由14个样点组成，光照强度较弱，森林郁闭度较大，干扰较小，而群丛落5由3个样点组成，这些样点光照强度较强，空气相对干燥，森林郁闭度小，因此，两个群落之间出现了相似性很低的一些地衣物种。

4.3.3 树附生大型地衣物种分布与环境因子的关系

树附生大型地衣物种分布与环境因子的CCA排序见图4-6。从图4-6得知，在第一象限包括8个树附生大型地衣，其中微糙褐梅 *Melanelia exasperatula*（S64）、皱黄星点衣 *Flavopunctelia flaventior*（S70）分布在海拔高度较高的树上，而毛边雪花衣 *Anaptychia ciliari*（S23）分布在海拔较低的树上，矮石蕊 *Cladonia humilis*（S26）、粉石蕊 *C. fimbriata*（S27）、长石蕊 *C. ecmocyna*（S28）这些物种分布在人为干扰较大的区域。

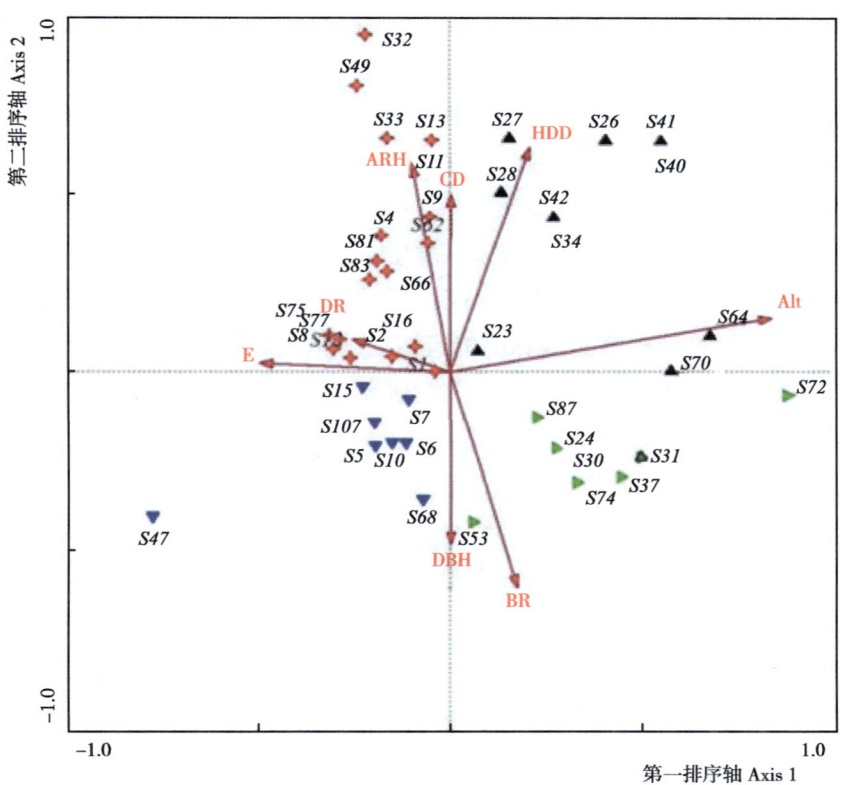

图4-6　树附生大型地衣分布与8种环境因子的CCA排序

Figure 4-6　CCA analysis between epiphytic macrolichens and 8 environmental factors

注：Alt-海拔，E-光照强度，ARH-空气相对湿度，DR-树干方向，CD-郁闭度，HDD-干扰强度，DBH-胸径大小，BR-树皮粗糙度。

第二象限包括9个样点，18个种，其中密集黑蜈蚣衣 Phaeophyscia constipata（S11）、毛边黑蜈蚣衣 P. hispidula（S13）、陀螺亚种 C. gracilis subsp. turbinata（S33）分布与空气相对湿度呈正相关，蜈蚣衣 Physcia stellaris（S1）分布与海拔高度呈负相关，分布在低海拔区域，糙蜈蚣衣 P. tribacia（S8）、粉缘黑蜈蚣衣 P. limbata（S12）、长芽黑尔衣 Melanohalea elegantula（S75）分布与树干方向呈正相关。

第三象限有11个样点和珊瑚芽蜈蚣衣 P. clementi（S7）、甘肃大孢蜈蚣衣 Physconia kansuensis（S15）、小皿叶 Normandina pulchella（S107）等8个大型地衣物种，这些物种的分布很少受到海拔高度、湿度等因素的影响。

第四象限包括4个样点，7个种，其中裂芽黄髓梅 Myelochroa obsessa（S53）分布于胸径比较大的树，而其他物种的分布对栖息地环境因子的要求不高。

由图4-6可见，与第一排序轴相关性最大的是海拔高度和人为干扰，为正相关；与树干方向和光照强度呈负相关。人为干扰、空气相对湿度和森林郁闭度等变量与第二排序轴的相关性较大，呈正相关。与胸径大小和树皮粗糙度呈负相关。综上所述，研究结果表明，巴尔鲁克山国家级自然保护区海拔高度、人为干扰、空气相对湿度和森林郁闭度等环境变量在树附生大型地衣的分布与群落多样性的维持方面具有重要作用，树干方向、胸径大光强度、树皮粗糙度的影响不显著。

附生地衣在森林生态系统中起着重要生态作用。而附生地衣对森林生物量贡献的估计中主要考虑枝状和叶状物种[25]。在许多森林生态系统中，附生地衣主要生长在树枝和树干上。树附生地衣在促进和改善森林生态系统水分和养分循环方面起着重要作用[26-30]，并且树附生地衣多样性能够指示森林的健康情况、体现保护和管理水平、体现受人为干扰的程度、反映环境质量的变化等[25]。同时研究各类环境变量与树附生地衣间的相互关系，为深入了解森林生态系统稳定性和受干扰状况，进一步加强森林保护、合理调整树种和林分结构等提供可参考的数据。因此，通过对树附生大型地衣群落数量分类和排序，可以更好地揭示地衣物种、地衣群落与环境之间的生态关系[26-27]。

本研究根据多元分析结果，把分布在巴尔鲁克山国家级自然保护区的树附生大型地衣种类划分为软地卷+蜈蚣衣群丛、蜈蚣衣+蓝灰蜈蚣衣群丛、裂芽黄髓梅+枪石蕊群丛、蜈蚣衣+斑面蜈蚣衣群丛和亚花松萝+矮石蕊群丛等5个群丛，同时对群丛的多样性和相似性进行了分析。结果显示，群丛2和群丛3的相似性指数最大，相似性指数为0.250；群丛2的Shannon-Wiener和Simpson's多样性指数最大，分别为2.923和0.934。CCA排序显示，人为干扰、海拔高度、森林郁闭度和空气相对湿度等自然和人为因素影响树附生大型地衣的种类组成及群落的构建，而树皮粗糙度对附生大型地衣分布的影响不大，其中27种大型地衣对这些环境因素的变化比较敏感，并且根据物种不同而呈现出对环境因子梯度的不同趋向，虽然有18种大型地衣对这些生态因素的变化不太敏感，但仍表现出具有物种特异性的生态偏好。本研究结果与Arseneau等研究结果一致，胸径大小与树上生物量呈正比关系[26]。此外，Fritz和Jüriado等研究表明，树附生地衣覆盖率和光照有效性之间存在正相关关系，地衣丰富度也受光照可用性的控制[27-28]。对于人为干扰来讲，人类的影响缩小了森林斑块的规模，森林结构的这种变化可能会降低敏感物种多样性和减少群落遗传多样性，同时也对地衣附生物组成和丰富度产生更广泛的影响[31]。Li等在云南亚热带森林研究大型地衣多样性时发现，树附生地衣的物种组成和物种多样性与宿主树的种类、森林层、郁闭度和树木大小等有关。因此认为，提高森林异质环境，增加树种和林分类型有助于提高附生地衣多样性并维持群落的稳定性[29]。李英英等对常绿矮林的研究显示，森林中附生地衣的分布、盖度与宿主优势度和胸径大小呈正相关性；光照强度是影响树附生地衣分布的主要因素[30]。艾尼瓦尔·吐米尔和买吾拉江·衣沙克等在新疆博格达山区、乌鲁木齐南部山区、阿尔泰山两河源自然保护区对树附生地衣群落进行研究时发现，这些地区附生地衣的种类多样性、分布格局主要与海拔、人为干扰、郁闭度、胸径等因素有关[19]。本研究结果与新疆不同区域研究结果基本一致。因此，为了保护及提高巴尔鲁克山树附生地衣物种多样性，可以适当增加树木种类来丰富林分结构，提高森林湿度和郁闭度，适度降低光照强度，此外，后续可进一步研究树附生地衣和森林类型之间的关系，从而增强森林植被保护措施，丰富森林结构多样性及生态系统的稳定性。

4.4 岩面生大型地衣群落特征

4.4.1 岩面生大型地衣群落数量分类

基于TWINSPAN和DCA分析结果，将29个样点中的岩面生大型地衣划分为5个地衣群丛，见图4-7和图4-8。

群丛1：包括样点4、9、23、26，这些样点海拔1 098～1 380 m，较干燥且光照强度中等，人为干扰较少，坡向为西北向、西向和东北向，岩石大小50～250 cm且岩石pH值为7.23～7.48，比较中性。主要分布大型地衣有异白点蜈蚣衣 *Physcia phaea*（S3）、疑蜈蚣衣 *P. dubia*（S5）、蓝灰蜈蚣衣 *P. caesia*（S6）、甘肃大孢蜈蚣衣 *Physconia kansuensis*（S15）、石生树花 *Ramalina intermedia*（S48）、怀俄明黄梅 *Xanthoparmelia wyomingica*（S57）、菊叶黄梅 *X. somloensis*（S60）、短绒皮果衣 *Dermatocarpon vellereum*（S100）、皮果衣 *D. miniatum*（S101）、皮果衣原变种 *D. var. miniatum*（S103）、皮果衣重叠瓣变种 *D. var. complicatum*（S105）、长根皮果衣 *D. moulinsii*（S106）、淡肤根石耳 *Umbilicaria virginis*（S110）13个种，总盖度为55.85%，其中皮果衣重叠瓣变种盖度最大，为26.40%，以地衣总平均盖度中的盖度优势种，定名为长根皮果衣+皮果衣原变种+*Dermatocarpon arnoldianum* Degel.群丛。

群丛2：包括样点11、14、25，该组样点中样点11海拔2 081 m，样点14和样点25海拔分别为1 184 m、1 103 m，光照强度弱，人为干扰较少。主要分布的大型地衣有蓝灰

蜈蚣衣 *Physcia caesia*（S6）、哑铃孢 *Heterodermia speciosa*（S25）、茸褐梅 *Melanelia glabra*（S67）、短绒皮果衣 *Dermatocarpon vellereum*（S100）、多盘石耳 *Umbilicaria proboscidea*（S109）、淡肤根石耳 *U. virginis*（S110）6种，总盖度为30.35%，其中淡肤根石耳盖度最大12.50%，定名为淡肤根石耳+蓝灰蜈蚣衣群丛。

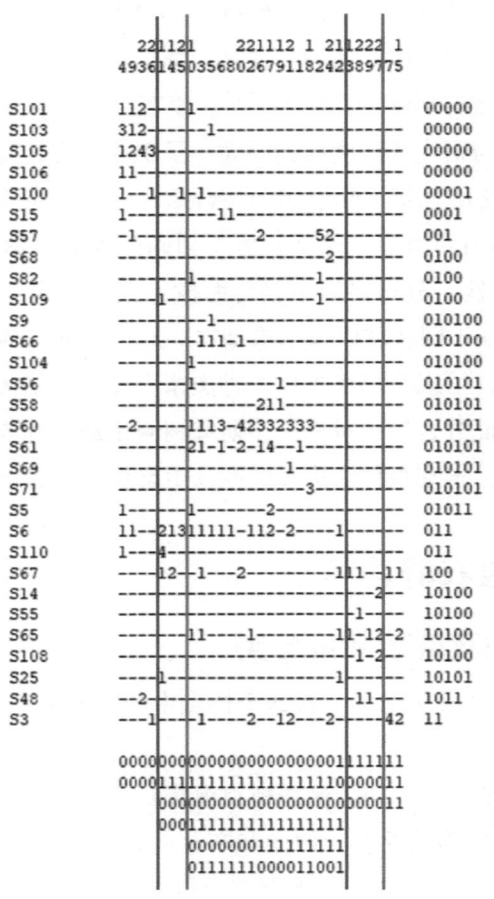

图4-7　岩面生大型地衣TWINSPAN分类结果矩阵

Figure 4-7　TWINSPAN analysis of saxicolous macrolichens

群丛3：包括1、2、3、5、6、8、10、12、16、17、18、19、20、21、22、24共16个样点，这组样点海拔为969~1 396 m，光照强度较强，岩面pH值为7左右，偏碱性，岩石风化程度中等，人为干扰较少。主要分布有异白点蜈蚣衣 *Physcia phaea*（S3）、疑蜈蚣衣 *P. dubia*（S5）、蓝灰蜈蚣衣 *P. caesia*（S6）、白粉蜈蚣衣 *P. biziana*（S9）、甘肃大孢蜈蚣衣 *Physconia kansuensis*（S15）、哑铃孢 *Heterodermia speciosa*（S25）、淡腹黄梅 *Xanthoparmelia mexicana*（S56）、怀俄明黄梅 *X. wyomingica*（S57）、北美黄梅 *X. viriduloumbrina*（S58）、菊叶黄梅 *X. somloensis*（S60）、杜瑞氏黄梅 *X. durietzii*（S61），暗褐衣 *Melanelia stygia*（S65）、茸褐梅 *M. glabra*（S67）、巧褐梅 *M. incolorata*

（S68）、毡褐梅 *M. pannifomis*（S69）、假杯点山褐衣 *Montanelia disjuncta*（S66）、亚花松萝 *Usnea subfloridana*（S71）、粉屑胶衣 *Collema furfuraceum*（S82）、短绒皮果衣 *Dermatocarpon vellereum*（S100）、皮果衣原变种 *D. var. miniatum*（S103）、多盘石耳 *Umbilicaria proboscidea*（S109）21种，总盖度为169.42%，其中菊叶黄梅盖度最大，为57.90%，定名为菊叶黄梅+怀俄明黄梅群丛。

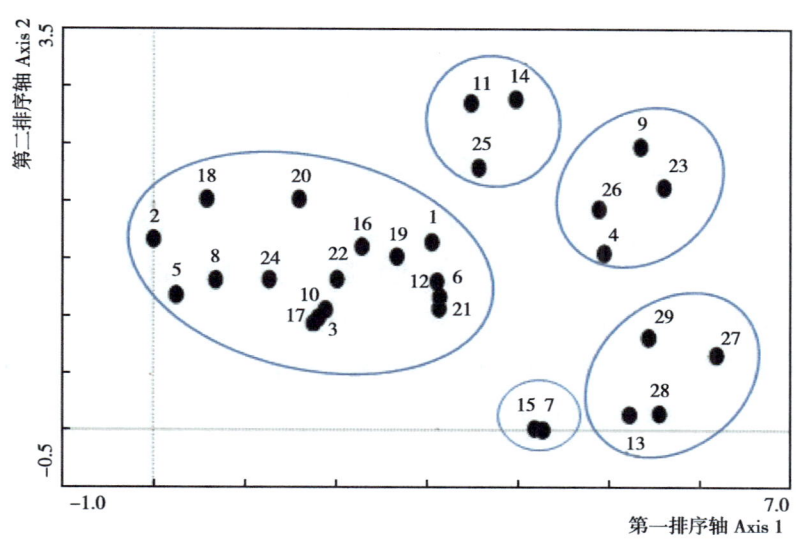

图4-8　29个岩面生大型地衣样点除趋势对应排序

Figure 4-8　DCA ordination diagram of analysis saxicolous macrolichens in 29 plots

群丛4：包括样点13、27、28、29，这组样点中除了样点29海拔为2 015 m以外，其他3个样点海拔在1 121～1 173 m，空气比较干燥，光照强度中等，人为干扰较大，岩石风蚀比较重，岩石pH值在7.05～7.25。主要大型地衣为睫毛黑蜈蚣衣 *Phaeophyscia ciliata*（S14）、石生树花 *Ramalina intermedia*（S48）、平坦北极梅 *Arctoparmelia separata*（S55）、暗褐衣 *Melanelia stygia*（S65）、茸褐梅 *M. glabra*（S67）、翅白角衣 *Siphula pteruloides*（S108）6种，总盖度为15.19%，其中翅白角衣盖度最大，为4.29%，定名为翅白角衣+睫毛黑蜈蚣衣群丛。

群丛5：由样点7、15组成，这组样点海拔分别为1 271 m、1 286 m，岩石风蚀程度中度，坡向为南向和东向，人为干扰较少，岩石大小均大于250 cm。主要有异白点蜈蚣衣 *Physcia phaea*（S3）、暗褐衣 *Melanelia stygia*（S65）、茸褐梅 *M.glabra*（S67）3个种，总盖度为22.16%，其中异白点蜈蚣衣盖度最大，为17.29%，定名为异白点蜈蚣衣+暗褐衣群丛。

4.4.2　岩面生大型地衣群落多样性和相似性

各群丛的Shannon-Weiner多样性、Simpson's多样性、Pielou均匀度指数和Jaccard's相似性见表4-10和表4-11。

表4-10 岩面生大型地衣群丛多样性和均匀度指数

Table 4-10 Diversity and evenness index of the saxicolous macrolichen community

群丛 Association	种数 Number of species	Shannon-Wiener多样性指数（H'） Shannon-Wiener diversity index	Simpson's多样性指数（D） Simpson's diversity index	Pielou均匀度指数（J） Pielou evenness
1	10	1.938	0.810	0.900
2	4	0.984	0.534	0.712
3	22	2.083	0.811	0.849
4	5	1.478	0.750	0.938
5	3	0.678	0.367	0.550

由表4-10可知，群丛3的H'和D多样性指数最大，分别为2.083和0.811，组成该群落的样点数最多，海拔为969～1396 m，光照强度较强，岩面pH值在6.88～7.81，岩石风化程度中等，人为干扰较少。其次，第一群丛的H'和D多样性指数分别为1.938和0.810，呈现出较高的多样性水平。群丛5的两个指标则处于最低水平，其多样性指数为0.678和0.367。此外，群丛5的均匀度最低，为0.550，而其余群丛的均匀度较为接近，表明物种分布的均匀性较高。

表4-11 岩面生大型地衣群丛相似性指数

Table 4-11 Similarity index of the saxicolous macrolichen lichen community

群丛 Association	1	2	3	4	5
1	1				
2	0.167	1			
3	0.391	0.182	1		
4	0.000	0.125	0.080	1	
5	0.083	0.167	0.136	0.333	1

从表4-11可以看出，在巴尔鲁克山国家级自然保护区岩面生大型地衣群丛中，群丛1和群丛3的相似性最高为0.391，组成该群丛的地衣分布在光照强度较强、岩石风化程度中等、较干燥的环境。其次为群丛4和群丛5的相似性指数最高，为0.333。而群丛1和群丛4的相似性指数最低，为0。这表明该保护区岩面生大型地衣种类随着海拔高度的变化，地衣群落的物种组成有明显差异，这与不同海拔高度的植被带、郁闭度、干扰强度、空气湿度及岩石的风化程度等不同微环境条件有着紧密的关系。

4.4.3 岩面生大型地衣物种分布与环境因子的关系

30种岩面生大型地衣种类与9种环境因子间的CCA排序见图4-9。排序结果显示，位于第一象限的6种大型地衣分布主要受到岩石坡向、岩石风蚀程度的影响，其中怀俄明黄梅

Xanthoparmelia wyomingica（S57）、粉屑胶衣 *Collema furfuraceum*（S82）分布与岩石坡向相关性较大，而长根皮果衣 *Dermatocarpon moulinsii*（S106）分布在风蚀程度较低的岩石。第二象限包括8个物种，该象限分布的大型地衣主要受到光照强度、岩石坡度、海拔高度及人为干扰的影响，其中翅白角衣 *Siphula pteruloides*（S108）分布在人为干扰较大的岩石上，哑铃孢 *Heterodermia speciosa*（S25）分布与岩石坡度有相关性，而异白点蜈蚣衣 *Physcia phaea*（S3）、茸褐梅 *Melanelia glabra*（S67）分布在光照强度较低的岩石上。第三象限分布的菊叶黄梅 *Xanthoparmelia somloensis*（S60）、毡褐梅 *Melanelia panniformis*（S69）等物种受岩石pH的影响。位于第四象限的5个大型地衣分布在较低海拔的样点中，其分布与岩石的pH有一定的负相关关系。

从CCA排序图可见，坡向、岩石的风蚀程度与第一排序轴呈正相关关系，海拔、坡度、光照强度、空气湿度和干扰与第一排序轴呈负相关关系。与第二排序轴呈正相关性的是海拔高度、光照强度、人为干扰、坡度等，岩石pH等与第二排序轴呈负相关关系。综上所述，在巴尔鲁克山国家级自然保护区岩面生大型地衣分布方面，除了岩石pH的影响不显著外，其他7种环境变量都影响地衣的分布。

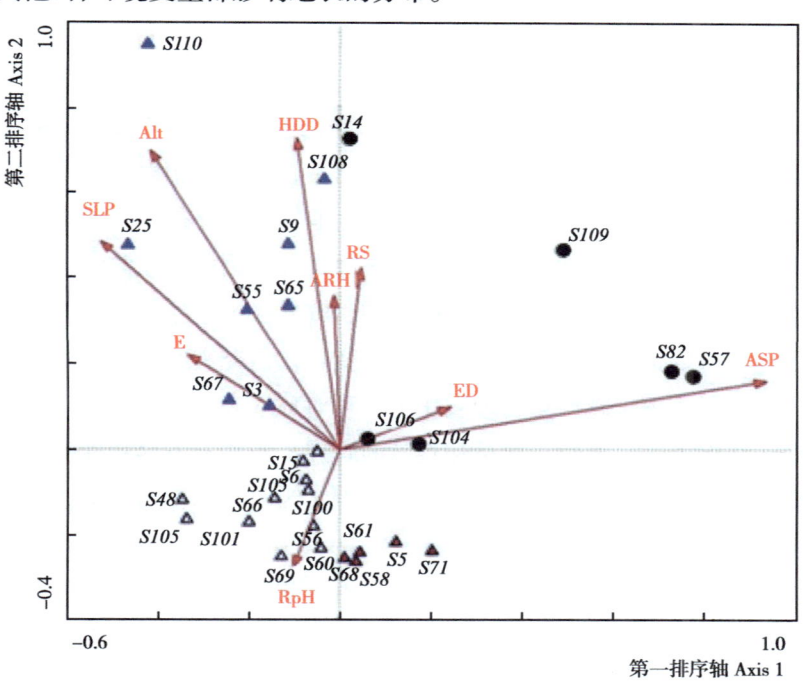

图4-9　岩面生大型地衣与环境因子的典范对应分析（CCA）排序

Figure 4-9　CCA analysis between saxiclous macrolichens and environmental factors

注：Alt-海拔，E-光强度，ARH-空气相对湿度，SLP-坡度，ED-风蚀程度，HDD-干扰强度，RpH-岩石pH，ASP-坡向，RS-岩石大小。

岩面生地衣作为植物群落演替早期出现的先锋者，在形成土壤层、改善岩石表面微环境，以及促进其他植物种类的侵入、栖居、形成种群和群落、植物群落的演替等方面具有不可低估的作用[32-34]。另外，对岩面生地衣的研究表明，海拔、坡度、郁闭度、岩石成分、积雪等因素都可能会影响岩面生地衣群落的物种组成及种类的分布模式[32-34]。因此，查明影响岩面生地衣物种分布的环境因子可为进一步研究岩面生地衣群落构建规律和物种多样性的维持机制方面提供可参考的数据和资料。

根据TWINSPAN和DCA分析结果，本研究把分布在保护区的岩面生大型地衣分为5个群丛，分析了各群丛的多样性、丰富度、均匀度和相似性等参数。结果表明，岩面生大型地衣群丛中，群丛1和群丛3的相似性最高，为0.391。群丛3的Shannon-Wiener和Simpson's多样性指数最大，分别为2.083和0.811。已有文献表明，岩面生地衣的多样性和物种分布与风速、降水、积雪、岩石坡度及太阳辐射强度等因素有关[35]。特别是在高海拔地区低温、风速、太阳辐射强度等因素直接限制陡峭岩石表面岩生地衣群落的形成[36-37]。研究结果显示，分布在巴尔鲁克山不同海拔的岩面生大型地衣在群落种类组成、物种多样性、种类盖度和频度等方面具有显著差异。一般在中高海拔，较开阔的环境中分布的岩石表面，岩面生地衣的种类最多，其功能形状比较丰富。而森林郁闭度较大的林下地面层分布的岩石上主要以大型叶状地衣和枝状地衣分布，种类比较单一。Körner等研究表明，在设计与环境干扰相关的生物监测研究时，应考虑沿海拔梯度的不同地点，并表明地衣在山区更重要，因为环境变量随着海拔高度的变化而变化，导致物种丰富度和组成的改变[38]。同样在本研究中海拔高度对岩面生地衣影响也比较大。根据经纬度的不同，坡度是重要变量，因为两者都决定了太阳辐射量，而太阳辐射量与海拔高度一起影响入射太阳辐射（日射）和蒸散量，从而影响岩面生地衣物种分布与群落构成模式[38-39]。

巴尔鲁克山过渡于天山山脉和阿尔泰山脉之间，北面因受北冰洋湿气的影响比东南部稍湿润，东南部受到盆地荒漠化干热气流的影响，气候极为干旱，适合岩生地衣的分布，因此，岩面生地衣可以指示该地区干旱区气候的变化。研究表明，全球变化对干旱半干旱地区生物多样性的影响越来越严重，地衣作为一种对环境变化敏感的指示生物，其多样性也出现了减少。在保护区，放牧、旅游和森林的管理是影响地衣多样性的主要环境因素。因此，合理管理保护区森林资源，增加树种，减少人为干扰，保留林下朽木数量是提高大型地衣物种多样性的有效途径。

综上所述，本研究认为加强对巴尔鲁克山地衣群落物种组成及分布的定期研究，建立地衣物种多样性数据库，追踪调查地衣多样性和分布区域的变化动态有利于有效保护巴尔鲁克山国家级自然保护区地衣物种多样性。

4.5 朽木生地衣群落特征*

不断强化的森林管理导致森林结构和动态变化的同时，急剧降低了维持森林生物多

* 东北林业大学学报，2024，52（6）：43-50.

样性非常重要的森林结构丰富度。在人工管理森林中，结构丰富度迅速降低的一个重要标志是枯木（朽木）数量的减少[40]。枯木是森林生态系统非常重要的碳库，同时也为多种生物提供栖息地。据估计，枯木占世界碳储量的10%～20%，占欧洲北方森林中所有森林栖息物种的20%～25%。，但目前森林砍伐和人为干扰可使森林中的枯木数量减少高达50%，在北方森林中减少高达98%，而在新热带地区，这部分碳库的减少可能正在增加，森林砍伐率正在加快。因此，人工管理森林中人工增加枯木（朽木）数量有利于减轻林业对生物多样性的负面影响[41-43]。

朽木生地衣是森林生物群落的重要组成部分，食物网的主要成员，有利于促进生态系统物质循环，为其他生物提供栖息地，在改善栖息地微环境等方面具有重要作用。国外有关朽木生地衣多样性与森林结构、树木类型、人工管理等方面已有报道[42-43]。如Svensson等[44]认为森林管理时的中度干扰有利于森林生态系统中朽木生地衣多样性的提高。Nascimbene等[45]在意大利阿尔卑斯山对人工管理和废弃的银岭杉林附生地衣和朽木生地衣进行比较研究时发现，人工管理森林中的朽木生地衣群落是废弃森林中形成多种地衣群落的基础。在国内有关附生地衣群落方面已有不少报道[46-49]，其中朽木生地衣方面艾尼瓦尔·吐米尔等[50]采用DCA排序对天山森林生态系统朽木生地衣生态分布进行了研究。阿孜古丽·玉素甫等[51]首次对乌鲁木齐南部山区朽木生地衣群落进行研究；艾尼瓦尔·吐米尔等[52-53]用多元分析方法定量研究了阿尔泰山两河源自然保护区和托木尔峰国家级自然保护区朽木生地衣的多样性、物种分布与环境因素间的关系。

气候变化、生态环境变化及人类活动是引起全球环境变化的主要原因。近几年来，在全球变化的大背景下，由于自然和人类活动的双重作用，新疆巴尔鲁克山国家级自然保护区生态系统、栖息地环境、生物多样性受到一定的威胁[54-55]。因此，在全球气候变化的背景下研究该保护区生态环境变化与地衣多样性之间的关系，进一步确定地衣多样性分布格局的变化规律等问题具有重要的意义，并引起了有关部门的重视。

目前有关巴尔鲁克山国家级自然保护区地衣方面研究未见报道。因此，对新疆巴尔鲁克山国家级自然保护区朽木生地衣物种多样性及其群落生态学特征的调查和研究，旨在了解巴尔鲁克山国家级自然保护区朽木生地衣的物种资源及群落的基本特征。同时，在有效保护新疆巴尔鲁克山国家级自然保护区地衣多样性，科学评价该地区生态环境变化等方面具有非常重要的理论和实际意义。

4.5.1 朽木生地衣群落研究方法

在保护区托里塔斯特地区不同海拔地带设立20 m×20 m的样点共18个，选择样点内直径大于50 cm的倒木，在倒木正上方和左右两侧，每隔1 m设立面积为20 cm×30 cm的样方框（24个面积5 cm×5 cm的网格），以此辅助估测每种朽木生地衣在样方中的盖度。同时测量并记录海拔高度、经纬度、朽木树种、光照强度、植被郁闭度、朽木湿度、朽木腐蚀度（树皮轻微腐蚀，树干较硬；树皮和树干中度腐蚀，树干柔软；没有树皮，树干腐烂；无树皮，树干完全腐烂，粉末状）、朽木pH等[50-51]。18个样点的环境概况和环境变量的分级见表4-12。对所采集的地衣标本在实验室采用形态解剖观察和显色反应方法进行物种鉴定[52-53]。

表4-12 巴尔鲁克山国家级自然保护区18个样点的环境变量及其等级

Table 4-12 Environmental variables and its degree in 18 sampling points

样点 Sampling points	海拔 Altitude（m）	光照强度 Light intensity	朽木直径 Dead wood Diameter（cm）	朽木湿度 Dead wood humidity（%）	郁闭度 Canopy density	腐蚀度 Decayed degree	朽木pH Dead wood pH
1	1 315	中等	75~100	21~30	中等	2	7.2
2	1 828	中等	100~125	31~40	中等	3	7.3
3	1 337	中等	75~100	干燥	中等	2	6.8
4	1 173	中等	100~125	21~30	较大	3	6.5
5	1 675	中等	125~150	≥50	较大	5	6.5
6	1 799	较弱	125~150	31~40	中等	4	5.2
7	1 842	较弱	125~150	31~40	中等	4	7.2
8	2 198	较弱	125~150	≤10	较大	1	7.4
9	1 925	弱	>150	≥50	较大	5	7.3
10	1 856	弱	50~75	21~30	较大	3	6.9
11	1 121	弱	75~100	21~30	大	3	7.3
12	2 014	较弱	100~125	31~40	中等	4	5.9
13	2 118	较弱	100~125	≥50	中等	4	6.2
14	2 056	中等	100~125	≥50	较大	5	6.6
15	2 080	较弱	125~150	≥50	较小	5	7.3
16	1 768	较弱	125~150	≥50	中等	5	6.9
17	1 960	中等	75~100	31~40	较大	2	7.5
18	2 215	较弱	75~100	21~30	中等	2	6.8

以样点为对象，以朽木生地衣的盖度为指标，20个朽木生地衣种（表4-13）和18个样点构成20×18的矩阵（表4-14），应用双向指示种分析方法（TWINSPAN）和除趋势对应分析法（DCA）进行朽木生地衣群落数值分类[52-53]。采用典范对应分析（CCA）对朽木生地衣种类的分布格局进行分析。TWINSPAN分析、DCA排序和CCA分析的参数设置见文献[56-57]。根据朽木生地衣在样点和群落的盖度，计算朽木生地衣群落的Shannon-Wiener多样性指数、Simpson's多样性指数、Patrick丰富度指数、Pielou均匀度指数、Jaccard's相似性指数，计算方法见文献[56-57]。

表4-13　巴尔鲁克山国家级自然保护区朽木生地衣物种组成

Table 4-13　Saprophytic lichen species in Barluk Mountain National Nature Reserve

编号 Code	种名 Name of species	缩写 Aberration	科名 Name of family	生长型 Growth form
1	同色黄烛衣 Candelaria concolor（J. Dicks.）Arnold	Cancon	黄烛衣科	叶状
2	金黄茶渍 Candelariella aurella（Hoffm.）Zahlbr.	Canaur	黄烛衣科	壳状
3	茎口果粉衣 Cheanotheca stemonea（Ach.）Muell.	Cheste	粉头衣科	壳状
4	喇叭粉石蕊 Cladonia chlorophaea（Flörke ex Sommerf.）Spreng.	Clachl	石蕊科	枝状
5	枪石蕊 Cladonia coniocreae（Flk.）Spreng.	Clacon	石蕊科	枝状
6	分枝石蕊 Cladonia furcate（Huds.）Schrad.	Clafur	石蕊科	枝状
7	矮石蕊 Cladonia humilis（With.）	Clahum	石蕊科	枝状
8	瘦柄红石蕊 Cladonia macilenta Hoffm.	Clamac	石蕊科	枝状
9	莲座石蕊 Cladonia pocillum（Ach.）	Clapoc	石蕊科	枝状
10	喇叭石蕊 Cladonia pyxidate（L.）	Clapyx	石蕊科	枝状
11	藓生双缘衣 Diploschistes muscorum（Scop.）R.Sant	Dipmus	疣孔衣科	壳状
12	袋衣 Hypogymnia physodes（L.）Nyl.	Hypphy	梅衣科	叶状
13	霜降衣 Icmodophila ericetorum（L.）Zahlbr.	Icmeri	霜降衣科	壳状
14	土星猫耳衣 Leptogium saturninum（Dicks.）Nyl.	Lepsat	胶衣科	叶状
15	犬地卷 Peltigera aphthosa（L.）Willd.	Pelaph	地卷科	叶状
16	分指地卷 Peltigera didactyla（With.）J.R.Lound.	Peldid	地卷科	叶状
17	平盘软地卷 Peltigera elisabethae Gyeln.	Peleli	地卷科	叶状
18	膜地卷 Peltigera membranacea（Ach.）Nyl.	Pelmem	地卷科	叶状
19	多指地卷 Peltigera polydactyla（Neck.）Hoffm.	Pelpol	地卷科	叶状
20	地卷 Peltigera rufescens（Weis.）Humb.	Pelruf	地卷科	叶状

表4-14　保护区20种朽木生地衣在18个样点中的相对盖度

Table 4-14　The relative coverage of Saprophytic lichen species in 18 sampling points　　单位：%

样点 Sampling points	树种 Tree species									
	1		2		3		4		5	6
	雪岭云杉	欧洲山杨	雪岭云杉	小叶桦	雪岭云杉	雪岭云杉	欧洲山杨	雪岭云杉	雪岭云杉	苦杨
P1	23.2	3.21	6.21	0	66.35	0	0	0	0	0
P2	0	0	2.28	0	84.51	0	0	4.36	0	0
P3	0	0	0	0	0	0	0	0	12.31	0
P4	72.4	0	111.2	0	128.52	0	0	0	14.25	0
P5	0	0	0	0	0	0	87.34	0	0	0
P6	0	1.23	0	0	0	0	0	73.5	0	2.21

（续表）

样点 Sampling points	树种Tree species											
	1		2		3		4		5		6	
	雪岭云杉	欧洲山杨	雪岭云杉	小叶桦	雪岭云杉	雪岭云杉	欧洲山杨	雪岭云杉	雪岭云杉	苦杨
P7	0	0	84.2	0	0	86.25	0	0	0	3.65
P8	110.5	0	18.21	0	0	112.3	0	0	0	4.51
P9	5.21	0	0	17.54	0	0	0	0	0	0
P10	0	0	0	0	0	0	0	0	0	0
P11	21.1	0	12.31	0	0	0	0	0	0	0
P12	0	0	0	0	0	0	122.5	0	0	0
P13	0	0	0	0	0	0	0	0	0	0
P14	0	0	0	0	0	0	122.21	0	0	0
P15	0	0	0	13.24	0	0	0	0	0	0
P16	0	0	123.1	0	112.8	219.51	0	117.58	0	0
P17	0	0	0	0	0	0	0	0	0	0
P18	141.2	18.54	136.1	0	0	0	0	0	125.6	0
P19	0	0	0	0	125.62	212.3	0	0	0	0
P20	0	0	0	0	0	0	0	0	65.2	0

样点 Sampling points	树种Tree species											
	7		8	9	10		11		12	
	雪岭云杉	欧洲山杨	雪岭云杉	雪岭云杉	雪岭云杉	天山桦	雪岭云杉	白柳	雪岭云杉	天山桦
P1	0	3.21	1.24	0	0	2.21	0	0	0	0
P2	0	0	0	0	0	0	0	0	0	0
P3	0	0	8.74	10.2	0	0	0	0	0	0
P4	114.2	0	0	61.7	0	0	0	0	0	0
P5	0	0	55.24	87.81	0	0	34.25	0	0	0
P6	0	0	0	0	0	13.62	0	0	0	0
P7	0	0	0	0	0	0	0	0	0	0
P8	0	0	0	0	0	0	0	0	0	0
P9	0	0	0	0	0	0	0	0	0	0
P10	0	0	0	0	0	0	0	0	0	0
P11	0	0	0	0	0	0	0	0	0	0
P12	0	0	64.2	42.3	16.8	0	0	0	0	13.54
P13	0	0	0	0	12.21	0	0	0	0	0
P14	81.2	73.57	48.4	63.5	0	0	0	0	0	0
P15	0	0	0	0	0	0	0	0	62.3	80.2

（续表）

样点 Sampling points	树种 Tree species										
	7		8	9	10		11		12	
	雪岭云杉	欧洲山杨	雪岭云杉	雪岭云杉	雪岭云杉	天山桦	雪岭云杉	白柳	雪岭云杉	天山桦
P16	0	0	0	0	0	0	0	0	0	0
P17	0	0	0	0	0	0	28.6	0	0	0
P18	0	0	0	0	75.7	0	0	74.21	25.6	0
P19	0	0	0	0	54.5	62.5	0	43.56	61.3	0
P20	67.85	0	76.47	0	0	0	0	0	0	0

样点 Sampling points	树种 Tree species										
	13		14		15	16		17		18	
	雪岭云杉	欧洲山杨	雪岭云杉	白柳	雪岭云杉	雪岭云杉	黑杨	雪岭云杉	雪岭云杉	天山桦	
P1	0	0	0	3.32	0	0	0	0	0	16.98	
P2	0	0	0	0	0	0	0	0	0	0	
P3	0	0	0	0	0	0	0	0	0	0	
P4	0	0	14.7	0	35.6	0	0	0	0	0	
P5	0	0	7.09	0	10.2	0	0	0	0	0	
P6	0	0	0	0	0	0	0	0	0	10.25	
P7	12.4	0	0	0	0	0	0	0	0	0	
P8	0	0	0	0	0	0	0	0	0	0	
P9	0	0	0	0	10.2	25.6	0	0	0	0	
P10	0	0	23.2	0	11.8	0	0	0	0	0	
P11	0	0	0	0	0	0	13.21	0	0	0	
P12	0	0	0	0	0	0	0	0	0	0	
P13	0	0	0	0	0	0	0	0	0	0	
P14	0	52.31	37.21	0	0	0	0	0	0	0	
P15	65.4	0	0	0	0	18.51	0	10.5	18.4	0	
P16	0	0	0	0	0	0	0	0	0	0	
P17	0	0	0	0	0	12.8	26.54	25.61	22.3	0	
P18	0	0	0	0	0	0	0	0	0	0	
P19	0	0	0	24.57	0	0	0	64.57	0	0	
P20	0	0	0	0	0	0	0	0	0	0	

注：雪岭云杉 *Picea schrenkiana* Fisch. & C. A. Mey.、欧洲山杨 *Populus tremula* L.、小叶桦 *Betula microphylla* Bunge、黑杨 *Populus nigra* Linn.、天山桦 *Betula tianschanica* Ruprecht、白柳 *Salix alba* L.、苦杨 *Populus laurifolia* Ledeb.。

4.5.2 朽木生地衣多样性

在保护区托里塔斯特共鉴定分布在朽木上的地衣20种，隶属于8科9属。其中石蕊科（Cladoniaceae）和地卷科（Peltigeraceae）的种类占优势，分别占该地区朽木生地衣种类总数的35%和30%。朽木生地衣主要由大型地衣组成，其中叶状地衣共9种，占种总数的45%；枝状地衣7种，占地衣种总数的35%；壳状地衣4种，占20%。共生藻为绿藻的地衣有13种，占种总数的65%；蓝绿藻的有7种，占35%。

物种多样性不仅能够反映群落或生境中物种的丰富度和物种分布的均匀度，也反映了不同样点各环境条件与群落的相互关系。为了比较各样点朽木生地衣的物种多样性间的差异，分别计算4种多样性指数和均匀度指数（表4-15）。方差分析结果显示，各样点不同多样性指数间的差异不显著（$F=0.420$，$P>0.05$）；而各不同多样性指数相互间的差异极显著（$F=71.990$，$P<0.01$）。

表4-15　18个样点的多样性和均匀度指数
Table 4-15　Diversity and evenness index in 18 sampling points

样点 Sampling points	Shannon-Wiener多样性指数（H'）Shannon-Wiener diversity index	Patrick丰富度指数（D_P）Patrick abundance index	Simpson's多样性指数（D）Simpson's diversity index	Margalef多样性指数（D_{Ma}）Margalef diversity index	Pielou均匀度指数（J）Pielou evenness index
P1	2.35	7	0.78	1.20	0.84
P2	2.82	10	0.82	1.89	0.85
P3	2.22	5	0.77	0.10	0.95
P4	2.55	7	0.81	1.37	0.91
P5	1.24	3	0.50	0.56	0.78
6P	2.75	9	0.82	1.81	0.87
P7	1.67	4	0.64	0.76	0.84
P8	2.35	6	0.79	1.32	0.92
P9	1.82	5	0.63	0.92	0.78
P10	1.99	6	0.68	1.23	0.77
P11	1.34	4	0.47	0.81	0.67
P12	1.69	4	0.66	0.66	0.85
P13	1.17	3	0.51	0.54	0.74
P14	2.18	6	0.73	1.24	0.84
P15	1.75	4	0.65	0.71	0.87
P16	1.69	4	0.64	0.83	0.85
P17	1.49	3	0.62	0.66	0.94
P18	1.83	4	0.69	0.78	0.92

样点2分布在中高等海拔地区,主要树种有雪岭云杉,郁闭度中等,倒木没有树皮,树干腐烂,朽木含水量在31%~40%,较适合于大型叶状和枝状地衣的分布,所以各多样性指数最大。而样点13和样点5的多样性最低,研究者认为分布在该样点的朽木腐蚀比较严重,水分含量高,因此,对地衣种类的分布有一定影响。

4.5.3 朽木生地衣与朽木树种的关系

调查选取18个样点7个有朽木生地衣分布的树种,共174棵树。在该7个树种中,雪岭云杉86棵,共发现朽木生地衣20种;欧洲山杨35棵,共发现朽木生地衣12种;天山桦10棵,发现朽木生地衣5种;小叶桦13棵,发现朽木生地衣4种;白柳20棵,发现朽木生地衣5种;其余黑杨和苦杨各5棵,发现朽木生地衣分别为2种和3种(图4-10)。

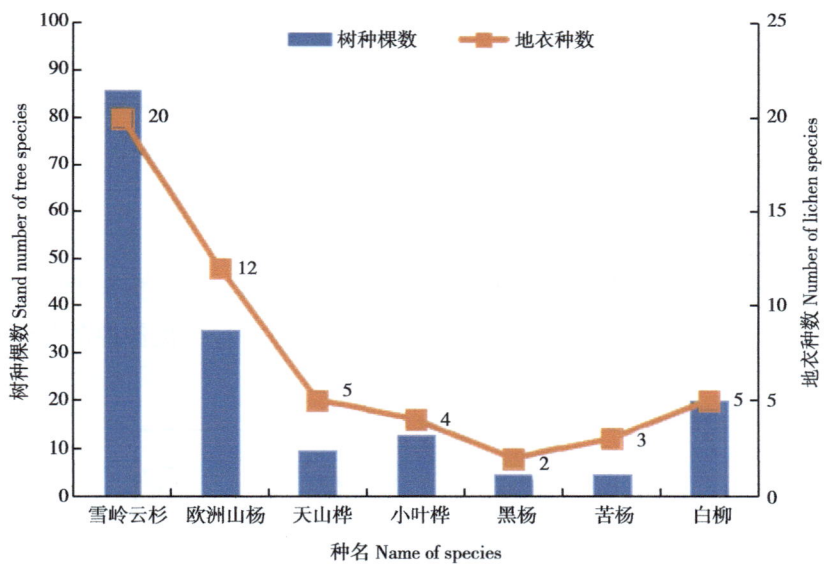

图4-10　18个样点内树种棵数与相对应的朽木生地衣种数

Figure 4-10　The number of tree species and the corresponding number of lichen species on rotten wood in 18 sample points

根据20种朽木生地衣在7种树木上的原始盖度数据,运用除趋势对应分析(DCA)它们间的关系。DCA二维排序图的结果显示(图4-11),与雪岭云杉相关的朽木生地衣最多,其中分指地卷、喇叭粉石蕊、多指地卷和膜地卷在雪岭云杉上的附生率最高(附生率=树种上的盖度/全部树种的总盖度),分别为0.967、0.951、0.899和0.842;欧洲山杨上枪石蕊的附生率最高,为0.987,其次为袋衣,附生率为0.935,再次为土星猫耳衣,附生率为0.875。莲座石蕊和犬地卷在小叶桦上的附生率较高,分别为0.921和0.756;腐烂程度较高的白柳上膜地卷和多指地卷的附生率最大,分别为0.957和0.932。

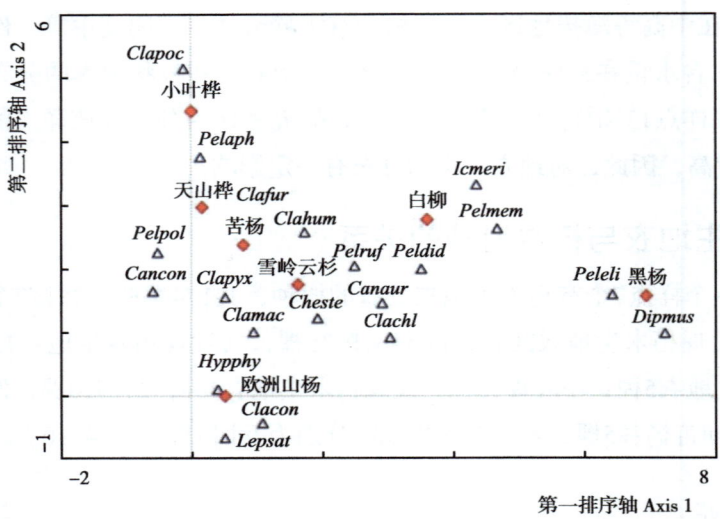

图4-11　18个样点的7个树种和朽木生地衣的DCA二维排序

Figure 4-11　DCA two-dimensional ordination of seven tree species and lichens growing on rotten wood in 18 sample points

4.5.4　朽木生地衣群落及其多样性

以朽木生地衣的盖度为指标，结合TWINSPAN和DCA分析结果（图4-12、图4-13），把20个朽木生地衣的样点划分为4个地衣群落，并根据优势种命名法对地衣群落进行命名。

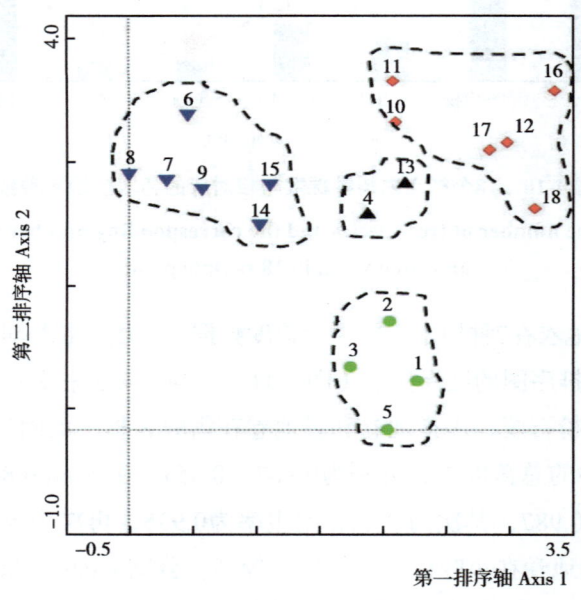

图4-12　18个样点的除趋势对应排序

Figure 4-12　DCA ordination

群丛1：包括样点4和13。主要地衣种类有矮石蕊、犬地卷、袋衣、多指地卷、瘦柄红石蕊、分指地卷等8个种，地衣平均盖度为14.94%。定名为矮石蕊+犬地卷群落。

群丛2：包括样点6、7、8、9、14和15。主要的地衣种类包括喇叭粉石蕊、土星猫耳衣、枪石蕊、分枝石蕊、地卷、茎口果粉衣等16个种，地衣平均盖度为23.62%。定名为喇叭粉石蕊+土星猫耳衣+枪石蕊群落。

群丛3：包括样点10、11、12、16、17、18。主要分布有平盘软地卷、犬地卷、多指地卷、膜地卷、分枝石蕊、袋衣等11种地衣，地衣平均盖度为26.94。定名为平盘软地卷+犬地卷+多指地卷群落。

```
                       1    11111111
                      4367894450126781235

    20 Pelr uf      --555--------------   11
    14 Leps at      55-5555------------   11
    10 Clap yx      ------54-----------   11
     3 Ches te      --4-34-------------   11
    12 Hypp hy     5---55--4-4---------   10
     7 Clah um     542------------5---   10
     5 Clac on     5---5534-5---------   10
     4 Clac hl     --45-545------555--   10
    16 Peld id     5--------------555   01
     9 Clap oc     -------4---5--34---   01
     8 Clam ac     5-2---------54-----   01
     1 Canc on     ---21-2-2----4535--   01
    19 Pelp ol     5-----5-555-5----5-   001
    18 Pelm em     ---5---555---55----   001
    15 Pela ph     -5--------5444-4---   001
     6 Claf ur     --2----4----41--5--   001
    17 Pele li     ---------5-555-----   000
    13 Icme ri     ---------4---------   000
    11 Dipm us     -------------4--54--  000
     2 Cana ur     ----------------252   000

                    0000000011111111111
                    0011111100000001111
                     011111000111
                       00011
```

图4-13 TWINSPAN分类结果矩阵

Figure 4-13 TWINSPAN analysis diagram

群丛4：包括样点1、2、3、5。主要分布的朽木生地衣有膜地卷、喇叭粉石蕊、分指地卷、同色黄烛衣、分枝石蕊、藓生双缘衣等12个种，地衣平均盖度为27.85%。定名为膜地卷+喇叭粉石蕊+分指地卷群落。

对4个朽木生地衣群丛进行Patrick丰富度、Shannon-Wiener多样性、Simpson's多样性、Pielou均匀度的分析见表4-16。结果可以看出群丛2多样性最大，为3.478，其次为群落4，为3.146，群丛3的种数较多，但多样性小于群丛1，为2.716。通过均匀度指数，可比较物种在各群丛中分布的情况。从均匀度指数可知，群丛1的多样性较小，但是均匀度最大，为0.909，说明朽木生地衣种类在群落1中充分利用资源，种间竞争较低，所以分布较均匀，群落稳定性较高。而群丛2虽然多样性最大，但物种分布不均匀，种间竞争较大。

表4-16 群丛α-多样性和均匀度指数
Table 4-16 α-diversity and evenness index of communities

群丛	Patrick丰富度指数（D_p）	Shannon-Wiener多样性指数（H'） Shannon-Wiener diversity index	Simpson's多样性指数（D） Simpson's diversity index	Pielou均匀度指数（J） Pielou evenness
1	8	2.728	0.832	0.909
2	16	3.478	0.888	0.869
3	11	2.716	0.814	0.785
4	12	3.146	0.861	0.878

β-多样性反映沿着环境梯度的变化物种替代的程度。本书使用Jaccard共有度指数分析各群落间的相似性。研究结果显示，群丛2和群丛4间的相似性最高，相似性指数为0.856。其次是群丛3和群丛4相似性系数也较高，为0.738。群丛1和群丛3相似性系数最低，为0.434。

4.6 物种分布格局与环境因子的关系

为了确定影响朽木生地衣物种分布的自然和人为因素，对20种朽木生地衣与环境参数数据进行了CCA分析。CCA排序结果见图4-14。

CCA结果显示，喇叭石蕊分布在海拔较高、腐蚀度大的朽木上；犬地卷的分布与湿度和海拔有关；莲座石蕊分布在低海拔地区的较干燥、树干较硬的朽木上。霜降衣、平盘软地卷、多指地卷、膜地卷和同色黄烛衣的分布不受森林郁闭度、朽木生直径大小和朽木pH的影响。在第三象限中，分指地卷分布在光照强度较大的栖息地，瘦柄红石蕊、金黄茶渍、矮石蕊等物种分布在光照强度中等的样点，喇叭粉石蕊和藓生双缘衣的分布与光照强度的关系不显著。在第四象限中，分枝石蕊分布在光照强度中等、pH较高的朽木上。枪石蕊和袋衣分布在郁闭度高、直径较大的朽木上。在CCA排序图中与第一排序轴相关性最大的是海拔高度，其次是腐蚀度和朽木湿度，而光照强度与第一排序轴呈较大的负相关。与第二排序轴相关性较大的是森林郁闭度、朽木直径大小和朽木pH。综上所述，巴尔鲁克山国家级自然保护区朽木生地衣种群分布主要受到森林植被郁闭度、光照强度、朽木腐蚀度的影响，而受朽木直径大小、朽木pH等因素的影响不大。

朽木是处于植物群落演替晚期的古老森林生态系统的主要属性和潜在的指示者[58]。在森林中的朽木对兼性或专性栖息在朽木上的地衣提供丰富的栖息环境[58-59]。因此，在森林生态系统中适当增加森林中朽木的数量和种类，对有效保护朽木生附生地衣物种多样性，评价森林生态系统的结构和功能方面具有重要的意义。已有的文献显示，朽木生地衣物种多样性及其分布受到森林管理方式、人为干扰、森林下层倒木数量、倒木树种、森林郁闭度、湿度等多种因素的影响。Nascimbene等在阿尔卑斯山脉比较研究人工管理和被废弃的银杉林生态系统的树附生地衣和朽木生地衣群落时提出，人为干扰中等的森林有利于原木、树桩和断枝的更新，从而为朽木生地衣提供丰富的栖息地[43]。倒木腐蚀的初始阶段主要出现叶状和壳状附生地衣；第三和第四阶段枝状地面生地衣开始侵入在朽木树干上，其中石蕊属的种类占优势。腐蚀度较低、树干较硬的朽木上壳状地衣种类占优势[43]。朽木腐蚀导致树木树干结构、纹理和化学成分的变化，从而影响朽木生地衣种类的组成。树附生和木生地衣首先出现在倒木腐蚀的第一阶段，通过地衣次生代谢物质的分泌改善微栖息地环境，随着朽木腐蚀度提高地面生地衣开始入侵朽木[60-62]。随着倒木的腐蚀过程，地衣通过改变自己的生长型和生态需求来适应生长基物的连续变化。Svensson等在瑞典南部选择两个面积150 km²人工砍伐的森林对枯木和朽木上地衣物种多样性进行研究时发现，人工管理的北方森林中，年轻或中等年龄（<60岁）的林分中枯木数量最多，这为大部分依赖朽木的地衣种提供了理想的栖息地[63]。

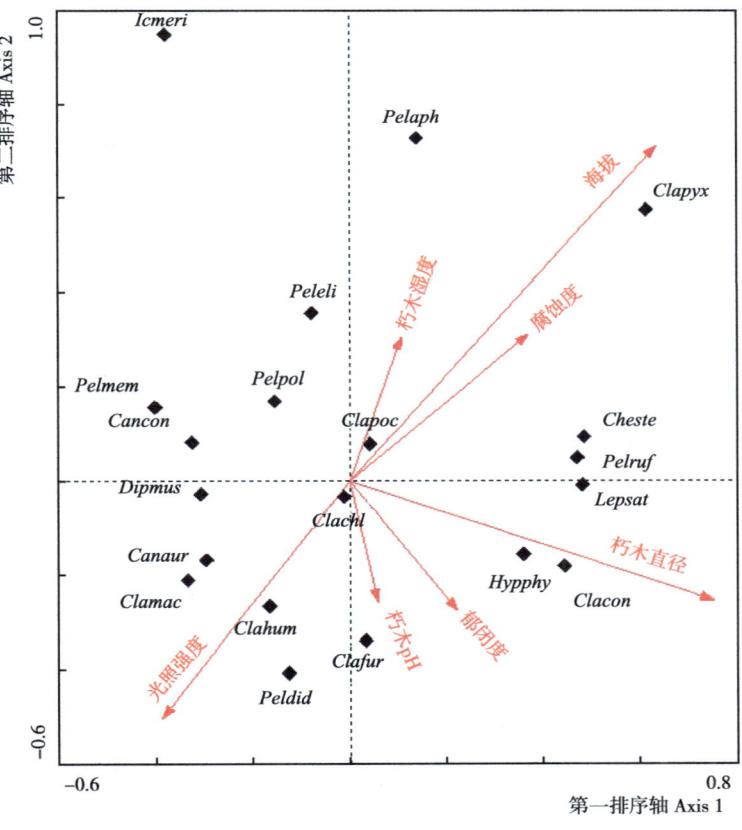

图4-14　朽木生地衣分布与环境因子关系的CCA排序

Figure 4-14　CCA ordination between saprophytic lichens and environmental factors

对巴尔鲁克山国家级自然保护区托里塔斯特区域选择的18个样点中对朽木生地衣多样性及其群落结构特征进行了定量研究。结果显示，朽木腐蚀的初始阶段主要出现共生藻为蓝绿藻的叶状地衣和绿藻为共生藻的壳状地衣；腐蚀度较高、湿度较大的朽木上出现枝状地衣，结果符合Nascimbene等的研究结论。通过CCA分析发现，喇叭石蕊分布在海拔较高、腐蚀度大的朽木上；犬地卷的分布与湿度和海拔有关；莲座石蕊分布在低海拔地区的较干燥、树干较硬的朽木上。霜降衣、平盘软地卷、多指地卷、膜地卷和同色黄烛衣的分布不受森林郁闭度、朽木生直径大小和朽木pH的影响。分指地卷分布在光照强度较大的栖息地，瘦柄红石蕊、金黄茶渍、矮石蕊等物种分布在光照强度中等的样点，喇叭粉石蕊和藓生双缘衣的分布与光照强度的关系不显著。在第四象限中，分枝石蕊分布在光照强度中等、pH较高的朽木上。枪石蕊和袋衣分布在郁闭度高、直径较大的朽木上。

地衣由于其形体矮小、结构简单、不能直接为人类带来可观的经济效益，通常不为人们注意，但地衣的结构特殊，具有独特的生态价值和生态功能，地衣在各种生态系统中起着不可忽视的作用。近年来随着全球人口数量的持续增长，生态环境的破坏和环境污染的影响，地衣的主要生长地受到不同程度的破坏，物种多样性出现了降低趋势。因此，在全球生物多样性保护中，地衣多样性的保护至关重要，对地衣物种多样性及分布的探索无疑是不可欠缺的，承担着基础学科的重任，对生物多样性的保护和可持续利用具有重要意义。地衣是新疆巴尔鲁克山国家级自然保护区生物多样性的主要成员，评价该保护区朽木生地衣资源现状及其群落稳定性特征，探讨该地区朽木生地衣群落特征，为实现生态和生物多样性保护提供科学依据。

4.7 附生地衣物种分布特征[*]

在保护区境内海拔900～1 500 m区域设置面积20 m×20 m的样点30个（表4-17），其中选择欧洲山杨（*Populus tremula* Linn.）集中分布的代表性样点，调查样点内不同径级欧洲山杨树干不同方位、距地面0～2 m高度范围内附生地衣的分布。树干上地衣的盖度和频度用10 cm×20 cm的自制网状样方框（由200个1 cm×1 cm的小方格组成）测量。其中盖度用某种地衣物种出现的网格数占网格总数的百分数表示；频度以某种地衣物种出现的小样方数占小样方总数的百分数表示[19, 31]。使用手持GPS仪记录每个样点的经度、纬度和海拔，并记录附生地衣宿主的海拔；详细记录附生地衣宿主的胸径、树干朝向和树干高度。以100 m为1个梯度，将欧洲山杨的海拔（Alt）范围划分成Ⅰ（900 m<Alt≤1 000 m）、Ⅱ（1 000 m<Alt≤1 100 m）、Ⅲ（1 100 m<Alt≤1 200 m）、Ⅳ（1 200 m<Alt≤1 300 m）、Ⅴ（1 300 m<Alt≤1 400 m）、Ⅵ（1 400 m<Alt≤1 500 m）6个区间；将树干胸径（DBH）划分成Ⅰ（0 cm<DBH≤30 cm）、Ⅱ（30 cm<DBH≤60 cm）、

---

[*] 植物资源与环境学报，2025，34（2）：62-71.

Ⅲ（60 cm<DBH≤90 cm）、Ⅳ（90 cm<DBH<120 cm）、Ⅴ（120 cm<DBH≤150 cm）、Ⅵ（>150 cm）6个径级；根据附生地衣分布的树干高度（只分布在高度160 cm以下的树干上），以20 cm为1个区间，将树干高度（h）划分成Ⅰ（0 cm<h≤20 cm）、Ⅱ（20 cm<h≤40 cm）、Ⅲ（40 cm<h≤60 cm）、Ⅳ（60 cm<h≤80 cm）、Ⅴ（80 cm<h≤100 cm）、Ⅵ（100 cm<h≤120 cm）、Ⅶ（120 cm<h≤140 cm）、Ⅷ（140 cm<h≤160 cm）8个等级[30, 64]。

表4-17　30个样点的基本信息
Table 4-17　Basic information of 30 sampling points

样点 Sampling points	海拔 Altitude （m）	坡度 Slope （°）	采样树数 Number of sampling tree	不同径级宿主样株数 Number of sampling tree at different diameter classes host tree					
				Ⅰ	Ⅱ	Ⅲ	Ⅳ	Ⅴ	Ⅵ
P1	940	17	5		2	2	1		
P2	1 020	26	6	1	2	1	2		
P3	1 040	14	8	2	2		1		3
P4	1 080	33	7	2	1	2	2		
P5	1 100	10	8		2	3	3		
P6	1 120	8	7	2		2			3
P7	1 130	14	6			2	2	2	
P8	1 150	12	3			3			
P9	1 180	45	3	2		1			
P10	1 190	8	4	2		2			
P11	1 200	11	4	2		1		1	
P12	1 220	20	7	2	2	3			
P13	1 230	18	5		1	2		2	
P14	1 250	32	6		1	2	3		
P15	1 265	29	8		3	2		1	2
P16	1 270	13	6	1	2	1		2	
P17	1 280	10	6		2	1	1	2	
P18	1 295	11	6		1	2	1	2	
P19	1 300	15	7	2	2		2	1	
P20	1 325	14	7		2	2	1	2	
P21	1 336	17	11	1	2	2	2	2	2
P22	1 350	20	8	2	1	2	1	2	
P23	1 370	8	9	2	1	2		2	2
P24	1 385	36	8		3	1	2	2	
P25	1 390	25	8		2	3	2		1
P26	1 400	27	8	2	2	2	2		

（续表）

样点 Sampling points	海拔 Altitude （m）	坡度 Slope （°）	采样树数 Number of sampling tree	不同径级宿主样株数 Number of sampling tree at different diameter classes host tree					
				Ⅰ	Ⅱ	Ⅲ	Ⅳ	Ⅴ	Ⅵ
P27	1 420	10	8	2	2	1	2	1	
P28	1 435	18	5		2	2	1		
P29	1 450	29	6	1	2	1	2		
P30	1 460	20	8	2	2		1		3
总计 Total			198	33	42	53	30	27	15

4.7.1 附生地衣在不同海拔宿主树干上的分布特征及二者的关系

通过分析不同海拔宿主树干附生地衣种数，发现巴尔鲁克山国家级自然保护区中欧洲山杨的附生地衣种数随着宿主海拔升高呈现先升高后降低的变化趋势，并在海拔1 200～1 300 m达到峰值（28种）（表4-18）。

表4-18 新疆巴尔鲁克山国家级自然保护区不同海拔欧洲山杨树干上附生地衣的分布特征
Table 4-18 Distribution characteristics of epiphytic lichens on *Populus tremula* trunks of different altitudes in Barluk Mountain National Nature Reserve in Xinjiang, China

海拔范围 Altitudinal classes	海拔 Altitude（Alt）（m）	种数 Number of species	总相对盖度 Total relative coverage（%）
Ⅰ	900<Alt≤1 000	18	6.5
Ⅱ	1 000<Alt≤1 100	21	10.8
Ⅲ	1 100<Alt≤1 200	24	27.3
Ⅳ	1 200<Alt≤1 300	28	35.8
Ⅴ	1 300<Alt≤1 400	19	7.1
Ⅵ	1 400<Alt≤1 500	18	5.8

相关性分析结果（表4-19）表明：刺小孢发 *Bryoria confusa*（D. D. Awasthi）Brodo & D. Hawksw.、中国树花 *Ramalina sinensis* Jatta和亚花松萝 *Usnea subfloridana* Stirt.与Ⅰ级[900 m≤海拔（Alt）≤1 000 m]海拔梯度呈极显著（$P<0.01$）负相关。刺小孢发与Ⅱ级（1 000 m<Alt≤1 100 m）海拔梯度呈显著（$P<0.05$）负相关，密集黑蜈蚣衣 *Phaeophyscia constipata*（Nyl.）Moberg.与Ⅱ级海拔梯度呈极显著正相关，毛边黑蜈蚣衣 *Phaeophyscia hispidula*（Ach.）Moberg 和粉缘黑蜈蚣衣 *Phaeophyscia limbata*（Poelt）Kashiw.与Ⅱ级海拔梯度呈显著正相关。微糙褐梅 *Melanelia exasperatula*（Nyl.）Essl.和蓝灰蜈蚣衣 *Physcia caesia*（Hoffm.）Fürnr.与Ⅲ级（1 100 m<Alt≤1 200 m）海拔梯度呈显著正相关，圆叶黑蜈蚣衣 *Phaeophyscia orbicularis*（Neck.）Moberg与Ⅲ级海拔梯度呈极显著正相关。毛边雪花

衣 *Anaptychia ciliaris*（Linn.）Körb.ex A.Massal.、巧褐梅 *Melanelia incolorata*（Parrique）Essl.和疑蜈蚣衣 *Physcia dubia*（Hoffm.）Lettau与Ⅳ级（1 200 m<Alt≤1 300 m）海拔梯度显著正相关，毛边黑蜈蚣衣和蓝灰蜈蚣衣与Ⅳ级海拔梯度呈极显著正相关。类锈美衣 *Calogaya ferrugineoides* H. Magn.与Ⅴ级（1 300 m<Alt≤1 400 m）海拔梯度呈显著负相关。疑蜈蚣衣与Ⅵ级（1 400 m<Alt≤1 500 m）海拔梯度呈极显著负相关，金黄茶渍 *Candelariella aurella*（Hoffm.）Zahlbr.、油黄茶渍 *Candelariella oleifera* H. Magn.、皱黄星点衣 *Flavopunctelia flaventior*（Stirt.）Hale、皇冠黄绿衣 *Flavoplaca coronata*（Kremp. ex Körb.）Arup 和斑面蜈蚣衣 *Physcia aipolia*（Ehrh. ex Humb.）Fürnr.与Ⅴ级和Ⅵ级海拔梯度均呈显著或极显著负相关。

表4-19 新疆巴尔鲁克山国家级自然保护区欧洲山杨树干不同种类附生地衣与宿主海拔的相关性

Table 4-19 The relationship between different species of epiphytic lichens on *Populus tremula* trunks and host altitude in Barluk Mountain National Nature Reserve in Xinjiang, China

种名 Name of species	与宿主海拔梯度间的相关系数 Correlation coefficient with host altitudinal gradients					
	Ⅰ （*n*=5）	Ⅱ （*n*=21）	Ⅲ （*n*=31）	Ⅳ （*n*=48）	Ⅴ （*n*=58）	Ⅵ （*n*=35）
毛边雪花衣 *A.ciliaris*	0.547	0.615	0.457	0.867*	0.548	0.648
刺小孢发 *B. confusa*	−0.945**	−0.848*	0.431	0.545	0.647	0.452
类锈美衣 *C. ferrugineoides*	0.456	0.631	0.678	0.647	−0.875*	0.783
金黄茶渍 *C. aurella*	0.678	0.458	0.475	0.512	−0.889*	−0.935**
油黄茶渍 *C. oleifera*	0.575	0.647	0.567	0.689	−0.945**	−0.869*
皱黄星点衣 *F. flaventior*	0.551	0.532	0.667	0.648	−0.812*	−0.954**
皇冠黄绿衣 *F. coronata*	0.801	0.641	0.776	0.734	−0.875*	−0.897**
微糙褐梅 *M. exasperatula*	0.623	0.614	0.878*	0.671	0.556	0.672
巧褐梅 *M. incolorata*	0.678	0.645	0.648	0.854*	0.453	0.641
密集黑蜈蚣衣 *P. constipata*	0.445	0.912**	0.548	0.648	0.458	0.536
毛边黑蜈蚣衣 *P. hispidula*	0.576	0.879*	0.647	0.934**	0.536	0.648
粉缘黑蜈蚣衣 *P. limbata*	0.648	0.864*	0.641	0.647	0.431	0.402
圆叶黑蜈蚣衣 *P. orbicularis*	0.558	0.478	0.894**	0.458	0.701	0.689
斑面蜈蚣衣 *P. aipolia*	0.593	0.551	0.345	0.648	−0.934**	−0.867*
蓝灰蜈蚣衣 *P. caesia*	0.612	0.457	0.856*	0.945**	0.648	0.647
疑蜈蚣衣 *P. dubia*	0.678	0.645	0.647	0.876*	0.648	−0.914**
中国树花 *R. sinensis*	−0.912**	0.523	0.501	0.636	0.664	0.541
亚花松萝 *U. subfloridana*	−0.897**	0.554	0.484	0.531	0.684	0.645

注：Ⅰ：900 m<Alt≤1 000 m；Ⅱ：1 000 m<Alt≤1 100 m；Ⅲ：1 100 m<Alt≤1 200 m；Ⅳ：1 200 m<Alt≤1 300 m；Ⅴ：1 300 m<Alt≤1 400 m；Ⅵ：1 400 m<Alt≤1 500 m；Alt：海拔Altitude；括号内数值为宿主数量The values in the parentheses are the numbers of hosts；*：$P<0.05$，**：$P<0.01$。

4.7.2 附生地衣在宿主不同径级树干上的分布特征及二者的关系

调查结果显示，在巴尔鲁克山国家级自然保护区中欧洲山杨的附生地衣种数和总相对盖度均随着宿主径级增大呈现先升高后降低的变化趋势（表4-20）。从表4-20可知，径级为Ⅲ级（60 cm<DBH≤90 cm）的欧洲山杨树干分布的附生地衣种类最多（32种），总相对盖度为29.7%；径级为Ⅳ级（90 cm<DBH≤120 cm）的欧洲山杨树干分布的附生地衣种类次之，共有29种，总相对盖度为20.6%；径级为Ⅵ级（DBH>150 cm）的欧洲山杨树干分布的附生地衣种类最少（20种），总相对盖度最低（8.2%）。

表4-20 新疆巴尔鲁克山国家级自然保护区不同径级欧洲山杨树干上附生地衣的分布特征

Table 4-20 Distribution characteristics of epiphytic lichens on *Populus tremula* trunks of different diameter classes in Barluk Mountain National Nature Reserve in Xinjiang, China

径级 Diameter class	胸径Diameter at breast height （DBH）（cm）	种数 Number of species	总相对盖度 Total relative coverage（%）
Ⅰ	0<DBH≤30	23	10.8
Ⅱ	30<DBH≤60	25	12.4
Ⅲ	60<DBH≤90	32	29.7
Ⅳ	90<DBH≤120	29	20.6
Ⅴ	120<DBH≤150	22	9.7
Ⅵ	DBH>150	20	8.2

相关性分析结果（表4-21）表明：毛边雪花衣与宿主多数径级存在明显相关性，其与Ⅰ级（0 cm<DBH≤30 cm）径级呈极显著（$P<0.01$）正相关，与Ⅲ级径级呈极显著负相关，并与Ⅳ级（90 cm<DBH<120 cm）、Ⅴ级（120 cm<DBH≤150 cm）、Ⅵ级（DBH>150 cm）径级呈显著（$P<0.05$）负相关。其余附生地衣种类与宿主各径级的相关性多不显著，仅金黄茶渍与Ⅱ级（30 cm<DBH≤60 cm）和Ⅵ级径级呈显著正相关，小多盘衣与Ⅴ级和Ⅵ级径级分别呈显著和极显著正相关，柳茶渍 *Lecanora saligna*（Schrad.）Zahlbr.和油色小网衣 *Lecidella elaeochroma*（Ach.）M. Choisy与Ⅰ级径级呈极显著负相关，木生茶渍 *Lecanora xylophila* Hue和灰色大孢蜈蚣衣 *Physconia grisea*（Lam.）Poelt 与Ⅰ级径级呈显著负相关，蓝灰蜈蚣衣和蜈蚣衣与Ⅰ级径级呈极显著正相关，长芽黑尔衣 *Melanohalea elegantula*（Zahlbr.）O. Blanco et al.与Ⅱ级径级呈极显著正相关，类锈美衣与Ⅲ级径级呈显著正相关，砖孢胶衣 *Collema subconveniens* Nyl.与Ⅳ级径级呈显著正相关，刺小孢发、亚石胶衣 *Collema subflaccidum* Degel.、巧褐梅和疑蜈蚣衣与Ⅳ级径级呈极显著正相关，油黄茶渍、株头黄茶渍 *Candelariella xanthostigma*（Ach.）Lettau、散多盘衣 *Myriolecis dispersa*（Pers.）Śliwa, Zhao Xin et Lumbsch、小多盘衣 *M. hegenit* 均与Ⅵ级径级呈极显著正相关，微超褐衣与Ⅵ级径级呈显著正相关。

表4-21 新疆巴尔鲁克山国家级自然保护区欧洲山杨树干不同种类附生地衣与宿主径级的相关性
Table 4-21 The relationship between different species of epiphytic lichens on *Populus tremula* trunks and host diameter classes in Barluk Mountain National Nature Reserve in Xinjiang, China

种名 Name of species	与宿主径间的相关系数 Correlation coefficient with host diameter classes					
	Ⅰ (n=33)	Ⅱ (n=41)	Ⅲ (n=52)	Ⅳ (n=30)	Ⅴ (n=27)	Ⅵ (n=15)
毛边雪花衣 *A. ciliaris*	0.921**	0.614	−0.901**	−0.843*	−0.836*	−0.871*
刺小孢发 *B. confusa*	0.542	0.342	0.453	0.897**	0.520	0.541
类锈美衣 *C. ferrugineoides*	0.127	0.425	0.853*	0.645	0.546	0.365
金黄茶渍 *C. aurella*	0.320	0.835*	0.352	0.421	0.634	0.845*
油黄茶渍 *C. oleifera*	0.147	0.452	0.547	0.601	0.654	0.924**
株头黄茶渍 *C. xanthostigma*	0.527	0.354	0.354	0.625	0.450	0.891**
砖孢胶衣 *C. subconveniens*	0.304	0.337	0.335	0.844*	0.552	0.451
亚石胶衣 *C. subflaccidum*	0.426	0.326	0.565	0.901**	0.604	0.357
柳茶渍 *L. saligna*	−0.925**	0.435	0.567	0.525	0.412	0.558
木生茶渍 *L. xylophila*	−0.867*	0.471	0.624	0.425	0.552	0.628
油色小网衣 *L. elaeochroma*	−0.934**	0.402	0.602	0.557	0.523	0.647
微糙褐梅 *M. exasperatula*	0.645	0.325	0.365	0.656	0.545	0.846*
巧褐梅 *M. incolorata*	0.562	0.214	0.546	0.924**	0.447	0.543
长芽黑尔衣 *M. elegantula*	0.540	0.897**	0.637	0.668	0.361	0.632
散多盘衣 *M. dispersa*	0.402	0.652	0.458	0.523	0.361	0.932**
小多盘衣 *M. hagenii*	0.651	0.636	0.352	0.654	0.854*	0.941**
蓝灰蜈蚣衣 *P. caesia*	0.889**	0.501	0.423	0.623	0.357	0.458
疑蜈蚣衣 *P. dubia*	0.554	0.514	0.365	0.961**	0.632	0.557
蜈蚣衣 *P. stellaris*	0.892**	0.547	0.425	0.527	0.554	0.561
灰色大孢蜈蚣衣 *P. grisea*	−0.879*	0.521	0.631	0.663	0.514	0.657

注：Ⅰ：0 cm<DBH≤30 cm；Ⅱ：30 cm<DBH≤60 cm；Ⅲ：60 cm<DBH≤90 cm；Ⅳ：90 cm<DBH≤120 cm；Ⅴ：120 cm<DBH≤150 cm；Ⅵ：DBH>150 cm；DBH：胸径Diameter at breast height；括号内数值为宿主数量The values in the parentheses are the numbers of hosts；*：$P<0.05$，**：$P<0.01$。

4.7.3 附生地衣在宿主不同朝向树干上的分布特征

统计结果（表4-22）显示：巴尔鲁克山国家级自然保护区中欧洲山杨北向树干上的附生地衣种类较多，为33种，而南向树干上的附生地衣种类（21种）明显少于北向树干。宿主不同方向树干上分布的附生地衣种数（$F=33.138$，$P=0.001$）存在显著差异。北向树干分布的主要种类有刺小孢发、类锈美衣、柳茶渍、木生茶渍、微糙褐梅、粉缘黑蜈蚣衣、斑面蜈蚣衣、糙蜈蚣衣 *Physcia tribacia*（Ach.）Nyl.、灰色大孢蜈蚣衣和拟扁枝衣 *Pseudevernia furfuracea*（L.）Zopf等，南向树干分布的主要种类有小皿叶 *Normandina pulchella*（Borrer）Nyl.、小多盘衣、假杯点山褐衣 *Montanelia disjuncta*（Erichsen）Divakar et al.、中国树花、亚花松萝、亚石胶衣和砖孢胶衣等。

表4-22　新疆巴尔鲁克山国家级自然保护区欧洲山杨不同朝向树干上的附生地衣分布特征
Table 4-22　Distribution characteristics of epiphytic lichens on *Populus tremula* trunks of different aspects in Barluk Mountain National Nature Reserve in Xinjiang, China

种名 Name of species	北向 North aspect（n=112）	南向 South aspect（n=86）
刺小孢发 *B. confusa*	0.941**	−0.897**
类锈美衣 *C. ferrugineoides*	0.904**	0.542
砖孢胶衣 *C. subconveniens*	0.257	0.931**
亚石胶衣 *C. subflaccidum*	0.569	0.864*
柳茶渍 *L. saligna*	0.924**	−0.881*
木生茶渍 *L. xylophila*	0.935**	0.608
假杯点山褐衣 *M. disjuncta*	−0.907**	0.894**
微糙褐梅 *M. exasperatula*	0.878*	0.651
小多盘衣 *M. hagenii*	0.547	0.901**
小皿叶 *N. pulchella*	0.363	0.834*
斑面蜈蚣衣 *P. aipolia*	0.911**	0.482
拟扁枝衣 *P. furfuracea*	0.924**	0.521
灰色大孢蜈蚣衣 *P. grisea*	0.847*	0.637
粉缘黑蜈蚣衣 *P. limbata*	0.935**	0.508
糙蜈蚣衣 *P. tribacia*	0.838*	0.354
中国树花 *R. sinensis*	−0.827*	0.853*
亚花松萝 *U. subfloridana*	0.538	0.841*

注：括号内数值为宿主数量The values in the parentheses are the numbers of hosts；*：$P<0.05$，**：$P<0.01$。

4.7.4　附生地衣在宿主不同高度树干上的分布特征

统计结果（表4-23）显示：巴尔鲁克山国家级自然保护区中欧洲山杨树干上的附生地衣的种数和总相对盖度均随着树干增高呈现先升高后降低的变化趋势。其中，Ⅵ级［100 cm<高度（h）≤120 cm］高度分布的附生地衣种类最多（12种），总相对盖度也达到峰值（29.0%）；Ⅴ级（80 cm<h≤120 cm）高度分布的附生地衣种数（8种）和总相对盖度（24.5%）均较高。

表4-23 新疆巴尔鲁克山国家级自然保护区欧洲山杨不同高度树干上的附生地衣分布特征
Table 4-23 Distribution characteristics of epiphytic lichens on *Populus tremula* trunks of different heights in Barluk Mountain National Nature Reserve in Xinjiang, China

高度级 Height class	高度 Height (h) (cm)	种数 Number of species	总相对盖度 Total relative coverage (%)
Ⅰ	0<h≤20	2	3.2
Ⅱ	20<h≤40	3	6.3
Ⅲ	40<h≤60	5	10.9
Ⅳ	60<h≤80	7	16.5
Ⅴ	80<h≤100	8	24.5
Ⅵ	100<h≤120	12	29.0
Ⅶ	120<h≤140	3	7.2
Ⅷ	140<h≤160	2	5.2

　　附生地衣在森林生态系统中的分布受到海拔以及光照、湿度、温度、风速、养分可用性等多种气候和环境因子的综合影响[65-69]。研究发现，竞争能力强且对极端气候条件具有高度耐受性的地衣种类可能不会在气候和环境条件较好的区域出现，反而可能在气候和环境条件不利的区域占有优势[70]。Moe等认为海拔是影响附生地衣多样性的主要因子[71]。Loppi等发现，地中海地区柔毛栎（*Quercus pubescens* Willd.）上附生地衣的分布随着海拔梯度升高而先升高后降低[72]，本研究也得到了类似结果，即在新疆巴尔鲁克山国家级自然保护区，欧洲山杨树干上的附生地衣种数和总相对盖度均随宿主海拔升高呈现先升高后降低的变化特征。分析认为，随着宿主所在海拔的变化，光照强度、空气相对湿度、林冠层郁闭度等也会出现相应的差异，从而影响附生地衣的分布[73-74]。

　　已有文献显示，宿主的种类和胸径大小对附生地衣的分布具有非常重要的作用[43]。附生地衣的物种丰富度和总相对盖度均随着宿主树干胸径的增大而显著提高[75]。李英英在沿海热带常绿季雨矮林的研究显示，样地内的地衣与宿主的胸径存在一定的关联性，但并不是随着宿主胸径的增加而出现简单的增加或者降低的趋势，而是地衣会集中分布于某一径级区间之内，偏离这一区间则不利于树干附生地衣的生长[30]。巴尔鲁克山国家级自然保护区内欧洲山杨树干上的附生地衣种数和总相对盖度均与宿主胸径存在一定的关联性，胸径较小或较大的树干上附生地衣的种数和总相对盖度均较低，总体来看，附生地衣集中分布于胸径在（61，120] cm的宿主树干上。这和国内外部分研究中发现的某些地衣仅在某些宿主的一定径级间出现个体数量增加的现象有一定的相似[76-78]。我们认为在巴尔鲁克山国家级自然保护区附生地衣多样性与欧洲山杨树干径级相关性的一个可能原因是树皮理化性质随树木年龄的变化有关。因此，在保护区内保护和合理配置胸径在（61，120] cm的欧洲山杨，将在有效保护保护区树附生地衣物种多样性方面具有一定的价值。

李苏在哀牢山原生林和次生林研究树干不同方位附生地衣的组成与分布时提出，哀牢山森林群落内树干上能够接受到更多阳光的南向方位，可能更加适宜附生地衣的生长[76]。在森林生态系统光照强烈影响温度，温度的变化影响蒸发，使其成为附生地衣环境的决定性因素之一[79-80]。李英英在沿海热带常绿季雨矮林研究附生地衣时进一步证明了附生地衣喜好生长于样地坡向位一致的树干朝向[30]。本研究发现，在巴尔鲁克山自然保护区与样地坡向一致的树干北向的附生地衣种类多于南向。我们认为，在巴尔鲁克山自然保护区南坡的样点中林冠郁闭度较低、光照强烈、温度较高、蒸发量高于北坡，因此宿主树干南向的附生地衣种数及盖度小于北向。

已有研究发现，不同高度树干上的附生地衣种数差异显著[66]。不同高度树干上的附生地衣种类数量及丰富度主要与树干持水能力和树干形成的径流有关[66]。巴尔鲁克山国家级自然保护区欧洲山杨树干上附生地衣的总相对盖度先随着树干高度的升高而增大，并在树干高度（100，120］cm区间达到最大，之后随着树干高度的升高而减小。这是因为树干基部光照强度较弱、湿度较高，这种微生境不适宜地衣生长，更适宜苔藓植物生长，野外调查结果（欧洲山杨树干基部的苔藓植物盖度较高，附生地衣种类较少，甚至没有分布）也验证了这一点。树干中部的光照较基部充足，并随树干高度增大越来越充足，而且没有苔藓植物的竞争，有利于壳状和大型地衣生长。树干高度达到120 cm后附生地衣多样性又减少的可能原因是，随着树干高度的增大，树干与树枝的距离越近，从而导致光照强度的减弱，同时树枝和树干附生地衣的种间竞争也降低了资源的可利用性，因此导致附生地衣种类数量的减少。此外，在树干120 cm以上地衣种数的减少是否受到树皮pH值变化的影响，至于随着树干高度，欧洲山杨树皮pH值呈现出怎样的变化趋势等问题，将有待于进一步研究分析才能得出正确的结论。本次调查发现，欧洲山杨树干的较低位置主要分布着壳状地衣，如柳茶渍 *Lecanora saligna*（Schrad.）Zahlbr.、木生茶渍 *Lecanora xylophila* Hue、类锈美衣 *Calogaya ferrugineoides* H. Magn.，而在欧洲山杨 *Populus tremula* Linn. 树干的较高位置，中国树花 *Ramalina sinensis* Jatta、亚花松萝 *Usnea subfloridana* Stirt.、刺小孢发 *Bryoria confusa*（D. D. Awasthi）Brodo & D. Hawksw.等喜光的大型地衣种类占有明显优势。这是因为壳状地衣对环境的适应能力较强，不易受到光照、水分等因子的影响，能够在树干下层郁闭度较高、光照较弱的生境中生存并形成种群，而树干上层光照充足，空气湿度相对较低，有利于喜光地衣种类的生长。

Marmor等发现，树皮的pH值会随着树干高度不同而改变[65]。调查区域欧洲山杨的树皮pH值随树干高度的变化趋势以及树干上附生地衣的分布是否受到树皮pH值变化的影响及其具体影响规律均有待于进一步研究。研究显示：在特定的生境类型中，树种和树皮属性对附生地衣的分布影响较大[81]。例如，在加拿大不列颠哥伦比亚省东北部地区，树皮的粗糙度会影响其持水能力，从而影响附生地衣的定居和生长[82]；在热带干旱森林中，壳状地衣偏向于生长在光滑的树皮上[22]。本研究野外调查发现，欧洲山杨树皮上的裂痕不明显，树皮相对光滑，分布在其树干上的大型叶状和枝状地衣多于壳状地衣，并且，大型地衣多分布在径级较大的老树树干上，说明宿主树年龄和径级的增大影响树干上附生地衣群落的演替，从而出现附生地衣物种多样性的变化。

综上所述，在森林生态系统附生地衣的小尺度分布受到多种生物和非生物因子的强烈控制[76]。本研究发现，在巴尔鲁克山国家级自然保护区森林生态系统中，附生地衣的分布随着树干胸径大小、海拔高度、树干高度、坡向等发生变化。巴尔鲁克山国家级自然保护区地处荒漠、山地和湿地组成的生态系统多样性和异质性显著的地带。该地区附生地衣种类较多，生长型多样，丰富了该保护区森林生态系统的生物多样性。因此，深入研究附生地衣对生境变化的响应及环境变化的指示作用机制，将在有效保护生物多样性、科学评价和管理森林生态系统的稳定性及连续性方面具有重要意义。

4.8　地面生大型地衣的生态指示值*

保护生物学中，一项非常突出和重要的研究任务是找到廉价的指标评估特定地区、地点或栖息地的物种丰富度或受威胁物种的丰富度[83-84]。植物指示值系统在生态学研究中得到了广泛应用，因为它使科学家能够根据植物的物种组成估计栖息地环境条件。最常用的系统，是维管植物埃伦伯格指标值（EIV）。Daniel等[85]应用植物之间的空间相关性嗜热指数和综合温度特征，探讨了维管束植物的生态指示值。Zeleny等[86]研究了当地植物丰富度沿着地形梯度变化的环境指示效应，结合空间质量效应和环境因素变化，探讨了植物丰富度沿着环境梯度变化的指示作用。Šibíková等[87]研究了北极高山植物种类在高海拔植被中的出现与环境因素、生活性和地理学特征的生态学指示价值。但是，该系统在隐花植物，尤其是地面生地衣方面未充分应用。地衣分布广泛，从沙漠到热带雨林，其广泛分布在自然和人工环境中的树皮、岩石、土壤及人造基质中。因为其结构特殊，缺乏植物那种具有保护作用的真皮层及蜡质层，光合共生物多为共球藻；并且地衣体较小，结构脆弱易损害，对大气污染极度敏感[83-84]，从而可以用作环境条件的生物监测器。全世界已知地衣物种共有3万种，其中中国已知3 082种，这在生物多样性评估中，是不可忽略的研究内容[88-89]。

严格地讲地面生地衣是指直接在土壤、沙子、泥炭或腐殖质中生长的地衣。广义的地面生地衣包括生长在地面上的苔藓物种上，反过来又扎根于泥土或沙子中的地衣；生长在岩石裂缝中的堆积土壤或岩石粗糙表面上的地衣和直接在地面生植物残体上生长的地衣物种[90]。由于地面生地衣能够栖息在气候恶劣、土壤养分贫乏、pH值酸性、空气湿度和土壤水分不稳定状态的栖息地，它们在优化土壤的生态学功能中起着至关重要的作用。在没有其他地面植被竞争压力的情况下，它们优化了土壤微环境，为土壤微生物群落服务，这对植被的演替发展至关重要[91]。地面生地衣是非常重要的生态指标生物。国外有关地衣

---

* 东北林业大学学报，2025，53（2）：1-8。

指示值方面的研究起步较早，研究地区涉及西欧、中欧地区和喀尔巴阡山的西部，包括中欧地衣区系东部的大部分地区[83-84]。有关地衣生态指示值的基础研究，是依据斯洛伐克地衣学家的专家评估系统而发展的。最早Wirth[92]发表了第一篇关于欧洲地衣生态指标值的综合研究报道。随后Wirth[93]、Bültman等[94]进一步完善了关于地衣及其生态指示值的其他信息。Fabiszewski等[88]研究了分布在波兰的360种地衣生态指示值，对于给定的物种估计了气候指标（光照、气温、湿度）和土壤指标（营养度、栖息地酸度）。Nimis等[95]对意大利地衣指示值研究表明，地衣功能性状能够反映地衣物种分布生境的特征。国外学者在地衣生态价值的研究中使用了各种顺序尺度，如Bültman等[94]研究草地植被地衣指示值时用了9个数字尺度表；Landolt等[96]对瑞士和阿尔卑斯山植物区系的生态指示值和生物学特性进行研究时，将地衣生态指示值数字尺度表修改为5个。在国内，与植物相比，关于地衣生态指示值方面的研究很少；而地衣指示值列表可以更好地了解地衣在生态系统中的功能，以及在区域地衣区系物种组成的变化方面提供重要的信息。

4.8.1 指示指标的选择标准

根据实地调查确定了分布在巴尔鲁克山自然保护区的地面生大型地衣种类，参考Košuthová和Šibíka[84]、Nimis和Martellos[95]的研究资料选择了地面生地衣种类的指示值。

A——海拔梯度带（Altitudinal belt）：1（落叶林带）、2（针叶林带）、3（草原带）、4（亚高山带）。

L——光照指示值（Light value）：1（深阴暗）、2（中等阴暗）、3（半遮光）、4（光照适中）、5（光照充足）。

H——湿度指示值（Humidity value）：1（极干燥）、2（干燥）、3（比较潮湿）、4（潮湿）、5（极潮湿）。

pH——基物酸碱度指示值（Basis acidity value）：1（酸性极高，$pH<4$）、2（酸性土壤，$4 \leq pH<5$）、3（酸性中等，$5 \leq pH<6$）、4（亚碱性，$6 \leq pH<7$）、5（碱性，$pH>7$）。

N_t——土壤养分指示值（Nutrients value）：1（养分极少）、2（养分少）、3（养分适中）、4（养分丰富）、5（养分极丰富）。

G_{LP}——生长型指示值（Growth form value）：Lf（叶状地衣）、Ce（岛衣型枝状地衣）、Cp（石蕊型枝状地衣）。

P_B——光生物类型指示值（Photobionts）：Cb（蓝藻）、Ga（绿藻）。

R_P——繁殖策略指示值（Reproduction value）：ap（通过子囊盘有性繁殖）、so（通过粉芽或裂芽营养繁殖）、ve（通过地衣体分裂营养繁殖）。

T_O——空气污染耐性指示值（value of resistance to air pollution）：1（很低）、2（低）、3（适中）、4（高）、5（极高）。

F——分布频度指示值（distribution and frequency value）：1（极低）、2（低）、3（适中）、4（高）、5（极高）。

T_h——濒危指示值（Threat value）：DD（数据不足）、X（未受威胁）。

4.8.2 地面生大型地衣的生态指示值

生态指示值能够根据其物种组成来估计栖息地环境条件，41种地面生大型地衣的生态指示值见表4-24和图4-15。

表4-24 41种地面生大型地衣的生态指示值

Table 4-24 Ecological indicator value of terricolous lichens

种名 Name of species	生境指示值 Habitat indicator value					生活史对策指示值 Life history indicator value			耐性和分布指示值 Resistance and distribution indicator value		
	A	L	H	pH	N_t	G_{LP}	P_B	R_P	T_O	F	T_h
刚毛雪花衣 A. setifera	1/2	4	4	4	4	Lf	Ga	ap	2	1	X
平坦北极梅 A.separata	1/2	5	3	2	1	Lf	Ga	ap	1	1	X
冰岛衣 C.islandica	1/2	4	3	3	2	Ce	Ga	ve	3	3	X
尖石蕊 C.acuminata	1/2	5	4	3	2	Cp	Ga	ve	3	4	X
斜漏斗石蕊 C.cenotea	1/2	3	2	1	4	Cp	Ga	so	2	4	X
喇叭粉石蕊 C.chlorophaea	1/2	4	3	2	2	Cp	Ga	ap	3	4	X
枪石蕊 C.coniocraea	1/2	2	3	3	2	Cp	Ga	so	3	4	X
拟小漏斗石蕊 C.conista	1/2	2	3	3	2	Cp	Ga	so	3	2	X
角石蕊 C.cornuta	1/2	4	3	2	3	Cp	Ga	so	3	3	X
粉石蕊 C.fimbriata	1/2	4	3	2	3	Cp	Ga	So/ap	3	3	X
矮石蕊 C.humilis	3/4	3	3	2	2	Cp	Ga	so	3	1	X
鳞叶石蕊 C.phyllophora	1/2	4	3	2	2	Cp	Ga	ve	3	2	X
莲座石蕊 C.pocillum	1/2	5	2	4	3	Cp	Ga	ap	3	2	X
喇叭石蕊 C.pyxidata	2/4	3	2	2	3	Cp	Ga	ap	3	4	X
粗皮石蕊 C.scabriuscula	1/2	4	2	2	3	Cp	Ga	so	2	2	X
鳞片石蕊 C.squamosa	1/2	5	1	2	2	Cp	Ga	so	2	2	X
亚鳞石蕊 C.subsquamosa	1/2	5	1	2	2	Cp	Ga	so	2	1	X
砖孢胶衣 C.subconveniens	1/2	4	3	1	3	Lf	Cb	ap	1	1	X
亚石胶衣 C.subflaccidum	1/2	4	3	1	3	Lf	Cb	ap	1	1	X
雪黄岛衣 F.nivalis	1/2	5	5	2	1	Ce	Ga	ve	3	2	X
土星猫耳衣 L.saturninum	2/4	2	3	3	5	Lf	Cb	so	2	3	X
槽梅衣 P.sulcata	2/4	3	3	3	2	Lf	Ga	ap	2	5	X
犬地卷 P.canina	3/4	3	3	4	5	Lf	Cb	ap	1	5	X
大陆地卷 P.continentalis	1/3	3	3	4	2	Lf	Cb	ap	1	1	X
平盘软地卷 P.elisabethae	1/3	2	3	2	3	Lf	Cb	ap	1	5	X

（续表）

种名 Name of species	生境指示值 Habitat indicator value					生活史对策指示值 Life history indicator value			耐性和分布指示值 Resistance and distribution indicator value		
	A	L	H	pH	N_t	G_{LP}	P_B	R_P	T_O	F	T_h
平盘地卷 P.horizontalis	3/4	2	3	3	2	Lf	Cb	ap	1	2	X
软地卷 P.malacea	3/4	4	4	1	2	Lf	Cb	ap	1	1	X
膜地卷 P.membranacea	2/3	3	3	3	2	Lf	Cb	ap	1	5	X
光滑地卷 P.neckeri	2/3	3	4	4	2	Lf	Cb	ap	1	1	X
长根地卷 P.neopolydactyla	2/3	2	4	4	2	Lf	Cb	ap	1	1	X
多指地卷 P.polydactylon	1/2	2	4	4	2	Lf	Cb	ap	1	3	X
裂芽地卷 P.praetextata	1/3	2	3	3	2	Lf	Cb	ap	1	4	X
地卷 P.rufescens	1/3	4	2	5	4	Lf	Cb	ap	1	4	X
小地卷 P.venosa	1/2	2	3	3	2	Lf	Cb	ap	1	3	X
白脉地卷 P.ponojensis	2/3	4	4	4	2	Lf	Cb	ap	1	1	X
美洲大孢衣 P.americana	2/3	3	4	4	2	Lf	Ga	ap	3	1	DD
灰色大孢蜈蚣衣 P.grisea	2/3	5	2	5	4	Lf	Ga	ap	3	2	X
伴藓大孢衣 P.muscigena	1/3	5	5	5	4	Lf	Ga	ap	3	2	X
亚灰大孢蜈蚣衣 P.perisidiosa	1/3	5	2	5	4	Lf	Ga	ap	3	2	X
朝鲜黄梅 X.coreana	3/4	5	3	4	4	Lf	Ga	ap	4	2	X
荒漠黄梅 X.desertorum	3/4	5	2	4	4	Lf	Ga	ap	4	2	X

从表4-24和图4-15可见，巴尔鲁克山国家级自然保护区分布在落叶林和针叶林带的地面生大型地衣占优势。一般极干燥和潮湿的栖息地地面生大型地衣的种类较少，地面生大型地衣选择湿度适中的栖息地。大型地衣对光照强度的要求不高，一般在光照强烈的栖息地石蕊属和黄梅属的种类分布较多，而胶衣属和部分地卷属的种类分布在比较阴暗、湿度高的基物上。酸性或碱性很高的土壤和基质上地面生大型地衣种类不多，其较喜欢分布在偏酸性基质上。生长型主要以叶状地衣占优势，占61%；其次为石蕊型枝状地衣，占34%。繁殖方式主要以有性繁殖为主，具有子囊盘的种类较多；其次以粉芽或裂芽进行营养繁殖。

气候变化、生态环境改变及人类活动是引起全球环境变化的主要原因。21世纪气候变化日益成为人们关注的焦点，预测未来区域气候变化趋势，研究变化环境下生物多样性的有效保护和生物资源的可持续利用，实现区域经济的可持续发展，具有紧迫的现实意义[54-55]。但是，近几年来在全球变化的大背景下，由于自然和人类活动的双重作用，新疆巴尔鲁克山国家级自然保护区生态系统、栖息地环境、生物多样性受到一定的威胁[1]，已经引起了有关部门的重视。因此，研究该保护区生态环境变化与地衣多样性之间的关系，进一步确定地面生地衣物种多样性分布格局的变化规律等具有重要的意义。地衣由于其形体矮小、结构简单、不能直接为人类带来可观的经济效益，通常不易引起人们的注意；但地衣的结构特殊，具有独特的生态价值和生态功能，在生态系统中起着不可忽视的作用，如地衣是岩石风化和土壤形成的先锋生物，由于它能在一些极端的环境中生长，耐寒耐旱，对生活中的养分要求不高，在植物群落原生演替中，对土壤的形成和环境条件的改善等具有不可低估的作用[97]。

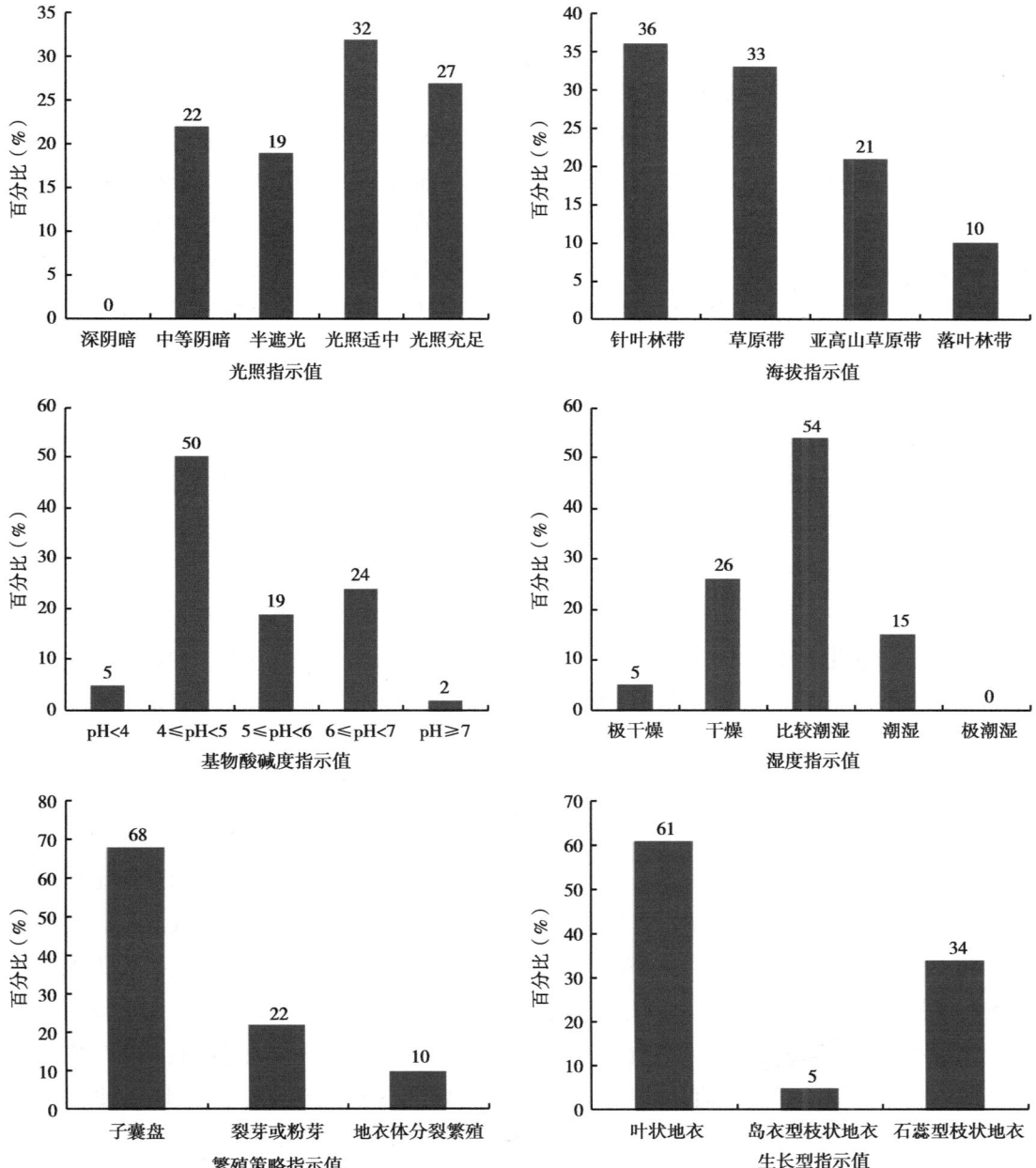

图4-15　地面生大型地衣不同生态指示值等级的百分比

Figure 4-15　The percentage of ecological indicator value of terricolous macrolichen

大型地衣在高山、高海拔地区参与水分平衡和营养物质积累，对维持森林生态系统的平衡和稳定具有重要意义[98-99]。由于地衣的结构特点和生理特性，缺乏植物那种具有保护作用的真皮层及蜡质层，且光合共生物多为共球藻，地衣体结构脆弱易损坏，对大气污染极度敏感，可作为空气质量、森林生态系统健康，乃至全球气候变化的重要指示生物[97]。因此，在全球生物多样性保护中，地衣多样性的保护至关重要，对地衣物种多样性及分布的探索是不可欠缺的。

新疆巴尔鲁克山国家级自然保护区被誉为野生动植物的天堂，其独特的地理位置孕育了特殊和丰富的地衣多样性，具有重要的研究与保护利用价值。大型地衣是巴尔鲁克山国家级自然保护区森林生态系统的重要成分，但目前有关该保护区地衣资源方面的研究不多。最早努尔巴依·阿布都沙力克[1]报道了分布在该保护区的36种地衣；随后热汗古丽·买买提艾力等[93]报道了27种壳状地衣和38种大型地衣；Mamatali等[100-101]分析了巴尔鲁克山国家级自然保护区大型地衣的物种多样性；Dolathan等[102]报道了分布在巴尔鲁克山国家级自然保护区的大型地衣102个分类群（99种，1亚种，2个变型）。为了查明巴尔鲁克山国家级自然保护区地面生大型地衣资源现状，利用地衣指示值评价栖息地环境，在保护区不同植被带设置样点开展研究。结果发现，该保护区地面生大型地衣资源较丰富，与托木尔峰国家级自然保护区比较发现，托木尔峰国家级自然保护区分布的大型地衣共78种，隶属于12科28属[103]，其中地面生大型地衣中地卷属9种，石蕊属8种，而在巴尔鲁克山这两个优势属共有27种。

了解并能够在不同的空间和时间尺度上预测物种与环境的关系，是对生态系统过去、现在和未来功能生物学理解的关键[100]。Scherrer和Guisan[104]提出了一种新的方法，将物种分布模型（SDM）中的生态指标值（EIV）视为一组最佳环境预测变量的合理指标，从而揭示了跨越环境梯度的植物物种的分布与环境因子的决定性关系。国外已有的研究表明，地衣能够短期生长在环境因素多变的生境中。Vondrák等[105]研究表明，地衣对强烈的光照具有形态和生理上的适应性，并提高了二氧化碳同化率。中欧的研究表明，基质pH和营养成分等环境因素的测量，并不能直接和准确地反映地衣在这些栖息地定居的能力。在森林生态系统中，海拔、光照强度、土壤pH、土壤水分含量、空气湿度、植被覆盖度和人为干扰因素等多种因素影响地面生地衣的分布。Rai等[106]对喜马拉雅山地面生地衣的分布研究表明，影响地面生地衣分布的主要因素是水分。因为地面生地衣体内共生藻种类的不同，其水分的利用率存在差异，其中绿藻型地面生地衣通过吸收水蒸气实现净光合作用中碳含量的增加，而蓝藻型地面生地衣需要液态水进行净光合作用。因此，地面生地衣能够指示栖息地降水量和空气湿度的变化。Dingová Košuthová等[107]的研究表明，在苏格兰松林地面生地衣种类的分布受林冠层盖度、树木年龄、树种的影响，因此，能够指示树冠乔木层的覆盖度大小、森林林龄的变化和人工管理的影响程度。

本研究对分布在巴尔鲁克山国家级自然保护区的41种地面生大型地衣的生态指示值进

行了初步研究，借鉴相关文献把指示值分为生境指示值、生活史对策指示值、耐性和分布指示值3类，从栖息地海拔、湿度、基质的pH、繁殖策略、共生藻类型等方面划分了地面生大型地衣的生态学指示值。这些指示指标将为科学评估地衣栖息地变化提供可参考的数据。本研究认为，地衣的生态指示值符合于评估某一个特定研究地区栖息地的变化，不一定符合其他地区。所以，建议今后开展地衣生态指示值研究时，根据研究地区地衣种类的功能性状特征、栖息地的自然环境特点，选择相关的指示指标，才能够根据地衣的物种组成评估栖息地环境条件的变化。目前国内有关地衣指示值方面的研究尚不多见，几乎属于空白。地衣是国际上已确定的理想的指示生物，在长期动态监测环境质量及栖息地生态环境变化方面具有潜在的应用价值。因此，进一步加强地衣指示值方面的研究，将为环境质量生物监测提供廉价和可靠的服务。

4.9 壳状地衣群落特征

4.9.1 壳状地衣物种多样性和相似性

计算多样性指数和均匀度指数，比较各样点间壳状地衣多样性的差异（表4-25）。

表4-25 20个样点的地衣物种多样性和均匀度指数

Table 4-25 Diversity and evenness index of 20 sampling points

样点 Sampling points	种数 Number of species	Shannon-Wiener多样性指数（H'） Shannon-Wiener diversity index	Simpson's多样性指数（D） Simpson's diversity index	Pielou均匀度指数（J） Pielou evenness index
P1	15	2.370	0.874	0.875
P2	11	1.990	0.843	0.830
P3	7	1.366	0.645	0.702
P4	12	2.188	0.869	0.880
P5	18	2.675	0.920	0.926
P6	7	1.896	0.844	0.975
P7	8	1.753	0.795	0.843
P8	7	1.763	0.818	0.906
P9	10	2.056	0.846	0.893
P10	7	1.792	0.809	0.921
P11	4	1.256	0.688	0.906
P12	9	2.001	0.838	0.911
P13	8	1.973	0.846	0.949
P14	7	1.787	0.807	0.918
P15	8	1.635	0.760	0.786
P16	8	1.973	0.847	0.949

（续表）

样点 Sampling points	种数 Number of species	Shannon-Wiener多样性指数（H'） Shannon-Wiener diversity index	Simpson's多样性指数（D） Simpson's diversity index	Pielou均匀度指数（J） Pielou evenness index
P17	8	1.821	0.807	0.876
P18	5	1.516	0.758	0.942
P19	8	1.749	0.784	0.841
P20	10	2.130	0.861	0.925

从表4-25可见，样点5的多样性最大，分别为2.675和0.920。其次为样点1，其多样性指数分别为2.370和0.874。多样性最小的是样点11，其多样性指数分别为1.256和0.688，其次为样点18，为1.516和0.758。样点6的种数有7个，但其均匀度指数最大，为0.975；分布在样点3的壳状地衣共有7种，但其均匀度最小，为0.702。

样点间的相似性指数显示（表4-26、表4-27），样点11和样点18的Jaccard's相似性最大，为0.667，其次为样点1和样点5，为0.650。样点10和样点13、样点13和样点15、样点16和样点19间的Jaccard's相似性指数均为最小，为0.063。

表4-26 20个样点的Jaccard's相似性指数

Table 4-26 Jaccard's similary index of 20 sampling points

样点 Sampling points	P1	P2	P3	P4	P5	P6	P7	P8	P9	P10
P1	1.000									
P2	0.286	1.000								
P3	0.263	0.267	1.000							
P4	0.556	0.278	0.250	1.000						
P5	0.650	0.273	0.250	0.318	1.000					
P6	0.353	0.200	0.250	0.188	0.333	1.000				
P7	0.333	0.118	0.143	0.111	0.389	0.364	1.000			
P8	0.200	0.357	0.333	0.250	0.190	0.250	0.231	1.000		
P9	0.526	0.200	0.167	0.316	0.500	0.333	0.500	0.400	1.000	
P10	0.333	0.267	0.231	0.250	0.316	0.154	0.143	0.143	0.313	1.000
P11	0.250	0.250	0.091	0.143	0.235	0.100	0.200	0.200	0.133	0.091
P12	0.471	0.176	0.214	0.167	0.368	0.231	0.545	0.214	0.571	0.214
P13	0.316	0.333	0.214	0.313	0.238	0.143	0.308	0.417	0.294	0.063
P14	0.389	0.111	0.214	0.235	0.300	0.231	0.308	0.133	0.375	0.214
P15	0.500	0.188	0.231	0.538	0.316	0.364	0.143	0.143	0.313	0.231
P16	0.200	0.267	0.143	0.176	0.190	0.071	0.231	0.143	0.235	0.143
P17	0.412	0.267	0.067	0.250	0.316	0.364	0.455	0.143	0.500	0.333

（续表）

样点 Sampling points	P1	P2	P3	P4	P5	P6	P7	P8	P9	P10
P18	0.375	0.214	0.167	0.200	0.353	0.182	0.400	0.273	0.267	0.167
P19	0.471	0.176	0.133	0.235	0.368	0.231	0.417	0.133	0.467	0.214
P20	0.529	0.235	0.200	0.222	0.350	0.133	0.385	0.200	0.353	0.200

样点 Sampling points	11	12	13	14	15	16	17	18	19	20
P12	0.182	1.000								
P13	0.300	0.200	1.000							
P14	0.083	0.500	0.200	1.000						
P15	0.091	0.214	0.063	0.214	1.000					
P16	0.200	0.308	0.133	0.133	0.143	1.000				
P17	0.200	0.417	0.214	0.308	0.333	0.231	1.000			
P18	0.667	0.364	0.364	0.250	0.167	0.167	0.273	1.000		
P19	0.182	0.385	0.385	0.500	0.133	0.063	0.417	0.364	1.000	
P20	0.273	0.462	0.267	0.267	0.286	0.286	0.286	0.333	0.357	1.000

Sørensen's相似性指数值在0.118~0.80（表4-27）。样点11和样点18间的Sørensen's相似性指数最大，为0.800；其次为样点1和样点5的相似性较大，为0.788。样点10和样点13、样点13和样点15、样点16和样点19间的Sørensen's相似性指均为最小，为0.118。

表4-27　20个样点的Sørensen's相似性

Table 4-27　Sørensen's similary index of 20 sampling points

样点 Sampling points	P1	P2	P3	P4	P5	P6	P7	P8	P9	P10
P1	1.000									
P2	0.444	1.000								
P3	0.417	0.421	1.000							
P4	0.714	0.435	0.400	1.000						
P5	0.788	0.429	0.400	0.483	1.000					
P6	0.522	0.333	0.400	0.316	0.500	1.000				
P7	0.500	0.211	0.250	0.200	0.560	0.533	1.000			
P8	0.333	0.526	0.500	0.400	0.320	0.400	0.375	1.000		
P9	0.690	0.333	0.286	0.480	0.667	0.500	0.667	0.571	1.000	
P10	0.400	0.421	0.375	0.400	0.480	0.267	0.250	0.250	0.476	1.000
P11	0.640	0.400	0.167	0.250	0.381	0.182	0.333	0.333	0.235	0.167
P12	0.480	0.300	0.353	0.286	0.538	0.375	0.706	0.353	0.727	0.353
P13	0.560	0.500	0.353	0.476	0.385	0.250	0.471	0.588	0.455	0.118
P14	0.667	0.200	0.353	0.381	0.462	0.375	0.471	0.235	0.545	0.353

（续表）

样点 Sampling points	P1	P2	P3	P4	P5	P6	P7	P8	P9	P10
P15	0.333	0.316	0.375	0.700	0.480	0.533	0.250	0.250	0.476	0.375
P16	0.583	0.421	0.250	0.300	0.320	0.133	0.375	0.250	0.381	0.250
P17	0.545	0.421	0.125	0.400	0.480	0.533	0.625	0.250	0.667	0.500
P18	0.658	0.353	0.286	0.333	0.522	0.308	0.571	0.429	0.421	0.286
P19	0.640	0.300	0.235	0.381	0.538	0.375	0.588	0.235	0.636	0.353
P20	0.692	0.381	0.333	0.364	0.519	0.235	0.556	0.333	0.522	0.333

样点 Sampling points	11	12	13	14	15	16	17	18	19	20
P12	0.308	1.000								
P13	0.462	0.333	1.000							
P14	0.154	0.667	0.333	1.000						
P15	0.167	0.353	0.118	0.353	1.000					
P16	0.333	0.471	0.235	0.235	0.250	1.000				
P17	0.333	0.588	0.353	0.471	0.500	0.375	1.000			
P18	0.800	0.533	0.533	0.400	0.286	0.286	0.429	1.000		
P19	0.308	0.556	0.556	0.667	0.235	0.118	0.588	0.533	1.000	
P20	0.429	0.632	0.421	0.421	0.444	0.444	0.444	0.500	0.526	1.000

4.9.2 壳状地衣群落数量分类

对壳状地衣群落进行数量分类时，先整理分布在各不同样点内壳状地衣种类的盖度数据，构建26 cm×20 cm的数据矩阵，然后运用TWINSPAN分析法对壳状地衣群落进行数量分类。最终根据TWINSPAN分析结果（图4-16）将壳状地衣群落划分为以下3个群丛（表4-28）。

群丛1：包括样点6、7、12、14、17、18、19和20。主要地衣种类有鳞饼衣 *Dimelaena oreina*（Ach.）Norman、蜡黄橙衣 *Caloplaca cerina*（Ehrh. ex Hedw.）Th. Fr.、蜂窝橙衣 *Caloplaca scrobiculata* H. Magn.、戈壁微孢衣 *A.gobiensis* H.Magn.、白边平茶渍 *Aspicilia sublaqueata*（H.Magn）J.C. Wei、小美衣 *Calogaya pusilla*（A. Massal.）Arup, Frödén & Søchting等19种。地衣总平均盖度为19.95%，盖度最大的是鳞饼衣 *Dimelaena oreina*（Ach.），为10.93%；其次为蜡黄橙衣 *Caloplaca cerina*（Ehrh. ex Hedw.）Th. Fr.，盖度为10.59%。命名为鳞饼衣+蜡黄橙衣+戈壁微孢衣群丛。

群丛2：包括样点1、4、5、9、10和15。主要地衣种类有散生微孢衣 *Acarospora sparsa* H.Magn、霜降衣 *Icmadophila ericetorum*（L.）Zahlbr.、碎茶渍 *Lecanora argopholis*（Ach）Ach.、茎口果粉衣 *Cheanotheca stemonea*（Ach.）Muell.、蜂窝橙衣 *Caloplaca scrobiculata* H. Magn.、鳞饼衣 *Dimelaena oreina*（Ach.）Norman、蜡黄橙衣 *Caloplaca* cerina（Ehrh. ex Hedw.）Th. Fr.、聚盘微孢衣 *Acarospora glypholecioides* H.Magn.等23种。地衣总平均盖度为13.06%，盖度最大的是散生微孢衣 *Acarospora sparsa* H.Magn，为10.79%；其次为霜降衣 *Icmadophila ericetorum*（L.）Zahlbr.，盖度为7.46%。命名为散生微孢衣+霜降衣+碎茶渍群丛。

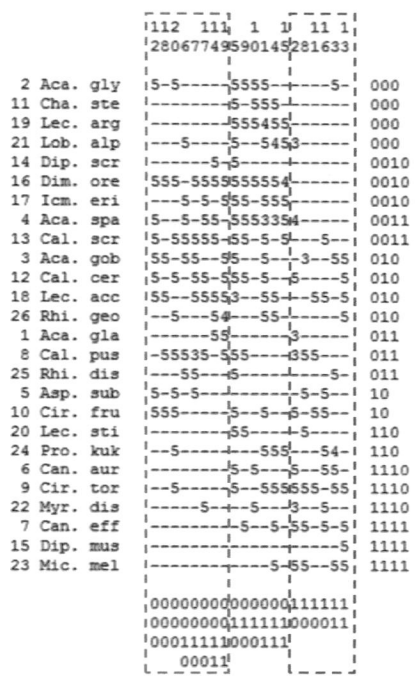

图4-16 TWINSPAN分类结果矩阵

Figure 4-16 TWINSPAN classification tree

Aca.gla：苍果微孢衣 *Acarospora glaucocarpa*（Ach.）Arnold、*Aca.gly*：聚盘微孢衣 *Acarospora glypholecioides* H.Magn.、*Aca.gob*：戈壁微孢衣 *Acarospora gobiensis* H.Magn.、*Aca.spa*：散生微孢衣 *Acarospora sparsa* H.Magn、*Asp.sub*：白边平茶渍 *Aspicilia sublaqueata*（H.Magn）J.C.Wei、*Can.aur*：金黄茶渍 *Candelariella aurella*（Hoffm.）Zahlbr、*Can.eff*：疏展茶渍 *Candelariella efflorescens* R.C.Harris & W.R.Buck、*Cal.pus*：小美衣 *Calogaya pusilla*（A. Massal.）Arup, Frödén & Søchting、*Cir.tor*：扭曲野粮衣 *Circinaria tortuosa*（H.Magn.）Globk.、*Cir.fru*：果野粮衣 *Circinaria fruticulosa*（Eversm.）Sohrabi、*Cha.ste*：茎口果粉衣 *Chaenotheca stemonea*（Ach.）Müll. Arg.、*Cal.cer*：蜡黄橙衣 *Caloplaca cerina*（Ehrh. ex Hedw.）Th. Fr.、*Cal.scr*：蜂窝橙衣 *Caloplaca scrobiculata* H. Magn.、*Dip.scr*：双缘衣 *Diploschistes scruposus*（Schreb.）Norm.、*Dip.mus*：藓生双缘衣 *Diploschistes muscorum*（Scop.）R.Sant、*Dim.ore*：鳞饼衣 *Dimelaena oreina*（Ach.）Norman、*Icm.eri*：霜降衣 *Icmadophila ericetorum*（L.）Zahlbr.、*Lec.acc*：聚茶渍 *Lecanora accumulata* H.Magn.、*Lec.arg*：碎茶渍 *Lecanora argopholis*（Ach）Ach.、*Lec.sti*：平小网衣 *Lecidella stigmatea*（Ach.）Hertel & Leuckert、*Lob.alp*：粉瓣茶衣 *Lobothallia alphoplaca*（Wahlenb.）Hafellner、*Myr.dis*：散多盘衣 *Myriolecis dispersa*（Pers.）Śliwa, Zhao Xin & Lumbsch、*Mic.mel*：黑亚网衣 *Micarea melaena*（Nyl.）Hedl.、*Pro.kuk*：青海原类梅 *Protoparmeliopsis kukunorensis*（H.Magn.）S.Y.Kondr.、*Rhi.dis*：双孢灰地图衣 *Rhizocarpon disporum*（Nageli ex Hepp.）Mull.Arg.、*Rhi.geo*：地图衣 *Rhizocarpon geographicum*（L.）DC.。

群丛3：包括样点2、3、8、11、13和16。主要地衣种类有戈壁微孢衣 *Acarospora gobiensis* H.Magn.、黑亚网衣 *Micarea melaena* (Nyl.) Hedl.、扭曲野粮衣 *Circinaria tortuosa* (H.Magn.) Globk.、聚茶渍 *Lecanora accumulata* H.Magn.、疏展茶渍 *Candelariella efflorescens* R.C.Harris & W.R.Buck、小美衣 *Calogaya pusilla* (A. Massal.) Arup, Fröden & Søchting等21种。地衣总平均覆盖度为8.81%，盖度最大的是戈壁微孢衣 *Acarospora gobiensis* H.Magn.，为8.45%；其次为黑亚网衣 *Micarea melaena* (Nyl.) Hedl.，盖度为7.84%。命名为戈壁微孢衣+黑亚网衣+扭曲野粮衣群丛。

表4-28 巴尔鲁克山国家级自然保护区壳状地衣群落的盖度

Table 4-28 The coverage of microlichens in nature reserve 单位：%

种名 Name of species	群丛1 Association 1		群丛2 Association 2		群丛3 Association 3	
	总盖度 Total coverage	平均盖度 Average coverage	总盖度 Total coverage	平均盖度 Average coverage	总盖度 Total coverage	平均盖度 Average coverage
Aca.gla	2.58	0.57	—	—	0.08	0.01
Aca.gly	2.12	0.47	4.11	0.69	1.24	0.21
Aca.gob	7.91	1.76	1.6	0.27	8.45	1.41
Aca.spa	7	1.56	10.79	1.80	0.17	0.03
Asp.sub	7.73	1.72	—	—	3.4	0.57
Can.aur	—	—	1.44	0.24	2.77	0.46
Can.eff	—	—	3.36	0.56	3.92	0.65
Cal.pus	7.62	1.69	1.05	0.18	3.08	0.51
Cir.tor	0.64	0.14	3.36	0.56	5.99	1.00
Cir.fru	5.33	1.18	3.41	0.57	2.82	0.47
Che.ste	—	—	5.45	0.91	—	—
Cal.cer	10.59	2.35	4.41	0.74	1.48	0.25
Cal.scr	8.35	1.86	5.24	0.87	1.15	0.19
Dip.scr	0.65	0.14	0.41	0.07	—	—
Dip.mus	—	—	—	—	1	0.17
Dim.ore	10.93	2.43	4.94	0.82	—	—
Icm.eri	3.65	0.81	7.46	1.24	—	—
Lec.acc	5.43	1.21	1.08	0.18	4.25	0.71
Lec.arg	—	—	5.58	0.93	—	—
Lec.sti	—	—	1.7	0.28	1.54	0.26
Lob.alp	0.74	0.16	3.66	0.61	0.06	0.01
Myr.dis	0.81	0.18	3.28	0.55	1.27	0.21
Mic.mel	—	—	0.54	0.09	7.84	1.31
Pro.kuk	1.16	0.26	3.1	0.52	0.83	0.14
Rhi.dis	2.11	0.47	1.54	0.26	0.28	0.05
Rhi.geo	4.42	0.98	0.87	0.15	1.24	0.21

计算各群丛的多样性和相似性可知，群丛2的香农维纳和辛普森多样性指数最大，分别为2.896和0.935；其次为群丛1的多样性指数较大，分别为2.665和0.920；群丛3的多样性指数分别为2.625和0.91。均匀度指数排序为群丛2，为0.977；其次为群丛1，为0.972；再次为群落3，其均匀度为0.956。Jaccard's和Sørensen's相似性指数，群丛1和群丛3的相似性指数最大，分别为1.33和0.800；其次为群丛2和群丛3，分别为为1.259和0.770；再次为群丛1和群丛2，分别为1.231和762。

4.9.3　壳状地衣分布与环境因子的关系

为了找出影响壳状地衣物种分布的环境因子，应用CCA排序对6种环境因子（表4-29）和26种壳状地衣之间的关系进行了多元数据分析。CCA排序结果见图4-17和图4-18。

表4-29　巴尔鲁克山国家级自然保护区20个样点的环境变量
Table 4-29　Environmental variables of 20 sampling points

样点 Sampling points	海拔 Altitude (m)	坡向 Aspect	坡度 Slope (°)	岩石大小 Rock size (cm)	光照强度 Light intensity	干扰强度 Disturbance degree
P1	1 152	1.5	1.65	2	5	5
P2	1 230	2	2.05	1.5	3	5
P3	1 250	2.5	2.85	3	4	3
P4	1 280	1.5	3.25	2.5	3.5	4
P5	1 305	2.5	1.82	3	2.5	5
P6	1 325	3	3.15	4.5	1.5	5
P7	1 356	2	5.56	5	1.5	5
P8	1 380	2.5	2.75	3.5	2	5
P9	1 400	2	4.68	2	3	5
P10	1 450	1.5	1.68	1.5	3.5	5
P11	1 486	2	1.87	2.5	2.5	4
P12	1 520	2.5	4.52	2	3	3
P13	1 560	1.5	3.25	1.5	3.5	3
P14	1 600	2	2.84	2	4	4
P15	1 650	1.5	4.25	2	4.5	4
P16	1 700	2	5.02	1.5	3	3
P17	1 724	1.5	4.57	3	2.5	3
P18	1 750	1.5	3.57	3.5	1.5	2
P19	1 800	2.5	2.54	4	2	5
P20	1 820	2	1.68	3.5	2.5	4

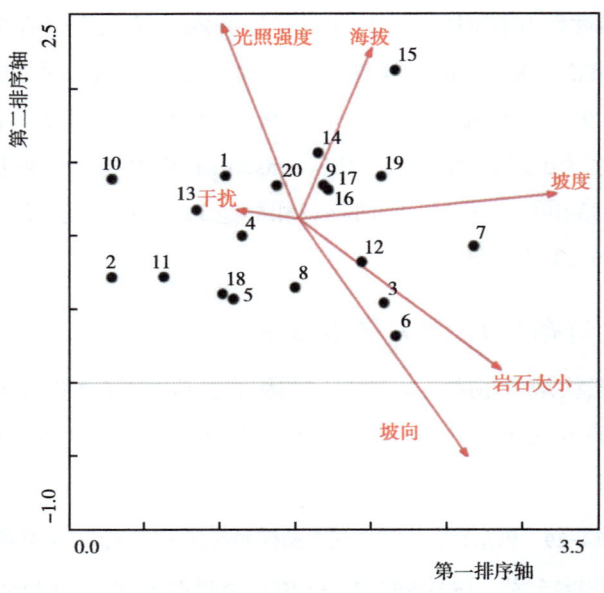

图4-17 20个样点和6种环境因子关系的CCA排序

Figure 4-17　CCA ordination between 20 sampling points and 6 environmental variables

由图4-17可知，分布在样点8和样点6的地衣种受到坡向的影响。分布在样点3和样点12的地衣种受到岩石大小的影响。分布在样点7和样点19的地衣种受到坡度的影响。分布在样点16、17、9、14和15的地衣种均受到海拔的影响。分布在样点20的地衣种和光照强度有关。分布在样点1、4、13和10的地衣种均受到干扰的影响。分布在样点5、18、11和样点2的地衣种与以上6种环境因子间的关系不显著。受影响样点数量最多的环境因子为海拔，其次为干扰。

图4-18的分析结果显示，双孢灰地图衣（*Rhi.dis*）的分布与坡向有关，分布在坡向较大的环境。戈壁微孢衣（*Aca.gob*）和白边平茶渍（*Asp.sub*）的分布与岩石大小有关，均分布在岩石较大的环境。蜡黄橙衣（*Cal.cer*）和粉瓣茶衣（*Lob.alp*）的分布与坡度有关。霜降衣（*Icm.eri*）、散生微孢衣（*Aca.spa*）、蜂窝橙衣（*Cal.scr*）和苍果微孢衣（*Aca.gla*）的分布与海拔高度有关。聚茶渍（*Lec.acc*）、地图衣（*Rhi.geo*）、鳞饼衣（*Dim.ore*）和青海原类梅（*Pro.kuk*）的分布均与光照强度有关。双缘衣（*Dip.scr*）的分布与干扰有关。散多盘衣（*Myr.dis*）、藓生双缘衣（*Dip.mus*）、茎口果粉衣（*Che.ste*）、碎茶渍（*Lec.arg*）、果野粮衣（*Cir.fru*）、扭曲野粮衣（*Cir.tor*）、金黄茶渍（*Can.aur*）、疏展茶渍（*Can.eff*）、聚盘微孢衣（*Aca.gly*）、小美衣（*Cal.pus*）、平小网衣（*Lec.sti*）和黑亚网衣（*Mic.mel*）的分布都不受任何环境因子的影响。综上所述，巴尔鲁克山国家级自然保护区壳状地衣种类的分布受到海拔、光照强度、坡度、坡向及岩石大小等因素的影响。

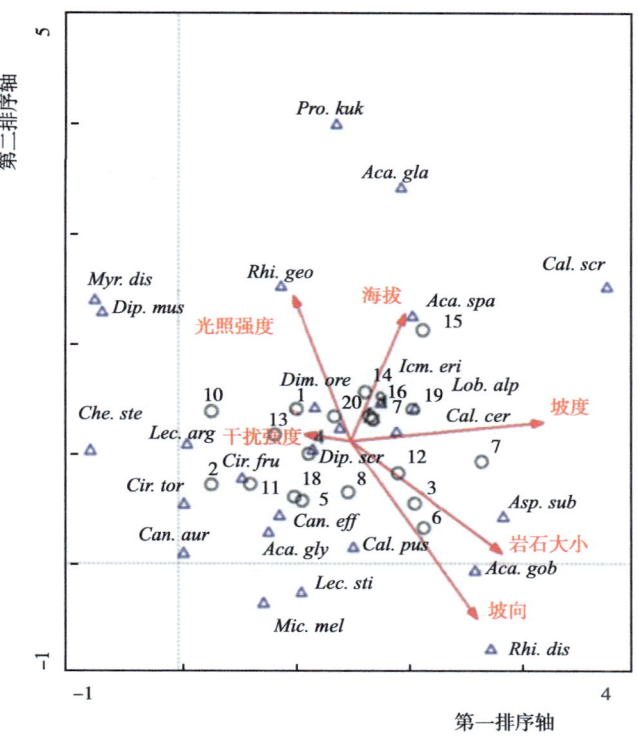

图4-18 26种壳状地衣种分布和6种环境因子关系的CCA排序

Figure 4-18 CCA ordination between 26 microlichens and 6 environmental variables

综上所述，新疆巴尔鲁克山国家级自然保护区的壳状地衣主要分布在岩石和树皮上，其中岩面生壳状地衣的种类占优势。岩面生壳状地衣的物种多样性随着海拔梯度发生变化，主要是岩石的坡度、坡向引起所接受的太阳辐射量，从而影响壳状地衣的分布。岩石的大小对壳状地衣种类的影响不显著。

第五章　保护区地衣生态位特征

5.1　地面生大型地衣生态位特征

5.1.1　地面生大型地衣的生态位宽度分析

50种地面生大型地衣的Levins和Shannon-Wiener生态位宽度指数见表5-1。

表5-1　地面生大型地衣生态位宽度

Table 5-1　Niche width of terricolous macrolichens

物种编号 Number of species	种名 Name of species	Levins生态位宽度指(B_i) Levins niche width index	Shannon-Wiener生态位宽度指数(B_a) Shannon-Wiener niche width index
S16	灰色大孢蜈蚣衣 *Physconia grisea*	1.00	0.01
S17	伴藓大孢衣 *P.muscigena*	1.78	0.78
S18	伴藓大孢衣原变型 *Physconia muscigena* f. *muscigena*	2.62	1.02
S19	伴藓大孢衣瘤状变型 *P. muscigena* f. *squarrosa*	1.00	0.04
S20	美洲大孢衣 *P. americana*	1.00	0.05
S21	亚灰大孢蜈蚣衣 *P. perisidiosa*	1.94	0.68
S24	刚毛雪花衣 *Anaptychia setifera*	1.51	0.63
S26	矮石蕊 *Cladonia humilis*	1.48	0.50
S27	粉石蕊 *C. fimbriata*	2.90	1.18
S29	喇叭粉石蕊 *Cladonia chlorophaea*（Flörke ex Sommerf.）Spreng	1.00	0.06
S32	粗皮石蕊 *C.scabriuscula*	1.99	0.69
S33	陀螺亚种 *C. gracilis* subsp. *Turbinata*	1.94	0.68
S34	喇叭石蕊 *C. pyxidata*	1.00	0.03
S35	莲座石蕊 *Cladonia pocillum*	3.14	1.29
S36	拟小漏斗石蕊 *C.conista*	1.00	0.02
S37	枪石蕊 *Cladonia coniocraea*	1.94	0.68
S38	尖石蕊 *C. acuminata*	1.97	0.69
S40	斜漏斗石蕊 *C. cenotea*	1.88	0.66
S41	枪石蕊小钻头变型 *C. coniocraea f.certodes*	2.68	1.03

（续表）

物种编号 Number of species	种名 Name of species	Levins生态位宽度指（B_i） Levins niche width index	Shannon-Wiener生态位宽度指数（B_a） Shannon-Wiener niche width index
S42	枪石蕊截顶变型 *C. coniocraea f. truncata*	1.00	0.00
S43	角石蕊 *C. cornuta*	2.41	0.96
S44	鳞叶石蕊 *C. phyllophora*	1.36	0.44
S45	亚鳞石蕊 *C. subsquamosa*	1.00	0.01
S46	鳞片石蕊 *C. squamosa*	2.00	0.69
S50	冰岛衣 *C. islandica*	1.42	0.53
S51	冰岛衣东方亚种 *Cetraria ssp. orientalis*（Asahina）Kärnefelt	1.00	0.03
S52	冰岛衣原亚种 *Cetraria islandica ssp. islandica*（L.）Ach.	1.00	0.02
S54	巴尔迪莫皱衣 *Flavoparmelia baltimorensis*（Gyeln. & Foriss）Hale	2.02	0.78
S55	平坦北极梅 *Arctoparmelia separata*（Th. Fr.）Hale	1.74	0.62
S62	荒漠黄梅 *Xanthoparmelia desertorum*（Elenkin）Hale	2.72	1.04
S63	朝鲜黄梅 *Xanthoparmelia coreana*（Gyeln.）Hale	1.00	0.03
S73	槽梅衣 *Parmelia sulcata* Taylor	1.92	0.67
S76	雪黄岛衣 *Flavocetraria nivalis*（L.）Kärnefelt & A. Thell	1.00	0.01
S77	树皮猫耳衣	1.96	0.76
S78	土星猫耳衣 *Leptogium saturninum*（Dicks.）Nyl.	1.99	0.69
S80	蜂窝肺衣	1.00	0.03
S82	粉屑胶衣 *Collema furfuraceum*（Schaer.）Du Riet	1.72	0.61
S84	多指地卷 *Peltigera polydactyla*（Neck.）Hoffm.	1.00	0.01
S85	地卷 *Peltigera rufescens*（Weiss）Humb.	1.71	0.73
S86	光滑地卷 *Peltigera neckeri* Hepp ex Müll.	1.96	0.68
S87	软地卷 *Peltigera malacea*（Ach.）Funck	1.00	0.02
S88	裂芽地卷 *Peltigera praetextata*（Flörke ex Sommerf.）Zopf	1.73	0.61
S89	犬地卷 *Peltigera canina*（L.）Willd.	1.83	0.65
S90	小地卷 *Peltigera venosa*（L.）Hoffm.	1.00	0.01
S91	平盘软地卷 *Peltigera elisabethae* Gyelnik	2.05	0.84
S92	大陆地卷 *Peltigera continentalis* Vitik.	1.26	0.41
S93	平盘地卷 *Peltigera horizontalis*（Huds.）Baumg.	1.71	0.74
S94	膜地卷 *Peltigera membranacea*（Ach.）Nyl.	2.84	1.07
S95	长根地卷 *Peltigera neopolydactyla*（Gyeln.）Gyeln.	1.47	0.50
S98	镶边肾盘衣 *Nephroma parile*（Ach.）Ach.	1.90	0.67

从表5-1得知，地面生大型地衣种类的Levins和Shannon-Wiener生态位宽度的种间差异比较显著。其中粉石蕊 Cladonia fimbriata（B_i=2.90，B_a=1.18）、莲座石蕊 Cladonia pocillum（B_i=3.14，B_a=1.29）、枪石蕊小钻头变型 C. coniocraea f.certodes（B_i=2.68，B_a=1.03）、荒漠黄梅 Xanthoparmelia desertorum（B_i=2.72，B_a=1.04）和膜地卷 Peltigera membranacea（B_i=2.84，B_a=1.07）等种类的生态位宽度较大，分布比较广泛，可充分地利用栖息地资源。而枪石蕊截顶变型 Cladonia coniocraea f.truncata（B_i=1.00，B_a=0.00）、亚鳞石蕊 C. subsquamosa（B_i=1.00，B_a=0.01）、雪黄岛衣 Flavocetraria nivalis（B_i=1.00，B_a=0.01）、多指地卷 Peltigera polydactylon（B_i=1.00，B_a=0.01）和小地卷 P. venosa（B_i=1.00，B_a=0.01）等种类的生态位宽度指数较小，在各样点的出现频率较低，分布区比较窄。

在表5-1生态位宽度数据的基础上，对不同生态位宽度的地面生大型地衣种类进行了统计学分析。统计结果显示，生态宽度在$0<B_a\leq1$和$1<B_i\leq2$的地面生大型地衣种类较多，分别占85.71%和51.02%。研究地区地面生大型地衣的生态位宽度普遍较窄，物种在资源利用方面很少出现竞争，物种的分布范围比较窄，因此，地面生大型地衣群落的物种组成比较丰富，稳定性较高，见表5-2。

表5-2 不同生态位宽度范围的地面生大型地衣种数
Table5-2 Number of terricolous macrolichen species with different niche width

B_i	种数 Number of species	平均生态位宽度 Average B_i	百分比 Percentage（%）
B_i=1	15	1	30.61
$1<B_i\leq2$	25	1.76	51.02
$B_i>2$	9	2.6	18.37
B_a	种数 Number of species	平均生态位宽度 Average B_a	百分比 Percentage（%）
B_a=0	1	0	2.04
$0<B_a\leq1$	42	0.45	85.71
$B_a>1$	6	1.11	12.24

5.1.2 地面生大型地衣的生态位重叠分析

生态位重叠是指地衣群落中资源利用方式相似的物种在栖息地资源的利用上出现的相似生态位宽度的重叠现象。一般种类间对栖息地资源要求的相似性越高，生态位重叠越严重[108-109]。50种地面生大型地衣的生态位重叠值见表5-3。

生态位重叠指数显示，巴尔鲁克山国家级自然保护区地面生大型地衣物种的生态位重叠值大于1的种对占所有种对的1.16%，其中莲座石蕊 *Cladonia pocillum*和枪石蕊截顶变型 *C. coniocraea f.truncata*、莲座石蕊和冰岛衣原亚种 *Cetraria islandica* ssp.*islandica*（L.）Ach.间的生态位重叠值最高为1.44。生态位重叠值在0.5~1的种类有伴藓大孢衣瘤状变型 *P. muscigena* f. *squarrosa*、美洲大孢衣 *Physconia americana* Essl.、亚灰大孢蜈蚣衣 *Physconia perisidiosa*（Erichs.）Mobag.、粗皮石蕊 *Cladonia scabriuscula*（Delise）Nyl.、斜漏斗石蕊 *Cladonia cenotea*（Ach.）Schaer.和亚鳞石蕊 *C. subsquamosa*等143个物种对，占总数的5.72%。生态位宽度最宽的莲座石蕊 *Cladonia pocillum*与大多数地面生大型地衣之间出现生态位重叠现象，说明该物种的生态位比较宽，资源利用方面与其他地面生大型地衣间的相似性较高。生态位重叠值在0.01~0.5的种对占所有种对的18.20%。生态位重叠值0的种对占所有种对的74.92%。这说明该保护区地面生不同大型地衣种群间资源利用的相似程度较低，各物种对生境资源的需求有一定的差异，物种在生境资源的利用上形成了生态位的分化，种间竞争不激烈。

生态位理论是现代生态学研究的重要理论基础之一，已应用于种间关系、群落结构、物种多样性及种群进化等研究领域，由于物种对环境资源的需求和利用特点不同，形成物种生态位的差异，表现为生态位宽度和生态位重叠值的不同，因此，逐渐成为解释自然群落的重要依据[110-111]。本研究结果显示，分布在巴尔鲁克山国家级自然保护区的地面生大型地衣中，莲座石蕊 *Cladonia pocillum*的生态位宽度指数最大，其Levins和Shannon-Weiner生态位宽度指数分别为B_i=3.14和B_a=1.29；其次是粉石蕊 *C. fimbriata*（B_i=2.90，B_a=1.18）、荒漠黄梅 *Xanthoparmelia desertorum*（B_i=2.72，B_a=1.04）和膜地卷 *Peltigera membranacea*（B_i=2.84，B_a=1.07）。在保护区野外调查时发现，莲座石蕊在不同海拔梯度的样点中出现的频率较高、盖度大，对地面生地衣群落物种组成方面起到关键作用，是决定地面生大型地衣群落外貌的优势种。

一般种间资源需求越相似，种间竞争越激烈，生态位重叠越严重，充分反映不同物种在栖息地资源利用方面的竞争程度。研究发现，巴尔鲁克山国家级自然保护区地面生大型地衣种间生态位重叠普遍存在，但重叠指数比较低，多数种类的生态位比较窄，在资源利用方面尽量避免较强烈的种间竞争，从而保持了地面生大型地衣群落的稳定性。例如，生态位宽度较大的莲座石蕊*Cladonia pocillum*和粉石蕊*Cladonia fimbriata*虽然与其他种类间存在一定程度的生态位重叠，但资源利用方面还是出现生态位在一定程度上的分化，通过功能性状的改变来适应不同栖息地环境而降低了种间竞争。综上所述，分布在巴尔鲁克山国家级自然保护区的地面生大型地衣种类的生态位特征比较复杂，生态位宽度和重叠值间不存在简单的线性对应关系，有时因为种类本身的生理生态学特征和功能性状的差异，生态位较窄的种间也会出现较大的重叠现象。

表5-3 巴尔鲁克山国家级自然保护区地面生大型地衣生态位重叠值

Table 5-3 Niche overlap of terricolous macrolichens in Barluk Mountain National Nature Reserve

物种编号 Number of species	S16	S17	S18	S19	S20	S21	S24	S26	S27	S29	S32	S33	S34	S35	S36	S37	S38	S40	S41	S42	S43
S16	0.00	1.09	0.08	0.50	0.50	0.06	0.00	0.00	0.00	0.00	0.00	0.00	0.00	0.01	0.00	0.00	0.00	0.00	0.00	0.00	0.00
S17		0.00	0.00	0.00	0.00	0.09	0.00	0.00	0.00	0.00	0.00	0.00	0.00	0.00	0.00	0.00	0.00	0.00	0.00	0.00	0.00
S18			0.00	0.41	0.41	0.00	0.00	0.21	0.43	0.00	0.00	0.42	0.00	0.25	0.00	0.00	0.00	0.00	0.00	0.00	0.00
S19				0.00	1.00	0.00	0.00	0.00	0.00	0.00	0.00	0.00	0.00	0.00	0.00	0.00	0.00	0.00	0.00	0.00	0.00
S20					0.00	0.00	0.00	0.00	0.00	0.00	0.00	0.00	0.00	0.00	0.00	0.00	0.00	0.00	0.00	0.00	0.00
S21						0.00	0.00	0.00	0.10	0.00	0.53	0.00	0.00	0.07	0.00	0.00	0.00	0.00	0.00	0.00	0.00
S24							0.00	0.00	0.00	0.00	0.00	0.00	0.00	0.00	0.00	0.00	0.00	0.08	0.00	0.00	0.00
S26								0.00	0.58	0.00	0.00	0.12	0.00	0.32	0.00	0.00	0.00	0.44	0.20	0.00	0.00
S27									0.00	0.31	0.12	0.50	0.31	0.69	0.00	0.00	0.00	0.42	0.19	0.31	0.03
S29										0.00	0.00	0.00	1.00	0.46	0.00	0.00	0.00	0.00	0.00	1.00	0.11
S32											0.00	0.00	0.06	0.00	0.00	0.00	0.00	0.00	0.00	0.00	0.42
S33												0.00	0.00	0.19	0.00	0.00	0.64	0.00	0.46	0.00	0.00
S34													0.00	0.46	0.00	0.00	0.00	0.00	0.00	1.00	0.11
S35														0.00	0.00	0.00	0.00	0.25	0.11	1.44	0.16
S36															0.00	0.41	0.44	0.00	0.00	0.00	0.00
S37																0.00	0.35	0.00	0.00	0.00	0.00
S38																	0.00	0.00	0.44	0.00	0.00
S40																		0.00	0.12	0.00	0.00
S41																			0.00	0.00	0.00
S42																				0.00	0.11
S43																					0.00

物种编号 Number of species	S44	S45	S46	S50	S51	S52	S54	S55	S62	S63	S73	S76	S77	S78	S80
S16	0.00	0.00	0.00	0.00	0.00	0.00	0.00	0.00	0.00	0.50	0.00	0.00	0.10	0.00	0.00
S17	0.00	0.00	0.00	0.00	0.00	0.00	0.00	0.00	0.00	0.00	0.00	0.00	0.00	0.00	0.00
S18	0.00	0.00	0.00	0.00	0.00	0.00	0.00	0.00	0.42	0.41	0.00	0.00	0.00	0.00	0.00
S19	0.00	0.00	0.00	0.00	0.00	0.00	0.00	0.00	0.00	1.00	0.00	0.00	0.00	0.00	0.00
S20	0.00	0.00	0.00	0.00	0.00	0.00	0.00	0.00	0.00	1.00	0.00	0.00	0.00	0.00	0.00
S21	0.00	0.00	0.00	0.00	0.00	0.00	0.00	0.00	0.22	0.00	0.00	0.00	0.00	0.00	1.14
S24	0.00	0.00	0.00	0.62	0.00	0.00	0.00	0.00	0.00	0.00	0.00	0.11	0.00	0.00	0.00
S26	0.00	1.18	0.57	0.17	0.00	0.00	0.00	0.00	0.00	0.00	0.00	0.00	0.00	0.00	0.00
S27	0.05	1.13	0.55	0.17	0.00	0.31	0.00	0.00	0.05	0.00	0.00	0.00	0.00	0.00	0.25
S29	0.16	0.00	0.00	0.03	0.00	1.00	0.00	0.00	0.00	0.00	0.00	0.00	0.00	0.00	0.00

（续表）

物种编号 Number of species	S44	S45	S46	S50	S51	S52	S54	S55	S62	S63	S73	S76	S77	S78	S80
S32	0.00	0.00	0.00	0.00	0.00	0.00	0.00	0.00	0.18	0.00	0.00	0.00	0.00	0.57	0.92
S33	0.00	0.00	0.00	0.00	0.00	0.00	0.67	0.00	0.00	0.00	0.00	0.00	0.00	0.00	0.00
S34	0.16	0.00	0.00	0.03	0.00	1.00	0.00	0.00	0.00	0.00	0.00	0.00	0.00	0.00	0.00
S35	0.23	0.67	0.33	0.14	0.00	1.44	0.00	0.00	0.04	0.00	0.00	0.00	0.03	0.00	0.19
S36	0.00	0.00	0.00	0.00	0.00	0.00	0.00	0.00	0.00	0.00	0.00	0.00	0.00	0.00	0.00
S37	0.00	0.00	0.00	0.00	0.00	0.00	0.00	0.00	0.00	0.00	0.46	0.00	0.00	0.00	0.00
S38	0.00	0.00	0.00	0.00	0.00	0.00	0.65	0.00	0.00	0.00	0.00	0.00	0.00	0.00	0.00
S40	0.00	0.71	0.34	0.10	0.00	0.00	0.00	0.00	0.00	0.00	0.00	0.00	0.00	0.00	0.00
S41	0.00	0.46	0.22	0.07	0.00	0.00	0.63	0.00	0.00	0.00	0.00	1.15	0.00	0.00	0.00
S42	0.16	0.00	0.00	0.03	0.00	1.00	0.00	0.00	0.00	0.00	0.00	0.00	0.00	0.00	0.00
S43	1.06	0.00	0.00	0.01	0.00	0.26	0.00	0.37	0.00	0.00	0.00	0.00	0.00	0.50	0.00
S44	0.00	0.00	0.00	0.01	0.00	0.21	0.00	0.35	0.00	0.00	0.00	0.00	0.00	0.00	0.00
S45	0.00	0.00	0.00	0.49	0.15	0.00	0.00	0.00	0.00	0.00	0.00	0.00	0.00	0.00	0.00

物种编号 Number of species	S82	S84	S85	S86	S87	S88	S89	S90	S91	S92	S93	S94	S95	S98
S16	0.05	0.00	0.04	0.00	0.00	0.00	0.00	0.00	0.00	0.00	0.00	0.00	0.00	0.00
S17	0.06	0.00	0.00	0.00	0.00	0.00	0.00	0.00	0.00	0.00	0.00	0.00	0.00	0.00
S18	0.00	0.00	0.03	0.00	0.00	0.00	0.00	0.00	0.00	0.00	0.87	0.00	0.00	0.00
S19	0.00	0.00	0.07	0.00	0.00	0.00	0.00	0.00	0.00	0.00	0.00	0.00	0.00	0.00
S20	0.00	0.00	0.07	0.00	0.00	0.00	0.00	0.00	0.00	0.00	0.00	0.00	0.00	0.00
S21	0.24	1.14	0.84	0.00	0.00	0.35	0.40	0.00	0.00	0.00	0.00	0.26	0.00	0.44
S24	0.00	0.00	0.00	0.00	0.00	0.00	0.08	0.00	0.75	0.00	0.00	0.06	0.00	0.00
S26	0.00	0.00	0.00	0.00	0.00	0.00	0.00	0.00	0.36	1.04	0.00	0.00	0.00	0.00
S27	0.00	0.25	0.25	0.13	0.31	0.29	0.09	0.31	0.37	1.00	0.02	0.06	0.06	0.10
S29	0.00	0.00	0.19	0.43	1.00	0.70	0.00	1.00	0.07	0.02	0.08	0.00	0.20	0.00
S32	0.00	0.92	0.68	0.00	0.00	0.28	0.32	0.00	0.00	0.00	0.00	0.21	0.00	0.36
S33	0.00	0.00	0.00	0.00	0.00	0.00	0.00	0.00	0.00	0.00	0.00	0.00	0.00	0.00
S34	0.00	0.00	0.19	0.43	1.00	0.70	0.00	1.00	0.07	0.02	0.08	0.00	0.20	0.00
S35	0.00	0.19	0.42	0.62	1.44	1.06	0.07	1.44	0.31	0.62	0.12	0.04	0.29	0.08
S36	0.00	0.00	0.00	0.00	0.00	0.00	0.00	0.00	0.00	0.10	0.00	0.00	0.00	0.00
S37	0.00	0.00	0.00	0.00	0.00	0.00	0.00	0.00	0.00	0.08	0.00	0.00	0.92	0.00
S38	0.00	0.00	0.00	0.00	0.00	0.00	0.00	0.00	0.00	0.09	0.00	0.00	0.00	0.00
S40	0.00	0.00	0.00	0.00	0.00	0.00	0.77	0.00	0.22	0.62	0.00	0.00	0.00	0.00
S41	0.00	0.00	0.00	0.65	0.00	0.00	0.00	0.00	0.14	0.40	0.00	0.00	0.00	0.00

（续表）

物种编号 Number of species	S82	S84	S85	S86	S87	S88	S89	S90	S91	S92	S93	S94	S95	S98
S42	0.00	0.00	0.19	0.43	1.00	0.70	0.00	1.00	0.07	0.02	0.08	0.00	0.20	0.00
S43	0.00	0.00	0.05	0.11	0.26	0.18	0.00	0.26	0.02	0.00	0.02	0.00	0.05	0.00
S44	0.00	0.00	0.04	0.09	0.21	0.15	0.00	0.21	0.01	0.00	0.02	0.00	0.04	0.00
S45	0.00	0.00	0.00	0.00	0.00	0.00	0.00	0.00	0.31	0.88	0.00	0.00	0.00	0.00

物种编号 Number of species	S46	S50	S51	S52	S54	S55	S62	S63	S73	S76	S77	S78	S80	S82	S84	S85
S46	0.00	0.14	0.00	0.00	0.00	0.00	0.00	0.00	0.00	0.00	0.00	0.00	0.00	0.00	0.00	0.00
S50		0.00	1.17	0.04	0.00	0.00	0.53	0.00	0.00	0.00	0.00	0.00	0.00	0.00	0.00	0.01
S51			0.00	0.00	0.00	0.00	0.45	0.00	0.00	0.00	0.00	0.00	0.00	0.00	0.00	0.00
S52				0.00	0.00	0.00	0.00	0.00	0.00	0.00	0.00	0.00	0.00	0.00	0.00	0.19
S54					0.00	0.54	0.00	0.00	0.00	0.00	0.00	0.36	0.00	0.00	0.00	0.00
S55						0.00	0.00	0.00	0.00	0.00	0.00	0.56	0.00	0.00	0.00	0.00
S62							0.00	0.00	0.00	0.00	0.00	0.00	0.52	0.00	0.52	0.39
S63								0.00	0.00	0.00	0.00	0.00	0.00	0.00	0.00	0.07
S73									0.00	0.00	0.00	0.00	0.00	0.81	0.00	0.00
S76										0.00	0.00	0.00	0.00	0.00	0.00	0.00
S77											0.00	0.00	0.00	0.00	0.00	0.00
S78												0.00	0.00	0.00	0.00	0.00
S80													0.00	0.00	1.00	0.74
S82														0.00	0.00	0.00
S84															0.00	0.74
S85																0.00

物种编号 Number of species	S86	S87	S88	S89	S90	S91	S92	S93	S94	S95	S98
S46	0.00	0.00	0.00	0.00	0.00	0.94	0.86	0.00	0.00	0.00	0.00
S50	0.02	0.04	0.03	0.00	0.04	0.07	0.18	0.00	0.00	0.01	0.00
S51	0.00	0.00	0.00	0.00	0.00	0.00	0.00	0.00	0.00	0.00	0.00
S52	0.43	1.00	0.70	0.00	1.00	0.07	0.02	0.08	0.00	0.20	0.00
S54	0.00	0.00	0.00	0.00	0.00	0.00	0.00	0.00	0.00	0.00	0.00
S55	0.00	0.00	0.00	0.00	0.00	0.00	0.00	0.00	0.00	0.00	0.00
S62	0.00	0.00	0.16	0.18	0.00	0.00	0.00	0.71	0.12	0.00	0.20
S63	0.00	0.00	0.00	0.00	0.00	0.00	0.00	0.00	0.00	0.00	0.00
S73	0.00	0.00	0.00	0.00	0.00	0.00	0.00	0.21	0.00	0.62	0.00
S76	0.57	0.00	0.00	0.00	0.00	0.00	0.00	0.00	0.00	0.00	0.00
S77	0.00	0.00	0.00	0.00	0.00	0.00	0.00	0.00	0.46	0.00	0.03

（续表）

物种编号 Number of species	S86	S87	S88	S89	S90	S91	S92	S93	S94	S95	S98
S78	0.00	0.00	0.00	0.00	0.00	0.00	0.00	0.00	0.00	0.00	0.00
S80	0.00	0.00	0.30	0.35	0.00	0.00	0.00	0.00	0.22	0.00	0.39
S82	0.00	0.00	0.00	0.00	0.00	0.00	0.00	0.22	0.00	0.00	0.00
S84	0.00	0.00	0.30	0.35	0.00	0.00	0.00	0.00	0.22	0.00	0.39
S85	0.14	0.33	0.61	0.44	0.33	0.02	0.00	0.03	0.28	0.07	0.49
S86	0.00	0.85	0.59	0.00	0.85	0.06	0.01	0.07	0.00	0.17	0.00
S87		0.00	0.70	0.00	1.00	0.07	0.02	0.08	0.00	0.20	0.00
S88			0.00	0.18	1.21	0.08	0.02	0.10	0.12	0.24	0.20
S89				0.00	0.00	0.00	0.00	0.00	0.14	0.00	0.25
S90					0.00	0.07	0.02	0.08	0.00	0.20	0.00
S91						0.00	0.56	0.01	0.00	0.03	0.00
S92							0.00	0.00	0.00	0.00	0.00

5.2 树附生大型地衣生态位特征

5.2.1 树附生大型地衣的生态位宽度分析

44种树附生大型地衣的Levins和Shannon-Wiener生态位宽度指数，见表5-4。

表5-4 树附生大型地衣生态位宽度

Table 5-4 Niche width of epiphytic macrolichens

物种编号 Number of species	种名 Name of species	Levins生态位宽度指数（B_i） Levins niche width index	Shannon-Wiener生态位宽度指数（B_a）Shannon-Wiener niche width index
S1	蜈蚣衣 *Physcia stellaris*（L.）Nyl.	8.79	2.53
S2	斑面蜈蚣衣 *Physcia aipolia*（Ehrh. ex Humb.）Fürnr.	10.51	2.54
S4	对开蜈蚣衣 *Physcia dimidiata*（Arnold）Nyl.	3.31	1.36
S5	疑蜈蚣衣 *Physcia dubia*（Hoffm.）Lettau	1.70	0.72
S6	蓝灰蜈蚣衣 *Physcia caesia*（Hoffm.）Fürnr.	4.30	2.00
S7	珊瑚芽蜈蚣衣 *Physcia clementi*（Ach.）J. Kickx f.	1.93	0.67
S8	糙蜈蚣衣 *Physcia tribacia*（Ach.）Nyl.	1.45	0.49
S9	白粉蜈蚣衣 *Physcia biziana*（A. Massal.）Zahlbr.	1.96	0.68
S10	圆叶黑蜈蚣衣 *Phaeophyscia orbicularis*（Neck.）Moberg	3.78	1.54
S11	密集黑蜈蚣衣 *Phaeophyscia constipata*（Nyl.）Moberg	1.00	0.00

（续表）

物种编号 Number of species	种名 Name of species	Levins生态位宽度指数（B_i） Levins niche width index	Shannon-Wiener生态位宽度指数（B_a）Shannon-Wiener niche width index
S12	粉缘黑蜈蚣衣 Phaeophyscia limbata（Poelt）Kashiw.	1.00	0.02
S13	毛边黑蜈蚣衣 Phaeophyscia hispidula（Ach.）Moberg	1.00	0.02
S15	甘肃大孢蜈蚣衣 Physconia kansuensis（H. Magn.）Wu	2.85	1.07
S16	灰色大孢蜈蚣衣 Physconia grisea（Lam.）Poelt	2.55	1.21
S23	毛边雪花衣 Anaptychia ciliaris（L.）Flot.	1.00	0.04
S24	刚毛雪花衣 Anaptychia setifera Mereschk. ex Räsänen	1.67	0.59
S26	矮石蕊 Cladonia humilis（with.）J. R. Laundon	1.47	0.50
S27	粉石蕊 Cladonia fimbriata（L.）Fr.	2.90	1.18
S28	长石蕊 Cladonia ecmocyna（Ach.）Leight.	1.76	0.62
S30	尖头石蕊 Cladonia subulata（L.）F. H. Wigg.	1.00	0.24
S31	黄绿石蕊 Cladonia ochrochlora Flörke	1.00	0.27
S32	粗皮石蕊 Cladonia scabriuscula（Delise）Nyl.	1.00	0.31
S33	陀螺亚种 Cladonia gracilis subsp. turbinata（Ach.）Ahti	1.00	0.04
S34	喇叭石蕊 Cladonia pyxidata（L.）Hoffm.	1.00	0.04
S37	枪石蕊 Cladonia coniocraea（Flörke）Spreng.	1.94	0.68
S40	斜漏斗石蕊 Cladonia cenotea（Ach.）Schaer.	1.00	0.02
S41	枪石蕊小钻头变型 Cladonia coniocraea f.ceratodes（Flörke）Dt & Sarnth.	1.00	0.01
S42	枪石蕊截顶变型 Cladonia coniocraea f.truncata（Flörke）Dt. & Sarth.	1.00	0.02
S47	中国树花 Ramalina sinensis Jatta	1.00	0.02
S49	刺小孢发 Bryoria confusa（D. D. Awasthi）Brodo & D. Hawksw.	1.90	0.67
S53	裂芽黄髓梅 Myelochroa obsessa（Ach.）Elix & Hale	1.65	0.58
S62	荒漠黄梅 Xanthoparmelia desertorum（Elenkin）Hale	1.84	0.65
S64	微糙褐梅 Melanelia exasperatula（Nyl.）Essl.	1.79	0.63
S66	假杯点山褐衣 Montanelia disjuncta（Erichsen）Divakar et al.	2.73	1.04
S68	巧褐梅 Melanelia incolorata（Parrique）Essl.	1.55	0.54
S70	皱黄星点衣 Flavopunctelia flaventior（stirt.）Hale	1.67	0.59
S72	亚花松萝 Usnea subfloridana stirt.	1.00	0.02
S74	拟扁枝衣 Pseudevernia furfuracea（L.）Zopf	1.29	0.38

（续表）

物种编号 Number of species	种名 Name of species	Levins生态位宽度指数（B_i） Levins niche width index	Shannon-Wiener生态位宽度指数（B_a）Shannon-Wiener niche width index
S75	长芽黑尔衣 Melanohalea elegantula（Zahlbr.）O. Blanco et al.	1.45	0.49
S77	树皮猫耳衣	1.96	0.76
S81	亚石胶衣 Collema subflaccidum Degel.	2.36	0.94
S83	砖孢胶衣 Collema subconveniens Nyl.	1.88	0.66
S87	软地卷 Peltigera malacea（Ach.）Funck	2.16	0.89
S107	小皿叶 Normandina pulchella（Borrer）Nyl.	1.00	0.03

从表5-4得知，蜈蚣衣 Physcia stellaris（B_i=8.79，B_a=2.53）、斑面蜈蚣衣 Physcia aipolia（B_i=10.51，B_a=2.54）、对开蜈蚣衣 P. dimidiata（B_i=3.31，B_a=1.36）、蓝灰蜈蚣衣 P. caesia（B_i=4.30，B_a=2.00）和圆叶黑蜈蚣衣 Phaeophyscia orbicularis（B_i=3.78，B_a=1.54）等种类的生态位宽度指数比较大。密集黑蜈蚣衣 P. constipata（B_i=1.00，B_a=0.00）、枪石蕊小钻头变型 Cladonia coniocraea f.certodes（B_i=0.01，B_a=1.00）、粉缘黑蜈蚣衣 P. limbata（B_i=0.01，B_a=0.02）、毛边黑蜈蚣衣 P. hispidula（B_i=1.00，B_a=0.02）和柔扁枝衣 Evernia divaricata（B_i=1.00，B_a=0.02）等种类的生态位宽度指数较小。

在表5-4中生态位宽度指数的基础上统计获得不同生态位宽度的树附生大型地衣种类的数量及它们所占的百分比（表5-5）。表5-5数据显示，生态位宽度在$0<B_a\leq1$和$1<B_i\leq2$之间的树附生大型地衣种数占地衣总数量的77.78%和40.00%。说明保护区树附生大型地衣的生态位宽度指数普遍较窄，多数种类的生态位宽度指数比较接近。通过生态位宽度分析得知，巴尔鲁克山国家级自然保护区分布的多数树附生大型地衣的生态位宽度较窄，不能充分利用栖息地资源，相对集中地分布在不同海拔梯度的样点中。而生态位较宽的部分树附生地衣种类，由于适应各种不同的树种，能够充分利用栖息地资源，因此，这些种类的分布较广泛。

表5-5 不同生态位宽度范围的树附生大型地衣种数
Table 5-5 Number of epiphytic macrolichen species with different niche width

B_i	种数 Number of species	平均生态位宽度 Average of B_i	百分比 Percentage（%）
B_i=1	15	1	34.10
$1<B_i\leq2$	18	1.71	40.90
$B_i>2$	11	4.2	25.00

（续表）

B_a	种数 Number of species	平均生态位宽度 Average B_a	百分比 Percentage（%）
$B_a=0$	1	0	2.27
$0<B_a\leq 1$	34	0.4	77.30
$B_a>1$	9	1.61	20.40

5.2.2 树附生大型地衣的生态位重叠分析

在各样点分布的树附生地衣盖度的基础上，计算获得44种树附生大型地衣的生态位重叠值（表5-6）。结果显示，巴尔鲁克山国家级自然保护区树附生大型地衣物种的生态位重叠值大于1的种对占所有种对的1.17%，其中斑面蜈蚣衣 Physcia aipolia 和小皿叶 Normandina pulchella 间的生态位重叠最高，为1.84。生态位重叠值在0.5~1的物种对数量，占总种对数的2.15%。生态位重叠值在0.01~0.5的种对占所有种对的16.64%。生态位重叠值为0的种对占所有种对的80.04%。研究结果表明，该区树附生大型地衣群落中物种之间无重叠的物种对占比相当高，这种现象是因为保护区的森林面积大，构成森林的树种类多，能为树附生地衣的生长提供多样的生境及丰富的资源条件。此外，物种对生境资源的适应存在差异，这有利于多种树附生地衣在同一微生境中共存，因此，导致地衣之间的生态重叠值降低。对于生态位重叠值高的物种对来说，部分样点物种占据了各自的资源位点，导致物种间竞争资源和生态位分化的现象。

本研究结果显示，分布在巴尔鲁克山国家级自然保护区海拔900~2 300 m的44种树附生大型地衣的Levins和Shannon-Wiener生态位宽度指数均比较窄。其中，Shannon生态位宽度$0<B_a\leq 1$有35种，平均生态位宽度值0.4，占总种数的77.3%，Levins生态位宽度$1<B_i\leq 2$包含18个物种，平均生态位宽度值1.71，占总种数的40.9%。生态位较大的树附生地衣种类包括斑面蜈蚣衣 Physcia aipolia（$B_i=10.51$，$B_a=2.54$）、蜈蚣衣 P. stellaris（$B_i=8.79$，$B_a=2.53$）和蓝灰蜈蚣衣 P. caesia（$B_i=4.30$，$B_a=2.00$）等。这些种类广泛地分布在研究地区的不同生境中，具有较高的覆盖度。分析认为，保护区树附生大型地衣生态位宽度指数较低的原因是，地衣与所处栖息地环境的光照强度、干扰程度、树干方向、树种、森林郁闭度、树皮的理化特征等多种环境因子有关。郭水良和曹同在长白山研究苔藓生态位时发现，有机质、光照强度、微量元素等多资源的空间差异导致苔藓植物生态位重叠值和生态位宽度的差异，以便更全面地揭示它们的生态适应特点。

对不同生境中的地衣物种开展生态位研究，可以正确认识物种在群落中的地位及其与伴生物种的关系，这对探讨群落中不同物种的共存及在物种多样性维持机制方面具有重要的生态学研究价值，并能为目标物种的有效保护及群落构建机制的研究提供重要的理论依据。通过研究发现，巴尔鲁克山国家级自然保护区的树附生大型地衣种间存在一定程度的生态位重叠，但大多数物种的生态位重叠值较小，这些物种通过生态位分化降低了种间资源利用竞争，进而确保了树附生大型地衣群落的稳定性。本研究结果显示，生态位宽度最大的斑面蜈蚣衣 *Physcia aipolia* 和小皿叶 *Normandina pulchella* 与其他树附生地衣之间的生态位重叠值并不高，出现这种现象是由于保护区的多种树种资源提高了栖息地异质性，从而导致了地衣种间的生态位分化。

表5-6 巴尔鲁克山国家级自然保护区树附生大型地衣生态位重叠值
Table5-6 Niche overlap of epiphytic macrolichens in Barluk Mountain National Nature Reserve

物种编号 Number of species	S1	S2	S4	S5	S6	S7	S8	S9	S10	S11	S12	S13	S15	S16	S23	S24	S26	S27	S28	S30
S1	0.00	0.39	0.09	0.08	0.12	0.31	0.04	0.03	0.24	0.00	0.38	0.00	0.22	0.22	0.00	0.06	0.03	0.09	0.20	0.00
S2		0.00	0.27	0.14	0.12	0.11	0.01	0.79	0.31	0.11	0.17	0.11	0.07	0.03	1.38	0.08	0.00	0.00	0.03	0.00
S4			0.00	0.09	0.08	0.00	0.16	0.12	0.00	0.00	0.00	0.00	0.17	0.61	0.00	0.00	0.00	0.02	0.00	0.00
S5				0.00	0.17	0.00	0.10	0.00	0.00	0.00	0.14	0.00	0.03	0.00	0.00	0.00	0.00	0.00	0.00	0.00
S6					0.00	0.13	0.11	0.04	0.37	0.00	0.05	0.00	0.15	0.09	0.00	0.03	0.06	0.04	0.00	0.00
S7						0.00	0.22	0.00	0.16	0.00	0.00	0.00	0.00	0.29	0.23	0.00	0.00	0.00	0.00	0.00
S8							0.00	0.00	0.04	0.00	0.00	0.00	0.07	0.13	0.00	0.00	0.00	0.00	0.00	0.00
S9								0.00	0.00	0.00	0.00	0.00	0.00	0.00	1.12	0.00	0.00	0.07	0.00	0.00
S10									0.00	0.00	0.59	0.00	0.32	0.17	0.00	0.00	0.00	0.00	0.02	0.00
S11										0.00	0.00	1.00	0.00	0.00	0.00	0.00	0.00	0.00	0.00	0.00
S12											0.00	0.00	0.32	0.11	0.00	0.00	0.00	0.00	0.00	0.00
S13												0.00	0.00	0.00	0.00	0.00	0.00	0.00	0.00	0.00
S15													0.00	0.31	0.00	0.00	0.00	0.00	0.00	0.00
S16														0.00	0.00	0.00	0.00	0.00	0.00	0.00
S23															0.00	0.00	0.00	0.00	0.00	0.00
S24																0.00	0.00	0.00	0.00	0.00
S26																	0.00	0.58	0.09	0.00
S27																		0.00	0.59	0.00
S28																			0.00	0.00
S30																				0.00

物种编号 Number of species	S31	S32	S33	S34	S37	S40	S41	S42	S47	S49	S53	S62	S64	S66
S1	0.00	0.07	0.13	0.24	0.00	0.00	0.00	0.24	0.11	0.04	0.00	0.32	0.08	0.21
S2	0.00	0.00	0.00	0.04	0.00	0.00	0.00	0.04	0.22	0.24	0.00	0.13	0.01	0.06
S4	0.00	0.28	0.00	0.00	0.00	0.00	0.00	0.00	0.00	0.73	0.00	0.10	0.00	0.10
S5	0.00	0.00	0.00	0.00	0.00	0.00	0.00	0.00	0.00	0.00	0.00	0.00	0.00	0.00
S6	0.00	0.10	0.13	0.00	0.00	0.00	0.00	0.00	0.00	0.09	0.00	0.16	0.00	0.11

(续表)

物种编号 Number of species	S31	S32	S33	S34	S37	S40	S41	S42	S47	S49	S53	S62	S64	S66
S7	0.00	0.00	0.00	0.00	0.00	0.00	0.00	0.00	0.00	0.00	0.00	0.51	0.00	0.66
S8	0.00	0.00	0.00	0.00	0.00	0.00	0.00	0.00	0.00	0.00	0.00	0.00	0.00	0.13
S9	0.00	0.83	0.00	0.00	0.00	0.00	0.00	0.00	0.00	0.51	0.00	0.29	0.00	0.30
S10	0.00	0.00	0.00	0.02	0.00	0.00	0.00	0.02	0.00	0.00	0.00	0.00	0.01	0.24
S11	0.00	0.00	0.00	0.00	0.00	0.00	0.00	0.00	0.00	0.00	0.00	0.00	0.00	0.00
S12	0.00	0.00	0.00	0.00	0.00	0.00	0.00	0.00	0.00	0.00	0.00	0.00	0.00	0.00
S13	0.00	0.00	0.00	0.00	0.00	0.00	0.00	0.00	0.00	0.00	0.00	0.00	0.00	0.00
S15	0.00	0.00	0.00	0.00	0.00	0.00	0.00	0.00	0.00	0.00	0.00	0.00	0.00	0.32
S16	0.00	0.00	0.00	0.00	0.00	0.00	0.00	0.00	0.00	0.00	0.00	0.00	0.00	0.22
S23	0.00	0.00	0.00	0.00	0.00	0.00	0.00	0.00	0.00	0.00	0.00	0.00	0.00	0.00
S24	0.00	0.00	0.00	0.00	0.71	0.00	0.00	0.00	0.00	0.00	0.33	0.00	0.00	0.00
S26	0.00	0.00	0.30	0.00	0.00	1.18	1.18	0.00	0.00	0.00	0.00	0.00	0.00	0.00
S27	0.00	0.25	1.21	0.31	0.00	1.13	1.13	0.31	0.00	0.16	0.00	0.09	0.10	0.09
S28	0.00	0.00	0.56	1.20	0.00	0.00	0.00	1.20	0.00	0.00	0.00	0.00	0.40	0.00
S30	1.00	0.00	0.00	0.00	0.41	0.00	0.00	0.00	0.00	0.00	0.00	0.00	0.00	0.00

物种编号 Number of species	S68	S70	S71	S72	S74	S75	S77	S81	S83	S87	S107
S1	0.30	0.35	0.00	0.00	0.03	0.07	0.20	0.13	0.16	0.68	0.00
S2	0.11	0.00	0.00	0.00	0.01	0.03	0.72	0.01	0.03	0.00	1.84
S4	0.00	0.00	0.00	0.00	0.00	0.16	0.04	0.15	0.11	0.00	0.00
S5	0.00	0.00	0.00	0.00	0.00	0.10	0.00	0.12	0.00	0.00	0.00
S6	0.00	0.35	0.00	0.00	0.01	0.10	0.15	0.17	0.09	0.00	0.00
S7	0.00	0.00	0.00	0.00	0.15	0.00	0.00	0.11	0.72	0.00	0.00
S8	0.00	0.00	0.00	0.00	0.04	0.95	0.00	0.03	0.18	0.00	0.00
S9	0.00	0.00	0.00	0.00	0.00	0.00	0.00	0.00	0.31	0.00	0.00
S10	0.00	0.00	0.00	0.00	0.07	0.11	0.34	0.05	0.34	0.00	0.11
S11	0.00	0.00	0.00	0.00	0.00	0.00	0.00	0.00	0.00	0.00	0.00
S12	0.00	0.00	0.00	0.00	0.00	0.19	0.35	0.00	0.00	0.00	0.00
S13	0.00	0.00	0.00	0.00	0.00	0.00	0.00	0.00	0.00	0.00	0.00
S15	0.00	0.00	0.00	0.00	0.09	0.17	0.32	0.54	0.44	0.00	0.00
S16	0.00	0.00	0.00	0.00	0.06	0.18	0.10	0.11	0.31	0.00	0.00
S23	0.00	0.00	0.00	0.00	0.00	0.00	0.00	0.00	0.00	0.00	0.00
S24	0.00	0.00	0.00	0.00	1.05	0.00	0.00	0.00	0.00	0.00	0.00
S26	0.00	0.00	0.00	0.00	0.00	0.00	0.00	0.15	0.00	0.00	0.00
S27	0.00	0.00	0.00	0.00	0.00	0.00	0.00	0.63	0.10	0.03	0.00

（续表）

物种编号 Number of species	S68	S70	S71	S72	S74	S75	S77	S81	S83	S87	S107
S28	0.00	0.00	0.00	0.00	0.00	0.00	0.00	0.29	0.00	0.11	0.00
S30	0.00	0.00	0.00	0.00	0.00	0.00	0.00	0.00	0.00	0.31	0.00

物种编号 Number of species	S31	S32	S33	S34	S37	S40	S41	S42	S47	S49	S53	S62	S64	S66
S31	0.00	0.00	0.00	0.00	0.41	0.00	0.00	0.00	0.00	0.00	0.00	0.00	0.00	0.00
S32		0.00	0.00	0.00	0.00	0.00	0.00	0.00	0.00	0.61	0.00	0.35	0.00	0.36
S33			0.00	0.00	0.00	0.00	0.00	0.00	0.00	0.00	0.00	0.00	0.00	0.00
S34				0.00	0.00	0.00	0.00	0.00	1.00	0.00	0.00	0.00	0.33	0.00
S37					0.00	0.00	0.00	0.00	0.00	0.00	0.31	0.00	0.00	0.00
S40						0.00	1.00	0.00	0.00	0.00	0.00	0.00	0.00	0.00
S41							0.00	0.00	0.00	0.00	0.00	0.00	0.00	0.00
S42								0.00	0.00	0.00	0.00	0.00	0.33	0.00
S47									0.00	0.00	0.00	0.00	0.00	0.00
S49										0.00	0.00	0.41	0.00	0.42
S53											0.00	0.00	0.00	0.00
S62												0.00	0.00	0.46
S64													0.00	0.00
S66														0.00

5.3 岩面生大型地衣生态位特征

5.3.1 岩面生大型地衣的生态位宽度分析

30种岩面生大型地衣的Shannon-Wiener和Levins生态位宽度指数见表5-7。

表5-7 岩面生大型地衣生态位宽度

Table 5-7 Niche width of saxicolous macrolichens

物种编号 Number of species	种名 Name of species	Levins生态位宽度指数（B_i） Levins niche width index	Shannon-Wiener生态位宽度指数（B_a） Shannon-Wiener niche width index
S3	异白点蜈蚣衣 *Physcia phaea* (Tuck.) J.W. Thomson	3.62	1.63
S5	疑蜈蚣衣 *Physcia dubia* (Hoffm.) Lettau	1.70	0.72

（续表）

物种编号 Number of species	种名 Name of species	Levins生态位宽度指数（B_i） Levins niche width index	Shannon-Wiener生态位宽度指数（B_a） Shannon-Wiener niche width index
S6	蓝灰蜈蚣衣 *Physcia caesia*（Hoffm.）Fürnr.	5.16	2.08
S9	白粉蜈蚣衣 *Physcia biziana*（A. Massal.）Zahlbr.	1.00	0.09
S14	睫毛黑蜈蚣衣 *Phaeophyscia ciliata*（Hoffm.）Moberg	1.00	0.09
S15	甘肃大孢蜈蚣衣 *Physconia kansuensis*（H. Magn.）Wu	2.85	1.07
S25	哑铃孢 *Heterodermia speciosa*（Wulfen）Trevis.	1.92	0.67
S48	石生树花 *Ramalina intermedia*（Delise ex Nyl.）Nyl.	1.63	0.71
S55	平坦北极梅 *Arctoparmelia separata*（Th. Fr.）Hale	1.00	0.32
S56	淡腹黄梅 *Xanthoparmelia mexica*na（Gyelnik）Hale	1.72	0.1
S57	怀俄明黄梅 *Xanthoparmelia wyomingic*a（Gyelnik）Hale	1.32	0.52
S58	北美黄梅 *Xanthoparmelia viriduloumbrina*（Gyeln.）Lendemer	2.62	1.03
S60	菊叶黄梅 *Xanthoparmelia somloensis*（Gyeln）Hale	8.28	2.28
S61	杜瑞氏黄梅 *Xanthoparmelia durietzii* Hale.	3.49	1.55
S65	暗褐衣 *Melanelia stygia*（L.）Essl.	3.51	1.52
S66	假杯点山褐衣 *Montanelia disjuncta*（Erichsen）Divakar et al.	3.18	1.26
S67	茸褐梅 *Melanelia glabr*a（Schaer.）Essl.	6.66	2.02
S68	巧褐梅 *Melanelia incolorata*（Parrique）Essl.	1.00	0.05
S69	毡褐梅 *Melanelia panniformis*（Nyl.）Essl	1.00	0.06
S71	柔扁枝衣 *Evernia divaricata*（L.）Ach.	1.00	0.08
S82	粉屑胶衣 *Collema furfuraceum*（Schaer.）Du Rietz	1.54	0.53
S100	短绒皮果衣 *Dermatocarpon vellereum* Zschacke	3.02	1.19
S101	皮果衣 *Dermatocarpon miniatum*（L.）W.Mann	2.17	0.99
S103	皮果衣原变种 *Dermatocarpon* var. *miniatum*（L.）W. Mann	2.41	1.06
S104	皮果衣覆瓦原变种 *Dermatocarpon miniatum* var. *imbricatum*（A. Massal.）Dt & Sarnth	1.00	0.23
S105	皮果衣重叠瓣变种 *Dermatocarpon miniatum* var. *complicatum*（Lightf.）Th. Fr.	2.11	0.93
S106	长根皮果衣 *Dermatocarpon moulins*ii（Mont.）Zahlbr.	1.84	0.65
S108	翅白角衣 *Siphula pteruloides* Nyl.	1.58	0.55
S109	多盘石耳 *Umbilicaria proboscidea*（L.）Schrader	1.72	0.61
S110	淡肤根石耳 *Umbilicaria virginis* Schrad.	1.13	0.23

从表5-7得知，异白点蜈衣 Physcia phaea（B_i=3.62，B_a=1.63）、蓝灰鳞蜈衣 P. caesia（B_i=5.16，B_a=2.08）、菊叶黄梅 Xanthoparmelia somloensis（B_i=8.28，B_a=2.28）、暗褐衣 Melanelia glabra（B_i=3.51，B_a=1.52）、茸褐梅 M. stygia（B_i=6.66，B_a=2.02）等种类的生态位宽度指数较高。白粉蜈衣 Physcia biziana（B_i=1.0，B_a=00.09）、睫毛黑蜈衣 Phaeophyscia ciliata（B_i=1.00，B_a=0.09）、巧褐梅 Melanelia incolorata（B_i=1.00，B_a=0.05）、柔扁枝衣 Evernia divaricata（B_i=1.00，B_a=0.08）、毡褐梅 Melanelia pannifomis（B_i=1.00，B_a=0.06）等种类的生态位宽度指数较窄。从生态位宽度指数窄的物种分布的样点数据可发现，这些岩面生大型地衣种类出现的频率较低，盖度小，没有连续出现在不同群落中，分布较分散。

从表5-8可知，B_a>1.0和B_i>2的地衣种数分别占地衣总数的36.67%和43.33%；而0<B_a≤1和1<B_i≤2的地衣种数占地衣总数量的63.33%和33.33%。从统计结果得知，大多数岩生大型地衣物种的生态位宽度指数处于相对中等至偏窄的水平，生态位宽度种间差异不显著，生态位宽度很窄和很宽的种类所占比例较少。Levins生态位宽度B_i>2的物种共有13个种，Shannon生态位宽度B_a>1的物种有11个种，占地衣总数量的43.33%和36.67%，说明巴尔鲁克山国家级自然保护区分布的岩面生大型地衣种类的生态位较窄，生态适应范围有限，栖息地各类资源的利用效力较弱，分布在不同海拔个别样方中，分布相对集中。

表5-8 不同生态位宽度范围的岩面生大型地衣种数

Table 5-8 Number of saxicolous macrolichen species with different niche width

B_i	种数 Number of species	平均生态位宽度 Average of B_i	百分比 Percentage（%）
B_i=1	7	1	23.33
1<B_i≤2	10	1.61	33.33
B_i>2	13	3.78	43.33
B_a	种数 Number of species	平均生态位宽度 Average of B_i	百分比 Percentage（%）
B_a=0	0	0	0.00
0<B_a≤1	19	0.43	63.33
B_a>1	11	1.52	36.67

5.3.2 岩面生大型地衣的生态位重叠分析

采用Pielou生态位重叠值分别计算获得30种岩面生大型地衣在30个样点的生态位重叠值（表5-9）。从表可见，分布在巴尔鲁克山国家级自然保护区的岩面生大型地衣中，没有发现生态位重叠值大于1的种。生态位重叠值在0.5~1的物种对占总种对数的4.89%。生态位重叠值在0.01~0.5的种对占所有种对的25.78%。生态位重叠值为0的种对占所有种对的69.33%。研究结果显示，岩面大型地衣群落中物种之间生态位重叠较低，说明巴尔鲁克山东南部受到盆地荒漠化干热气流的影响，气候干燥，植被稀少，有大量裸露的岩石能为岩面生地衣定居提供栖息地条件及丰富的资源条件。此外，调查中发现样点中分布在岩石表面的大型地衣一般在一个微生境中集中生长，单个种占优势情况频繁，因此，导致不同物种之间的生态重叠较低。

大型地衣对环境敏感，裸露的岩石上能作为先驱种，因此，对以典型的大陆性温带半荒漠气候为特征的、地理位置也比较特殊的巴尔鲁克山来说，是研究大型地衣多样性和群落构建机制的重要组成部分。分布在该保护区的大型地衣中菊叶黄梅 *Xanthoparmelia somloensis*（Gyeln）Hale 广泛生长于不同海拔高度和生境中的岩石表面，对不同的环境具有较强的适应性，是该地区的优势物种，这与菊叶黄梅自身对环境的高耐受性有关。菊叶黄梅 *Xanthoparmelia somloensis* 分布比较广泛，可在非洲、欧亚大陆、美洲、亚洲热带和北极等所有气候条件下生长，它的耐受性扩大了定植的范围。此外，暗褐衣的生态位宽度也比宽，暗褐衣分布在大部分样地中，虽然其盖度较低，但同样能利用不同的生境资源，说明这两个大型地衣物种对生存环境要求较低，能够适应巴尔鲁克山干旱的栖息条件，对该保护区地衣群落构建起着重要作用。保护区大部分岩面生大型地衣生态位宽度中等偏窄水平，这与该地区生境条件有密切联系，低海拔区域荒漠化严重，物种多为耐干旱的岩面生地衣，而在高海拔区域，具有显著较高比例的叶状地衣等，不同生境中生态需求相似物种的聚集分布，致使其特化程度较高，对环境资源利用程度低。同样，对天山一号冰川的研究发现，岩面生地衣的生态位宽度指数处于相对中等偏窄的水平，表明资源利用能力差异不大，这也是物种长期适应环境的结果，导致其相似的生态学特性。

本研究显示，巴尔鲁克山岩面生大型地衣种对间生态位重叠值整体偏低，说明岩面生大型地衣物种的生态位普遍存在差异，生态位分化程度高，物种间竞争不激烈，群落较稳定。此外，由于该区为大陆性温带半荒漠气候，生境异质性较高，而且大型地衣对气候条件及环境敏感，导致出现多种微栖息环境，而微生境对其极为重要，地衣会占据自身独特的小生境，保持种间关系的稳定性。已有研究显示，生境资源严重匮乏时，不同物种为了利用资源而产生生态位较大幅度的重叠。研究发现，保护区的个别样点中资源相对贫乏，岩面生地衣种类间的竞争较剧烈，从而导致生态位分化致其重叠值整体偏低。另外，由于将调查样地视为生境资源位的综合，物种分布的交错程度较大也会导致其较低的生态位重叠值。

表5-9 巴尔鲁克山国家级自然保护区岩面生大型地衣生态位重叠值

Table 5-9 Niche overlap of saxicolous macrolichens in Barluk Mountain National Nature Reserve

物种编号 Number of species	S3	S5	S6	S9	S14	S15	S25	S48	S55	S56	S57	S58	S60	S61	S65
S3	0.00	0.00	0.06	0.00	0.00	0.00	0.00	0.00	0.00	0.03	0.03	0.01	0.04	0.01	0.17
S5		0.00	0.14	0.00	0.00	0.14	0.00	0.00	0.00	0.04	0.00	0.33	0.14	0.61	0.00
S6			0.00	0.10	0.00	0.15	0.32	0.00	0.00	0.03	0.00	0.15	0.16	0.27	0.04
S9				0.00	0.00	0.00	0.00	0.00	0.00	0.00	0.00	0.00	0.01	0.00	0.00
S14					0.00	0.00	0.00	0.00	0.00	0.00	0.00	0.00	0.00	0.00	0.34
S15						0.00	0.00	0.00	0.00	0.00	0.00	0.00	0.07	0.04	0.00
S25							0.00	0.00	0.00	0.00	0.00	0.00	0.00	0.00	0.12
S48								0.00	0.22	0.00	0.00	0.00	0.00	0.00	0.01
S55									0.00	0.00	0.00	0.00	0.00	0.00	0.00
S56										0.00	0.00	0.27	0.06	0.06	0.01
S57											0.00	0.04	0.01	0.00	0.00
S58												0.00	0.24	0.41	0.00
S60													0.00	0.96	0.02
S61														0.00	0.01
S65															0.00

物种编号 Number of species	S66	S67	S68	S69	S71	S82	S100	S101	S103	S104	S105	S106	S108	S109	S110
S3	0.02	0.15	0.44	0.27	0.00	0.00	0.05	0.00	0.00	0.00	0.05	0.00	0.00	0.00	0.00
S5	0.00	0.00	0.00	0.00	0.00	0.03	0.13	0.06	0.18	0.12	0.01	0.11	0.00	0.00	0.02
S6	0.06	0.09	0.00	0.84	0.00	0.03	0.80	0.06	0.16	0.12	0.01	0.14	0.00	0.14	0.47
S9	0.20	0.00	0.00	0.00	0.00	0.00	0.00	0.00	0.08	0.00	0.00	0.00	0.00	0.00	0.00
S14	0.00	0.00	0.00	0.00	0.00	0.00	0.00	0.00	0.00	0.00	0.00	0.00	0.76	0.00	0.00
S15	0.17	0.00	0.00	0.00	0.00	0.00	0.50	0.20	0.69	0.00	0.02	0.44	0.00	0.00	0.07
S25	0.00	0.14	0.00	0.00	0.00	0.00	0.00	0.00	0.00	0.00	0.00	0.00	0.00	0.23	0.71
S48	0.00	0.03	0.00	0.00	0.00	0.00	0.00	0.79	0.37	0.00	0.79	0.00	0.05	0.00	0.00
S55	0.00	0.15	0.00	0.00	0.00	0.00	0.00	0.00	0.00	0.00	0.00	0.00	0.24	0.00	0.00
S56	0.00	0.00	0.00	0.00	0.00	0.12	0.00	0.02	0.00	0.51	0.00	0.00	0.00	0.00	0.00
S57	0.00	0.00	0.08	0.00	0.00	0.89	0.00	0.00	0.00	0.00	0.00	0.01	0.00	0.80	0.00
S58	0.00	0.00	0.00	0.00	0.00	0.00	0.00	0.00	0.00	0.00	0.00	0.00	0.00	0.00	0.00
S60	1.10	0.42	0.00	0.81	0.75	0.05	0.00	0.06	0.03	0.24	0.03	0.21	0.00	0.00	0.00
S61	0.38	0.16	0.00	0.00	0.00	0.10	0.01	0.01	0.00	0.42	0.00	0.00	0.00	0.00	0.00
S65	0.01	0.19	0.00	0.00	0.00	0.01	0.00	0.00	0.00	0.06	0.00	0.00	0.92	0.00	0.00
S66	0.00	0.33	0.00	0.00	0.00	0.00	0.02	0.00	0.00	0.05	0.00	0.00	0.00	0.00	0.00
S67		0.00	0.00	0.00	0.00	0.00	0.01	0.00	0.00	0.00	0.00	0.00	0.24	0.21	0.67

（续表）

物种编号 Number of species	S66	S67	S68	S69	S71	S82	S100	S101	S103	S104	S105	S106	S108	S109	S110
S68			0.00	0.00	0.00	0.00	0.00	0.00	0.00	0.00	0.00	0.00	0.00	0.00	0.00
S69				0.00	0.00	0.00	0.00	0.00	0.00	0.00	0.00	0.00	0.00	0.00	0.00
S71					0.00	0.00	0.00	0.00	0.00	0.00	0.00	0.00	0.00	0.00	0.00
S82						0.00	0.00	0.01	0.00	0.35	0.00	0.00	0.00	0.84	0.00
S100							0.00	0.20	0.70	0.00	0.17	0.44	0.00	0.00	0.07
S101								0.00	0.63	0.07	0.92	0.36	0.00	0.00	0.02
S103									0.00	0.00	0.49	0.59	0.00	0.00	0.08
S104										0.00	0.00	0.00	0.00	0.00	0.00
S105											0.00	0.15	0.00	0.00	0.00
S106												0.00	0.00	0.00	0.04
S108													0.00	0.00	0.00
S109														0.00	0.48
S110															0.00

5.4 微型（壳状）地衣生态位特征分析

5.4.1 微型（壳状）地衣的生态位宽度分析

71种微型（壳状）地衣的Levins和Shannon-Wiener生态位宽度指数见表5-10。

表5-10 微型地衣生态位宽度

Table 5-10 Niche width of microlichens

物种编号 Number of species	种名 Name of species	Levins生态位宽度指数（Bi）Levins niche width index	Shannon-Wiener生态位宽度指数（Ba）Shannon Wiener niche width index
S1	深褐微孢衣 *Acarospora badiofusca*（Nyl.）	7.47	2.28
S2	短片微孢衣 *A.brevilobata* Magn.	5.89	1.97
S3	苍果微孢衣 *A. glaucocarpa*（Ach.）Arnold	3.63	1.56
S4	聚盘微孢衣 *A. glypholecioides* H.Magn.	8.22	2.33
S5	莲座微孢衣 *A. rosulata*（Th. Fr.）H. Magn.	3.45	1.39
S6	包氏微孢衣 *A.bohlinii* H. Magn.	4.60	2.05
S7	被膜微孢衣 *A.molybdina* Trevis.	2.05	1.11
S8	糙聚盘衣 *Glypholecia scabra*（Pers.）Müll. Arg., Hedwigia	3.98	1.62

(续表)

物种编号 Number of species	种名 Name of species	Levins生态位宽度指数（B_i） Levins niche width index	Shannon-Wiener生态位宽度指数（B_a） Shannon Wiener niche width index
S9	戈壁金卵石衣 Pleopsidium gobiense（H. Magn.）Hafellner	6.37	2.05
S10	金黄茶渍 Candelariella aurella（Hoffm.）Zahlbr.	3.77	1.45
S11	粉黄茶渍 C. efflorescens R.C. Harris	3.88	1.45
S12	油黄茶渍 C.oleifera H.Magn.	3.09	1.46
S13	柱头黄茶渍 C. xanthostigma（pers.ex.Ach.）Lettau	5.21	2.05
S14	鳞饼衣 Dimelaena oreina（Ach.）Norman	4.20	1.97
S15	绿色四胞极衣 Tetramelas chloroleucus（Korb.）A. Nordin.	3.21	1.65
S16	茎口果粉衣 Chaenotheca stemonea（Ach.）Müll. Arg.	2.38	1.16
S17	黑亚网衣 Micarea melaena（Nyl.）Hedl.	5.67	2.05
S18	聚茶渍 Lecanora accumulata H.Magn.	3.56	1.65
S19	碎茶渍 L.argopholis（Ach.）Ach.	4.66	1.64
S20	坚盘茶渍 L. cenisia Ach.	7.25	2.01
S21	边缘茶渍 L.marginata（Schaer.）Hertel & Rambold	3.54	1.44
S22	灰叶茶渍 L. phaedrophthalma poelt	5.42	1.86
S23	亚丽茶渍 L.chlarotera Nyl.	3.96	1.38
S24	木生茶渍 L. xylophila Hue	3.53	1.51
S25	破小网衣 Lecidella carpathica Körb.	2.29	1.05
S26	油色小网衣 L.elaeochroma（Ach.）M. Choisy	3.24	1.24
S27	优果小网衣 L. euphorea（Flörke）Hertel	3.17	1.37
S28	平小网衣 L.stigmatea（Ach.）Hertel & Leuckert	6.09	1.92
S29	肿胀小网衣 L. tumidula（A. Massal.）Knoph & Leuckert	2.64	1.22
S30	散多盘衣 Myriolecis dispersa（Pers.）Śliwa，Zhao Xin & Lumbsch	3.14	1.23
S31	小多盘衣 M.hagenii（Ach.）Śliwa	5.24	1.75
S32	嘎氏原类梅 Protoparmeliopsis garovaglii（Körb.）Arup	7.90	2.18
S33	青海原类梅 P. kukunorensis（H.Magn.）S.Y.Kondr.	2.66	1.04
S34	石墙原类酶 P.muralis（Schreb.）M. Choisy	4.85	1.67
S35	红脐鳞衣 Rhizoplaca chrysoleuca（Sm.）Zopf	2.87	1.21
S36	垫脐鳞 R.melanophthalma（Ram）	8.65	2.31
S37	贝加尔脐鳞 R.baicalensis（Zahlbr.）S.Y. Kondr.	10.44	2.41
S38	灰白癞屑衣 Lepraria incana（L.）Ach.	4.30	1.73
S39	稍硬癞屑衣 L. rigidula（B. de Lesd.）Diederich	3.81	1.67

（续表）

物种编号 Number of species	种名 Name of species	Levins生态位宽度指数（B_i） Levins niche width index	Shannon-Wiener生态位宽度指数（B_a）Shannon Wiener niche width index
S40	黑棕网衣 *Lecidea atrobrunnea*（DC.）Schaer.	3.53	1.4
S41	方斑网衣 *L.tessellata* Flörke	1.92	0.75
S42	伊朗拟沉衣 *Lecaimmeria iranica*（Valadb.，Sipman & Rambold）	5.25	1.93
S43	蒙古拟沉衣 *L.mongolica* C.M. Xie & Lu L. Zhang	6.94	2.22
S44	灰地图衣 *Rhizocarpon disporum*（Nägeli ex Hepp）Müll. Arg.	5.42	1.86
S45	雪山地图衣 *R.effiguratum*（Anzi）Th. Fr.	6.00	1.93
S46	双胞地图衣 *R.geminatum* Körb.	11.85	2.56
S47	地图衣 *R.geographicum*（L.）DC.	6.75	2.09
S48	类锈美衣 *Calogaya ferrugineoides*（H. Magn.）	2.21	0.93
S49	丽黄鳞衣 *Rusavskia elegans*（Link）S.Y.	12.49	2.64
S50	皇冠黄绿衣 *Flavoplaca coronata*（Kremp. ex Körb.）Arup	2.35	1.13
S51	蜡黄橙衣 *Caloplaca cerina*（Hedw.）Th. Fr	7.27	2.08
S52	蜂窝橙衣 *C.scrobiculata* H. Magn.	3.41	1.33
S53	巴基斯坦柄盘衣 *Anamylopsora pakistanica* Usman & Khalid	2.66	1.08
S54	阿勒泰柄盘衣 *A. altaica* Ahat，A. Abbas.	2.98	1.14
S55	双壳双缘衣 *Diploschistes diacapsis*（Ach.）Lμmbsch	3.07	1.2
S56	藓生双缘衣 *D.muscorum*（Scop.）R. Sant	2.33	0.92
S57	双缘衣 *D.scruposus*（Schreb.）Norman	3.35	1.37
S58	列奥氏衣 *Oxneriaria permutata*（Zahlbr.）S.Y. Kondr. & Lőkös	2.05	1.01
S59	灰平茶渍 *Aspicilia cinerea*（L.）Körb.	2.73	1.24
S60	杯形平茶渍 *A. cupulifera*（H. Magn.）	8.11	2.31
S61	白边平茶渍 *A.sublaqueata*（H.Magn）J.C. Wei	1.90	0.83
S62	风滚野粮衣 *Circinaria affinis*（Eversm.）Sohrabi	8.65	2.31
S63	旱生野粮衣 *C.arida* Owe-Larss.	7.39	2.18
S64	果野粮衣 *C. fruticulosa*（Eversm.）Sohrabi	3.17	1.25
S65	斑点野粮衣 *C.maculata*（H. Magn.）Q. Ren，	5.08	1.67
S66	赭白野粮衣 *C.ochraceoalba*（H. Magn.）	2.37	0.93
S67	扭曲野狼衣 *C.tortuosa*（H. Magn.）Q. Ren，comb.	6.03	2.02
S68	小角野粮衣 *C.transbaicalica*（Oxner）Q. Ren	7.16	2.11
S69	粉瓣茶衣 *Lobothallia alphoplaca*（Wahlenb.）Hafellner	2.20	0.86
S70	原辐瓣茶衣 *L.praeradiosa*（Nyl.）Hafellner	3.48	1.38
S71	辐射裂片茶渍 *L.radiosa*（Hoffm.）Hafellner	2.74	1.22

从表5-10得知，丽黄鳞衣（$B_i=12.49$，$B_a=2.64$）、蒙古拟沉衣（$B_i=11.85$，$B_a=2.56$）、贝加尔脐鳞（$B_i=10.44$，$B_a=2.41$）、风滚野粮衣（$B_i=8.82$，$B_a=2.52$）、石墙原类酶（$B_i=8.65$，$B_a=2.31$）、风滚野粮衣（$B_i=8.65$，$B_a=2.31$）、聚盘微孢衣（$B_i=8.22$，$B_a=2.33$）和杯形平茶渍（$B_i=8.11$，$B_a=2.31$）等种类的生态位宽度比较大。被膜微孢衣（$B_i=2.05$，$B_a=1.11$）、粉瓣茶衣（$B_i=2.20$，$B_a=0.86$）、类锈美衣（$B_i=2.21$，$B_a=0.93$）、破小网衣（$B_i=2.29$，$B_a=1.05$）和皇冠黄绿衣（$B_i=2.35$，$B_a=1.13$）等种类的生态位宽度较小。在表5-10中生态位宽度指数的基础上我们统计获得了不同生态位宽度的微型地衣种类的数量及它们所占的百分比（表5-11）。

表5-11 不同生态位宽度范围的微型地衣种数

Table 5-11 Number of microlichen species with different niche width

B_i	种数 Number of species	平均生态位宽度 Average of B_a	百分比 Percentage（%）
$1 < B_i \leq 3$	18	2.407	25.3
$3 < B_i \leq 5$	26	3.676	36.6
$5 < B_i \leq 9$	24	6.643	33.8
$B_i > 10$	3	11.593	4.22
B_a	种数（N） Number of species	平均生态位宽度 Average of B_i	百分比 Percentage（%）
$B_a \leq 1$	6	0.87	8.45
$1 < B_a \leq 2$	45	1.46	63.4
$B_a > 2$	20	2.21	28.2

表5-11数据可见，生态位宽度在$1 < B_i \leq 5$和$1 < B_a \leq 2$之间的微型壳状地衣种数占该地区壳状地衣总种数量的61.9%和71.8%。说明分布在保护区的微型壳状地衣的生态位宽度普遍较窄，多数种类的生态位宽度指示比较接近。通过生态为宽度分析认为，壳状地衣的生态位宽度的较窄主要与不能充分的利用栖息地资源，相对集中的分布在不同海拔梯度的样点中有关。

5.4.2 微型地衣的生态位重叠分析

采用Pielou生态位重叠指数分别计算获得71种微型（壳状）地衣在45个样点的生态位重叠值（表5-12）。从表5-12可见，在保护区9个物种对之间的生态位重叠值大于1。其中S54（阿勒泰柄盘衣 *Anamylopsora altaica* Ahat，A. Abbas.）和S46（双胞地图衣 *Rhizocarpon geminatum* Körb.）的重叠值最大为1.24，其次为S46（双胞地图衣 *Rhizocarpon geminatum* Körb.）和S4（聚盘微孢衣），为1.22、其余S46（双胞地图衣 *Rhizocarpon geminatum* Körb.）和S3 [稍硬癞屑衣 *Lepraria rigidula*（B. de Lesd.）Diederich] 的重叠值

为1.13；S29［肿胀小网衣 *Lecidella tumidula*（A. Massal.）Knoph & Leuckert］和S9［戈壁金卵石衣 *Pleopsidium gobiense*（H. Magn.）Hafellner］、S46（双胞地图衣 *Rhizocarpon geminatum* Körb.）和S24（木生茶渍 *Lecanora xylophila* Hue）、S18（聚茶渍 *Lecanora accumulata* H.Magn.）和S59［灰平茶渍 *Aspicilia cinerea*（L.）Körb.］、S18（聚茶渍 *Lecanora accumulata* H.Magn.）和S68［小角野粮衣 *Circinaria transbaicalica*（Oxner）Q. Ren］、S50（皇冠黄绿衣）和S44（灰地图衣）、S59［灰平茶渍 *Aspicilia cinerea*（L.）Körb.］和S55［双壳双缘衣 *Diploschistes diacapsis*（Ach.）Lumbsch］的生态位重叠均>1。102个中对之间的生态位重叠值0<生态位重叠值<0.5；756个种对之间的生态位重叠值为0，说明巴尔鲁克山自然保护区分布的微型地衣的生态位宽度比较狭窄，物种在利用栖息地各种环境资源时出现的种间竞争比较小。与此同时，我们还发现黑亚网衣、优果小网衣、藓生双缘衣和赭白野粮衣之间的生态位重叠比较大，这些物种在野外调查时也没有出现在同一个样点中。

生态位宽度指数较大的丽黄鳞衣 *Rusavskia elegans*（Link）S.Y.、蒙古拟沉衣 *Lecaimmeria mongolica* C.M. Xie & Lu L. Zhang、贝加尔脐鳞 *Rhizoplaca baicalensis*（Zahlbr.）S.Y. Kondr.、嘎氏原类梅 *Protoparmeliopsis garovaglii*（Körb.）Arup、深褐微孢 *Acarospora badiofusca*（Nyl.）、坚盘茶渍 *Lecanora cenisia* Ach.和蜡黄橙衣 *Caloplaca cerina*（Ehrh. ex Hedw.）Th. Fr.等壳状地衣的结构来看，他们都分布在岩石表面，具有子囊盘结构，采用有性繁殖或者有性和无性繁殖，对环境的适应性较强，所以占有比较宽的生态位，栖息地不同的基物上都有分布。与此同时，他们的广泛性分布导致了这些优势种之间的资源争夺，引起了生态位的高度重叠，从而出现种间排斥现象，邻近群落中这些物种很少一起出现，种间存在一定的排斥。

表5-12 巴尔鲁克山自然保护区微型（壳状）地衣生态位重叠值
Table 5-12 Niche overlap value of microlichen in Barluk Mountain National Nature reserve

物种编号 Number of species	S1	S2	S3	S4	S5	S6	S7	S8	S9	S10	S11	S12	S13	S14	S15
S1	0														
S2	0.32	0													
S3	0.16	0.47	0												
S4	0.14	0.09	0.11	0											
S5	0.39	0	0.28	0	0										
S6	0.12	0.26	0.03	0.26	0.01	0									
S7	0.28	0.02	0.11	0.24	0.02	0.03	0								
S8	0.35	0.01	0.04	0.23	0.11	0.06	0.03	0							
S9	0.26	0.04	0	0.49	0.06	0.01	0.02	0.12	0						

（续表）

物种编号 Number of species	S1	S2	S3	S4	S5	S6	S7	S8	S9	S10	S11	S12	S13	S14	S15
S10	0.08	0.1	0.04	0.07	0.22	0.04	0	0.07	0	0					
S11	0.22	0	0.39	0.31	0.62	0	0.01	0.2	0.1	0.08	0				
S12	0.16	0.34	0.03	0.28	0	0.1	0.04	0	0	0.07	0	0			
S13	0	0.08	0	0.13	0	0.04	0	0.03	0.01	0.05	0	0.48	0		
S14	0.69	0.01	0	0	0.21	0.02	0.02	0.17	0.45	0	0.08	0.19	0.45	0	
S15	0.67	0.02	0.09	0.77	0.15	0.28	0.07	0.18	0.08	0.05	0.06	0.41	0.13	0.35	0
S16	0.82	0.06	0.09	0.28	0.26	0.05	0.06	0.19	0.23	0.07	0.1	0.19	0.04	0.48	0.41
S17	0.03	0.16	0	0.07	0	0.05	0.06	0	0.01	0.09	0.03	0.07	0.15	0.05	0.01
S18	0.06	0.16	0	0.31	0	0.05	0.07	0.05	0.55	0.19	0.01	0.04	0.1	0.03	0.01
S19	0.02	0.07	0	0.17	0	0.1	0	0.07	0	0.06	0	0	0.27	0.06	0.02
S20	0.02	0.44	0.23	0.22	0.14	0.09	0.07	0.05	0.01	0.04	0.22	0.47	0.19	0.04	0
S21	0.07	0.04	0	0.28	0	0.05	0	0.14	0.03	0.24	0	0.11	0.36	0	0.07
S22	0	0.02	0	0.02	0	0	0	0.03	0	0.27	0.04	0.04	0.04	0.05	0.03
S23	0.54	0.11	0.09	0	0.55	0.05	0.01	0.12	0.09	0.26	0.07	0	0.12	0.39	0.18
S24	0.08	0.06	0.01	0.94	0	0.02	0	0.01	0.51	0.22	0.18	0	0	0.18	0
S25	0.13	0.35	0.31	0	0	0.14	0	0	0.24	0.03	0	0.01	0.28	0.36	0
S26	0.11	0.35	0.51	0	0.09	0.03	0	0.06	0	0.02	0	0.02	0	0.13	0
S27	0.1	0.05	0.01	0.07	0.05	0.05	0	0	0	0	0	0	0	0	0.14
S28	0.2	0.11	0.02	0.16	0.07	0.09	0	0.02	0.03	0	0.03	0.04	0.01	0.04	0.03
S29	0.04	0.01	0	0.85	0	0.02	0.01	0.05	1.03	0	0.1	0	0.04	0.1	0
S30	0	0	0	0.23	0	0	0	0.75	0.62	0	0	0	0.2	0	
S31	0.18	0.05	0.07	0.42	0.43	0.04	0.04	0.21	0.14	0.25	0.06	0.06	0.08	0.03	0
S32	0.11	0	0.01	0.69	0.08	0.04	0.02	0.13	0.35	0	0.11	0.03	0	0.24	0.07
S33	0	0.31	0	0.03	0	0.49	0.02	0	0	0	0	0.76	0.23	0	0.05
S34	0.08	0.02	0.13	0.06	0.17	0	0.02	0.23	0.04	0.16	0.28	0.09	0.2	0.1	0.02
S35	0	0	0.05	0.46	0.26	0.05	0	0.16	0.79	0.25	0	0	0.03	0	0.07
S36	0.01	0.02	0.05	0.17	0.24	0.3	0	0.39	0.12	0.41	0.01	0.06	0.14	0.06	0.06
S37	0	0.03	0	0.04	0	0.88	0	0.08	0.01	0.05	0.01	0.15	0.21	0.06	0.01
S38	0.01	0	0.02	0.02	0.02	0.56	0	0.01	0	0.02	0.04	0.18	0.58	0.17	0.05
S39	0.11	0.15	0.11	0.11	0.01	0.04	0	0.16	0.01	0.04	0	0.29	0.3	0.07	0.02
S40	0	0	0	0.07	0	0	0	0.01	0.23	0	0.09	0.42	0.07	0.09	
S41	0.09	0.3	0.09	0.1	0.02	0.08	0	0.05	0.01	0.09	0.03	0.06	0.19	0.04	0.03
S42	0.28	0.18	0.09	0.15	0	0.07	0	0.19	0	0.13	0	0.04	0.04	0	0.06
S43	0.47	0.6	0.27	0.05	0.02	0.11	0	0.02	0.02	0.07	0.02	0.01	0.01	0.05	0.03

（续表）

物种编号 Number of species	S1	S2	S3	S4	S5	S6	S7	S8	S9	S10	S11	S12	S13	S14	S15
S44	0.66	0.3	0.12	0.04	0.17	0.06	0.01	0.13	0.11	0.05	0.07	0.04	0	0.35	0.2
S45	0.39	0.29	0.13	0.09	0.03	0.06	0.03	0.13	0.05	0.1	0	0	0	0	0.02
S46	0.14	0.08	0	1.22	0	0.03	0	0.03	0.24	0.12	0.24	0	0	0	0.02
S47	0.01	0.04	0.1	0.06	0.14	0.03	0	0.1	0	0.04	0.23	0.02	0.09	0.02	0.04
S48	0.05	0.04	0.02	0.22	0.06	0.08	0	0.27	0	0.19	0	0.02	0.05	0	0.09
S49	0.59	0.1	0.02	0.02	0.17	0.02	0.01	0.14	0.08	0.11	0.11	0.02	0	0.28	0.21
S50	0.75	0.19	0.3	0.01	0.22	0	0.02	0.16	0.12	0	0.09	0	0.01	0.44	0.26
S51	0.1	0.2	0.27	0.07	0.04	0.06	0	0.08	0.01	0.05	0	0	0.03	0	0.01
S52	0.07	0.05	0.08	0.19	0.12	0.09	0	0.14	0.01	0.12	0.16	0	0.17	0.03	0.05
S53	0	0	0	0	0	0.37	0	0	0	0.3	0	0	0	0	0
S54	0.19	0.17	0	0.18	0.06	0.24	0.02	0.12	0.27	0.19	0.01	0	0.06	0.13	0.04
S55	0.11	0.07	0.14	0.11	0.12	0.01	0.04	0.05	0.02	0.01	0.15	0.32	0.42	0.24	0.07
S56	0.05	0	0.22	0.31	0	0.03	0.09	0	0.03	0.02	0.01	0	0	0	0
S57	0.88	0	0	0.05	0.27	0	0.02	0.2	0.16	0.03	0.11	0.03	0.18	0.55	0.3
S58	0.55	0.04	0.07	0.17	0.17	0	0.01	0.12	0.12	0.11	0.07	0.11	0.37	0.34	0.18
S59	0.36	0	0	0.54	0	0	0.07	0.41	0.86	0	0	0	0	0	0
S60	0.43	0.21	0.04	0.15	0.04	0.17	0	0	0.01	0	0	0	0	0.02	0.03
S61	0	0	0.01	0.02	0.04	0.01	0	0.74	0	0.39	0.1	0	0.01	0	0.01
S62	0.06	0.04	0.05	0.21	0.21	0.07	0.01	0.1	0.03	0.19	0.08	0.03	0.14	0.07	0.04
S63	0.34	0	0	0.29	0	0.05	0	0.02	0.17	0	0	0	0	0.23	0
S64	0.15	0.17	0.18	0.03	0.02	0.03	0	0.05	0.21	0.05	0	0.01	0.02	0.25	0.01
S65	0.13	0.01	0.01	0.2	0.06	0.05	0.02	0.13	0.26	0.26	0	0	0.04	0.03	0.04
S66	0.02	0.15	0.15	0.17	0.22	0.01	0.01	0.06	0.03	0.11	0.35	0.47	0.43	0	0
S67	0.36	0.14	0.16	0.1	0.27	0	0.02	0.12	0.08	0.07	0.3	0.34	0.32	0.22	0.12
S68	0.36	0	0	0.53	0	0	0.07	0.41	0.85	0	0	0	0	0	0
S69	0.09	0.01	0	0.55	0.03	0.07	0.01	0.05	0.2	0.04	0.07	0	0.14	0.02	0.01
S70	0.02	0.07	0.13	0.17	0.41	0.18	0.12	0.22	0	0.41	0.15	0.17	0.13	0	0.05
S71	0.01	0.05	0.08	0.19	0	0	0	0	0.03	0.13	0	0.12	0.36	0	0

物种编号 Number of species	S16	S17	S18	S19	S20	S21	S22	S23	S24	S25	S26	S27	S28	S29	S30
S16	0														
S17	0.18	0													
S18	0.23	0.41	0												
S19	0.09	0.09	0.06	0											

（续表）

物种编号 Number of species	S16	S17	S18	S19	S20	S21	S22	S23	S24	S25	S26	S27	S28	S29	S30
S20	0.23	0.06	0.07	0.07	0										
S21	0.05	0.34	0.25	0.09	0.03	0									
S22	0.01	0.06	0	0.17	0.14	0.06	0	0							
S23	0.54	0	0	0.25	0.06	0	0	0	0						
S24	0.04	0	0.19	0.02	0.02	0.04	0.12	0	0						
S25	0	0	0	0.58	0.15	0.02	0	0.39	0.14	0					
S26	0	0	0.02	0	0.14	0	0.43	0	0	0.19	0				
S27	0	0	0.03	0	0	0.28	0.64	0	0.01	0.01	0.12	0			
S28	0.01	0	0.04	0	0.09	0.06	0.29	0	0.13	0.02	0.3	0.36	0		
S29	0.19	0	1.07	0.08	0.02	0	0	0.06	0.65	0.16	0	0	0.1	0	
S30	0.18	0.01	0.9	0.09	0	0	0.07	0	0.23	0.12	0	0	0	0.56	0
S31	0.06	0.01	0.1	0.14	0.1	0	0.01	0.36	0.25	0.16	0.15	0.06	0.26	0.16	0
S32	0.02	0	0.06	0	0.05	0	0.15	0	0.59	0.12	0.35	0.07	0.47	0.25	0.1
S33	0.21	0.01	0	0	0.84	0.11	0.36	0	0	0	0	0.35	0.26	0	0
S34	0.06	0.35	0.25	0.01	0.16	0.07	0.01	0.07	0	0	0	0.01	0.01	0.01	0.11
S35	0.21	0	1	0.06	0	0.14	0.13	0.19	0.18	0	0	0.18	0.09	0.75	0.59
S36	0.09	0.04	0.23	0.09	0	0.09	0.09	0.2	0.03	0	0	0.04	0.02	0.12	0.21
S37	0.13	0.4	0.24	0.05	0.08	0.23	0.04	0	0	0	0	0	0.01	0	0
S38	0.04	0.15	0.1	0.02	0.03	0.05	0.03	0	0	0	0	0	0	0	0
S39	0.15	0.26	0.18	0.05	0.2	0.24	0.04	0	0	0.04	0.07	0.06	0.2	0	0
S40	0.02	0.04	0.11	0	0	0.29	0.38	0	0	0	0	0.51	0.27	0	0.16
S41	0.07	0.14	0.13	0.07	0.14	0.1	0.15	0.06	0.01	0.03	0.05	0.01	0	0	0
S42	0.02	0	0.01	0.08	0	0.13	0.04	0.02	0	0.04	0.06	0.11	0.24	0	0
S43	0.07	0.06	0.06	0.05	0.09	0.01	0.18	0.04	0.05	0.14	0.15	0.07	0.23	0	0.01
S44	0.53	0.07	0.05	0.36	0.07	0.02	0.29	0.28	0	0.05	0.09	0.08	0.14	0	0.06
S45	0.16	0.1	0.17	0.11	0	0.04	0.16	0	0.09	0.09	0.13	0.2	0.34	0.02	0
S46	0.02	0	0.01	0.08	0.07	0.19	0.03	0	1.13	0.04	0	0.04	0.28	0.43	0
S47	0.06	0.34	0.15	0.04	0.2	0.13	0.26	0	0	0	0	0.11	0.06	0	0
S48	0.4	0.25	0.28	0.37	0	0.18	0.06	0.04	0	0	0.01	0.08	0.04	0	0
S49	0.43	0.03	0.01	0.34	0.09	0.23	0.43	0.22	0.06	0.03	0.01	0.3	0.16	0	0.05
S50	0.67	0.05	0	0.45	0.01	0.04	0.46	0.36	0	0.11	0.19	0.13	0.07	0	0.08
S51	0.01	0	0.02	0.07	0	0.03	0.17	0.22	0	0.11	0.16	0.09	0.36	0	0
S52	0.02	0	0	0.39	0.16	0.17	0.11	0.11	0.03	0.18	0.01	0.13	0.08	0.02	0
S53	0.03	0	0.1	0	0	0	0	0	0	0	0	0	0	0	0.24

（续表）

物种编号 Number of species	S16	S17	S18	S19	S20	S21	S22	S23	S24	S25	S26	S27	S28	S29	S30
S54	0.13	0.04	0.33	0.1	0.12	0.02	0.15	0.12	0.08	0.16	0.11	0.08	0.15	0.19	0.23
S55	0.21	0.3	0.14	0.27	0.36	0.05	0.26	0.05	0	0	0	0	0.01	0	0.05
S56	0.23	0.6	0.29	0	0.32	0.14	0.02	0	0	0	0	0	0	0	0
S57	0.83	0.08	0.04	0	0.11	0.21	0.41	0.44	0	0	0	0.01	0.04	0	0
S58	0.51	0.13	0.12	0	0.07	0.7	0.25	0.27	0	0.03	0.04	0	0	0	0
S59	0.16	0	1.03	0	0	0	0.08	0	0.16	0	0	0	0	0.73	0.52
S60	0.03	0.04	0	0	0.01	0	0.02	0	0.05	0.06	0.02	0.03	0.43	0	0.01
S61	0.01	0.08	0	0.01	0	0.02	0.54	0.03	0.01	0	0	0.02	0.01	0	0
S62	0.09	0.05	0.02	0.25	0.11	0.05	0.13	0.23	0.1	0.2	0.11	0.04	0.16	0.06	0
S63	0.1	0.1	0	0	0.06	0	0.18	0	0.09	0.1	0.19	0	0.13	0.03	0.09
S64	0.01	0	0.03	0.03	0.08	0.03	0.23	0.02	0.12	0.2	0.32	0.03	0.25	0.05	0.1
S65	0.05	0	0.27	0.08	0.02	0.09	0.33	0.08	0.14	0.1	0.06	0.25	0.2	0.2	0.14
S66	0.1	0.11	0.13	0	0.6	0.71	0.05	0	0	0	0	0.03	0.17	0	0
S67	0.41	0.09	0.08	0	0.5	0.43	0.2	0.18	0	0.02	0.03	0	0.03	0	0
S68	0.16	0	1.02	0	0	0	0.09	0	0.16	0	0	0	0	0.73	0.51
S69	0.02	0	0.13	0.28	0.02	0.01	0.07	0.06	0.34	0.12	0.06	0.07	0.18	0.23	0.06
S70	0.09	0.04	0.07	0.08	0.27	0.2	0.02	0.22	0	0	0	0	0.03	0	0.08
S71	0	0.15	0.14	0	0	0.8	0	0	0	0.03	0.05	0	0	0	0

物种编号 Number of species	S31	S32	S33	S34	S35	S36	S37	S38	S39	S40	S41	S42	S43	S44	S45
S31	0														
S32	0.6	0													
S33	0.11	0	0												
S34	0.13	0.06	0.01	0											
S35	0.24	0	0.08	0.01	0										
S36	0.23	0	0.11	0.21	0.3	0									
S37	0.02	0	0.37	0.29	0	0.65	0								
S38	0.01	0	0.19	0.27	0	0.44	0.59	0							
S39	0.04	0	0.17	0.21	0.01	0.15	0.18	0.11	0						
S40	0	0	0.24	0.2	0.13	0.24	0.05	0.57	0.22	0					
S41	0.01	0	0	0.29	0.03	0.15	0.06	0.17	0.22	0.11	0				
S42	0	0	0.03	0.03	0.12	0.32	0	0.03	0.17	0.05	0.65	0			
S43	0	0	0.01	0	0.01	0.03	0	0.03	0.17	0.03	0.56	0.45	0		
S44	0	0	0.02	0	0.01	0.06	0	0	0.14	0.04	0.2	0.14	0.32	0	

（续表）

物种编号 Number of species	S31	S32	S33	S34	S35	S36	S37	S38	S39	S40	S41	S42	S43	S44	S45
S45	0.29	0.18	0.06	0.16	0.03	0.08	0.08	0.04	0.26	0.12	0.29	0.06	0.52	0.08	0
S46	0.52	0.93	0.02	0	0.01	0.01	0	0	1.13	0.04	0.12	0.03	0	0.01	0.02
S47	0	0	0.05	0.75	0.06	0.14	0.1	0.09	0.17	0.11	0.83	0.11	0.08	0.03	0.09
S48	0.12	0	0.04	0.1	0.2	0.64	0.2	0.09	0.5	0.08	0.84	0.43	0.08	0.03	0.68
S49	0	0	0.14	0.08	0.08	0.09	0	0.01	0.04	0.28	0.16	0.14	0.19	0.68	0.12
S50	0	0	0.06	0.01	0.03	0.07	0	0.01	0.15	0.12	0.16	0.07	0.38	1.1	0.12
S51	0.04	0	0	0.09	0.04	0.16	0	0	0.41	0	0.25	0.25	0.23	0.14	0.05
S52	0.08	0.01	0.06	0.17	0.1	0.2	0	0.01	0.01	0.12	0.15	0.22	0.03	0.12	0.11
S53	0	0	0.13	0.14	0	0.37	0.33	0.24	0	0.09	0	0.23	0.06	0.37	0.21
S54	0.26	0.21	0.08	0.14	0.17	0.23	0.13	0.1	0.01	0.08	0.2	0.01	0.09	0.12	0.18
S55	0.02	0	0.13	0.45	0	0.14	0.14	0.21	0.38	0.06	0.22	0	0.07	0.37	0
S56	0	0	0	0.38	0	0	0.2	0.05	0.25	0	0.03	0.01	0	0	0
S57	0	0	0	0	0	0	0.05	0.07	0.19	0.03	0.68	0.02	0.22	0.63	0
S58	0	0	0	0	0	0	0.16	0.07	0.6	0.12	0.6	0.01	0.18	0.4	0.02
S59	0.56	0.26	0	0.36	0.68	0.33	0	0	0	0	0	0	0.01	0	0.41
S60	0	0.02	0	0.03	0	0	0	0	0.32	0	0.08	0.03	0.4	0	0.38
S61	0.04	0	0.01	0.22	0.04	0.76	0.11	0	0.29	0.02	0.19	0.06	0.16	0	0.02
S62	0.37	0.23	0.03	0.11	0.09	0.29	0.02	0.01	0.04	0	0.32	0.18	0.04	0.04	0.07
S63	0	0.23	0	0	0	0	0	0	0.76	0	0	0	0	0	0
S64	0.04	0.27	0	0.01	0.03	0.05	0	0.05	0.12	0.04	0.21	0.29	0.32	0.17	0.18
S65	0.27	0.15	0.11	0.11	0.26	0.21	0	0	0.03	0.21	0.03	0.07	0.03	0.03	0.3
S66	0.05	0	0.32	0.36	0	0	0.2	0.07	0.96	0.12	0.25	0.05	0.02	0.03	0
S67	0.04	0	0.24	0.27	0	0	0.13	0.07	0.6	0.07	0.43	0.01	0.12	0.26	0.01
S68	0.56	0.26	0	0.36	0.68	0.32	0	0	0	0	0	0	0.01	0	0.41
S69	0.33	0.38	0.02	0.05	0.09	0.05	0	0	0.01	0.04	0	0.01	0.01	0.01	0.12
S70	0.31	0	0.18	0.31	0.22	0.73	0.15	0.09	0.22	0.05	0.31	0.24	0	0	0
S71	0	0	0	0.13	0	0	0.18	0.04	0.69	0.13	0.62	0.16	0.05	0.02	0.02

物种编号 Number of species	S46	S47	S48	S49	S50	S51	S52	S53	S54	S55	S56	S57	S58	S59	S60
S46	0														
S47	0	0													
S48	0	0.29	0												
S49	0.17	0.16	0.04	0											
S50	0.01	0.09	0.02	0.81	0										

（续表）

物种编号 Number of species	S46	S47	S48	S49	S50	S51	S52	S53	S54	S55	S56	S57	S58	S59	S60
S51	0	0.03	0.05	0	0.1	0									
S52	0.09	0.22	0.11	0.29	0.03	0.14	0								
S53	0	0	0	0	0	0	0.78	0							
S54	1.24	0.1	0.01	0.09	0.07	0.09	0.18	0.06	0						
S55	0	0.3	0	0.28	0.31	0.05	0.13	0	0.19	0					
S56	0	0.32	0.01	0	0	0.21	0.16	0	0.5	0.7	0				
S57	0	0.53	0	0.44	0.57	0.03	0	0	0.44	0.29	0	0			
S58	0	0.33	0	0.27	0.38	0.05	0	0	0.27	0.18	0	0.74	0		
S59	0	0	0	0	0	0.1	0	0	0	1.13	0.01	0	0	0	
S60	0	0.03	0	0	0	0	0	0	0.02	0	0.02	0	0	0	0
S61	0	0.04	0.03	0.02	0.01	0.02	0.04	0	0.02	0	0.01	0	0	0	0.02
S62	0.07	0.19	0.09	0.03	0.04	0.07	0.3	0	0.32	0.07	0.05	0.06	0.05	0	0.08
S63	0	0	0	0	0	0.01	0.01	0	0.12	0	0	0	0	0	0.47
S64	0.03	0.01	0.03	0.07	0.07	0.22	0.32	0.25	0.2	0.01	0.02	0	0.01	0.02	0.07
S65	0.01	0.12	0.06	0.17	0.05	0.17	0.31	0	0.91	0.13	0.22	0	0	0.26	0.01
S66	0	0.25	0	0.05	0	0.11	0.2	0	0	0.33	0	0.16	0.58	0	0
S67	0	0.41	0	0.21	0.25	0.03	0.15	0	0.18	0.37	0	0.48	0.64	0	0
S68	0	0	0	0	0	0.11	0	0	1.12	0	0.01	0	0	0.99	0
S69	0.23	0.04	0	0.03	0.01	0.25	0.49	0	0.77	0.18	0.29	0	0	0.12	0.01
S70	0	0.34	0.21	0.02	0	0.13	0.3	0.05	0.11	0.15	0	0.02	0.08	0	0
S71	0	0.15	0	0	0.03	0.05	0	0	0.04	0	0.05	0.17	0.66	0	0.15

物种编号 Number of species	S61	S62	S63	S64	S65	S66	S67	S68	S69	S70	S71
S61	0										
S62	0.15	0									
S63	0	0	0								
S64	0.01	0.06	0.1	0							
S65	0.02	0.17	0.01	0.12	0						
S66	0	0.08	0	0.03	0	0					
S67	0	0.14	0	0.02	0	0.65	0				
S68	0	0	0	0.09	0.8	0	0	0			
S69	0	0.34	0	0.06	0.67	0	0	0.13	0		
S70	0.04	0.36	0	0.05	0.09	0.25	0.27	0	0	0	
S71	0.07	0.88	0	0.08	0	0.69	0.68	0	0	0.21	0

第六章 保护区地衣名录

6.1 保护区大型地衣名录

粉衣目 Caliciales

一、蜈蚣衣科 Physciaceae Zahlbr.

1. 蜈蚣衣属 *Physcia* (Schreb.) Michx.

(1) 斑面蜈蚣衣 *Physcia aipolia* (Ehrh. ex Humb.) Fürnr.-Corticolous, Yumin Tasite, 82°44′38″E, 45°54′54″N, alt. 1 252 m, Reyhangul & Dolathan (No. 202207015); 82°42′19″E, 45°56′02″N, alt. 1 121 m, Reyhangul & Dolathan (No. 202207017); Tuoli Tasite, 82°56′16″E, 45°47′15″N, alt. 2 015 m; 82°44′06″E, 45°55′26″N, alt. 1 177 m, Reyhangul & Dolathan (No. 202207064)。

(2) 白粉蜈蚣衣 *Physcia biziana* (A. Massal.) Zahlbr.-Corticolous, Karabura reservoir, 83°02′34″E, 46°04′33″N, alt. 983 m, Reyhangul & Dolathan (No. 202207467); Suyunhe, 82°31′16″E, 45°53′24″N, alt. 1 164 m, Reyhangul & Dolathan (No. 202305042); Yumin Tasite, 82°44′04″E, 45°55′02″N, alt. 1 185 m, Reyhangul & Dolathan (No. 202207476)。

(3) 蓝灰蜈蚣衣 *Physcia caesia* (Hoffm.) Fürnr.-Saxicolous, Yumin Tasite, 82°42′36″E, 45°55′55″N, alt. 1 122 m, Reyhangul & Dolathan (No. 202207019); Tuoli Tasite, 82°55′53″E, 45°47′11″N, alt. 2 080 m, Reyhangul & Dolathan (No. 202207171); Suyunhe, 82°29′59″E, 45°44′27″N, alt. 1 215 m, Reyhangul & Dolathan (No. 202207169)。

(4) 珊瑚芽蜈蚣衣 *Physcia clementi* (Ach.) J. Kickx f.-Corticolous, Karabura reservoir, 83°02′08″E, 46°01′04″N, alt. 1 302 m, Reyhangul & Dolathan (No. 202207315)。

(5) 对开蜈蚣衣 *Physcia dimidiata* (Arnold) Nyl.-Corticolous, Aketuyouke, 82°30′05″E, 45°44′29″N, alt. 1 273 m, Reyhangul & Dolathan (No. 202308094)。

(6) 疑蜈蚣衣 *Physcia dubia* (Hoffm.) Lettau-Corticolous, Suyunhe, 82°29′54″E,

45°44′31″N，alt. 1 213 m，Reyhangul & Dolathan（No. 202207205）；Karabura reservoir，82°02′12″E，46°00′44″N，alt. 1 353 m，Reyhangul & Dolathan（No. 202207465）。

（7）异白点蜈蚣衣 *Physcia phaea*（Tuck.）J.W. Thomson-Saxicolous，Suyunhe，82°27′33″E，45°47′37″N，alt. 1 133 m，Reyhangul & Dolathan（No. 202305052）。

（8）蜈蚣衣 *Physcia stellaris*（L.）Nyl.-Corticolous，Yumin Tasite，82°44′38″N，45°54′54″N，alt. 1 252 m，Reyhangul & Dolathan（No. 202207041）；82°44′04″E，45°55′02″N，alt. 1 185 m，Reyhangul & Dolathan（No. 202207027）；82°42′19″E，45°56′02″N，alt. 1 121 m，Reyhangul & Dolathan（No. 202207425）。

（9）糙蜈蚣衣 *Physcia tribacia*（Ach.）Nyl.-Corticolous，Yumin Tasite，82°45′53″E，45°53′43″N，alt. 1 287 m，Reyhangul & Dolathan（No. 202308127）。

2. 黑蜈蚣衣属 *Phaeophyscia* Moberg

（10）睫毛黑蜈蚣衣 *Phaeophyscia ciliata*（Hoffm.）Moberg-Corticolous，Karabura reservoir，82°02′08″E，46°01′04″E，alt. 1 073 m，Reyhangul & Dolathan（No. 202207455）。

（11）密集黑蜈蚣衣 *Phaeophyscia constipata*（Nyl.）Moberg-Corticolous，Suyunhe，82°27′18″E，45°47′34″N，alt. 1 169 m，Reyhangul & Dolathan（No. 202308259）。

（12）毛边黑蜈蚣衣 *Phaeophyscia hispidula*（Ach.）Moberg-Corticolous，Suyunhe，82°26′47″N，45°47′31″N，alt. 1 075 m，Reyhangul & Dolathan（No. 202207336）。

（13）粉缘黑蜈蚣衣 *Phaeophyscia limbata*（Poelt）Kashiw.-Corticolous，Yumin Tasite，82°42′19″E，45°56′02″N，alt. 1 123 m，Reyhangul & Dolathan（No. 202207006）。

（14）圆叶黑蜈蚣衣 *Phaeophyscia orbicularis*（Neck.）Moberg-Corticolous，Yumin Tasite，82°44′38″E，45°54′54″N，alt. 1 252 m，Reyhangul & Dolathan（No. 202207034）；82°42′19″E，45°56′02″N，alt. 1 121 m，Reyhangul & Dolathan（No. 202207007）。

3. 大孢衣属 *Physconia* Poelt

（15）美洲大孢衣 *Physconia americana* Essl.-Muscicolous，Yumin Tasite，82°44′21″E，45°55′16″N，alt. 1 174 m，Reyhangul & Dolathan（No. 202207075）；82°44′33″E，45°55′14″N，alt. 1 184 m，Reyhangul & Dolathan（No. 202308150）；Tuoli Tasite，82°55′46″E，45°47′15″N，alt. 2 056 m，Reyhangul & Dolathan（No. 202207121）。

（16）灰色大孢蜈蚣衣 *Physconia grisea*（Lam.）Poelt-Saxicolous，but occasionally on bark，Yumin Tasite，82°45′50″E，45°53′42″N，alt. 1 214 m，Reyhangul & Dolathan（No. 202308213）；82°42′36″E，45°55′56″N，alt. 1 121 m，Reyhangul & Dolathan（No. 202207028）。

（17）甘肃大孢蜈蚣衣 *Physconia kansuensis*（H. Magn.）Wu-Saxicolous, Karabura reservoir, 83°02′08″E, 46°01′04″N, alt. 1 302 m, Reyhangul & Dolathan（No. 202207004）；83°02′11″E, 46°01′04″N, alt. 1 307 m, Reyhangul & Dolathan（No. 202207443）；Suyunhe, 82°26′45″E, 45°47′31″N, alt. 1 066 m, Reyhangul & Dolathan（No. 202207214）。

（18）伴藓大孢衣 *Physconia muscigena*（Ach.）Poelt-Muscicolous, Yumin Tasite, 83°45′06″E, 45°53′46″N, alt. 1 260 m, Reyhangul & Dolathan（No. 202207256）；82°44′23″E, 45°55′14″N, alt. 1 186 m, Reyhangul & Dolathan（No. 202305023）；Tuoli Tasite, 82°55′53″E, 45°47′11″N, alt. 2 080 m, Reyhangul & Dolathan（No. 202207151）。

（19）亚灰大孢蜈蚣衣 *Physconia perisidiosa*（Erichs.）Mobag.-Muscicolous, Yumin Tasite, 82°44′21″E, 45°55′16″N, alt. 1 220 m, Reyhangul & Dolathan（No. 202308013）。

（20）俄罗斯大孢衣 *Physconia rossica* Urbanav.*-Terricolous and muscicolous, Aketuyouke, 82°30′20″E, 45°44′21″N, alt. 1 259 m, Reyhangul & Dolathan（No. 202207474）。

4. 雪花衣属 *Anaptychia* Körb.

（21）毛边雪花衣 *Anaptychia ciliaris*（L.）Flot.-Terricolous and muscicolous, Aketuyouke, 82°30′20″E, 45°44′21″N, alt. 1 259 m, Reyhangul & Dolathan（No. 202207474）。

（22）刚毛雪花衣 *Anaptychia setifera* Mereschk. ex Räsänen-Corticolous and muscicolous, Yumin Tasite, 82°45′43″E, 45°53′48″N, alt. 1 187 m, Reyhangul（No. 202308256）；82°44′22″E, 45°55′15″N, alt. 1 179 m；82°44′45″E, 45°55′02″N, alt. 1 184 m, Reyhangul（No. 20230518）；82°45′36″E, 45°53′54″N, alt. 1 210 m, Reyhangul（No. 20238145）。

5. 哑铃孢属 *Heterodermia* Trevis.

（23）哑铃孢 *Heterodermia speciosa*（Wulfen）Trevis.-Saxicolous, Suyunhe, 82°30′17″E, 45°44′27″N, alt. 1 222 m, Anwar（No. 202308196）。

茶渍目 Lecaorales

二、石蕊科 Cladoniaceae Zenker

6. 石蕊属 *Cladonia* P. Browne

（24）尖石蕊 *Cladonia acuminata*（Ach.）Norrl.-Muscicolous, Tuoli Tasite,

82°56′16″E，45°47′15″N，alt. 2 014 m，Reyhangul（No. 202207101）。

（25）斜漏斗石蕊 *Cladonia cenotea*（Ach.）Schaer.-Terricolous，Yumin Tasite，82°44′42″E，45°54′57″N，alt. 1 219 m，Reyhangul（No. 202308143）；Tuoli Tasite，82°54′41″E，45°47′17″N，alt. 2 201 m，Reyhangul（No. 202207170）。

（26）喇叭粉石蕊 *Cladonia chlorophaea*（Flörke ex Sommerf.）Spreng.-Terricolous，Tuoli Tasite，82°56′14″E，45°47′12″N，alt. 2 052 m，Dolathan（No. 202207201）；82°54′05″E，45°47′22″N，alt. 2 138 m，Dolathan（No. 202207201）；Yumin Tasite，82°45′38″E，45°53′51″N，alt.1 219 m，Anwar（No. 202308130）；82°44′38″E，45°54′22″N，alt. 1 252 m，Dolathan（No. 202207029）。

（27）枪石蕊 *Cladonia coniocraea*（Flörke）Spreng.-Terricolous，Tuoli Tasite，82°54′44″E，45°47′20″N，alt. 2 185 m，Reyhangul（No. 202207424）；82°56′15″E，45°47′13″N，alt. 2 042 m，Reyhangul（No. 202207236）；82°54′38″E，45°47′15″N，alt. 2 215 m，Reyhangul（No. 202308162）；82°54′44″E，45°47′20″N，alt. 2 185 m，Reyhangul（No. 202207219）；Karabura reservoir，82°02′17″E，45°45′24″N，alt. 2 052 m，Reyhangul（No. 202207420）；Yumin Tasite，82°44′21″E，45°55′14″N，alt. 1 198 m，Reyhangul（No. 202305032）；82°44′13″E，45°52′07″N，alt. 1 355 m，Reyhangul（No. 202207061）。

（28）拟小漏斗石蕊 *Cladonia conista*（Ach.）Robbins ex Allen-Terricolous，Yumin Tasite，82°44′23″E，45°55′14″N，alt. 1 186 m，Anwar（No. 202305007）。

（29）角石蕊 *Cladonia cornuta*（L.）Baumg.-Terricolous，Yumin Tasite，82°44′21″E，45°55′14″N，alt. 1 193 m，Anwar（No. 202305009）。

（30）长石蕊 *Cladonia ecmocyna*（Ach.）Leight.-Corticolous（on bark of dead tree），Yumin Tasite，82°44′42″E，45°54′57″N，alt. 1 219 m，Anwar（No. 202207042-2）；Tuoli Tasite，82°54′44″E，45°47′20″N，alt. 2 185 m，Anwar（No. 202207227）。

（31）粉石蕊 *Cladonia fimbriata*（L.）Fr.-Terricolous and corticolous（on bark of decayed tree），Yumin Tasite，82°42′19″E，45°56′02″N，alt. 1 121 m；82°54′33″E，45°47′15″N，alt. 2 198 m，Reyhangul（No. 202207232）；82°44′33″E，45°55′14″N，alt. 1 184 m，Reyhangul（No. 202308169）；Tuoli Tasite，82°54′44″E，45°47′20″N，alt. 1 219 m，Reyhangul（No. 20220775）；82°56′15″E，45°47′13″N，alt. 1 206 m，Reyhangul（No. 202308306）；82°56′14″E，45°47′12″N，alt. 2 052 m，Reyhangul（No. 202207111）；Karabura reservoir，83°05′49″E，45°57′40″N，alt. 1 773 m，Reyhangul（No. 202308304）；Suyunhe，82°30′31″E，45°44′23″N，alt. 1 338 m，Reyhangul（No. 202308023）。

（32）陀螺亚种 *Cladonia gracilis subsp. turbinata*（Ach.）Ahti-subsp. *turbinata*（Ach.）

Ahti, Muscicolous and corticolous (on bark of decayed tree), Tuoli Tasite, 82°56′14″E, 45°47′12″N, alt. 2 052 m, Anwar (No. 202207124); Yumin Tasite, 82°44′21″E, 45°55′14″N, alt. 1 186 m, Anwar (No. 203305027); 82°44′21″E, 45°55′14″N, alt. 1 193 m, Anwar (No. 202305036); 82°44′21″E, 45°55′14″N, alt. 1 193 m, Anwar (No. 202305031); Suyunhe, 82°30′30″E, 45°44′23″N, alt. 1 338 m, Anwar (No. 202308184); 82°30′31″E, 45°44′23″N, alt. 1 336 m, Anwar (No. 202308307)。

(33) 矮石蕊 *Cladonia humilis* (with.) J. R. Laundon-Terricolous and corticolous (on bark of decayed tree), Karabura reservoir, 83°02′11″E, 46°01′04″N, alt. 1 307 m, Anwar (No. 202207010); Yumin Tasite, 82°44′22″E, 45°55′14″N, alt. 1 094 m, Anwar (No. 202305014); 82°44′01″E, 45°55′25″N, alt. 1 176 m, Anwar (No. 202207099); Tuoli Tasite, 82°54′44″E, 45°47′20″N, alt. 2 038 m, Anwar (No. 202308183); 82°54′33″E, 45°47′15″N, alt. 2 198 m, Anwar (No. 202207307)。

(34) 短柄石蕊 *Cladonia kurokawae* Ahti & Stenroose*-Corticolous (on dead tree), Yumin Tasite, 82°44′22″E, 45°55′13″N, alt. 1 202 m, Reyhangul & Anwar (No. 202305002)。

(35) 黄绿石蕊 *Cladonia ochrochlora* Flörke-Terricolous, Yumin Tasite, 82°44′09″E, 45°52′24″N, alt. 1 337 m, Anwar (No. 202207417); 82°44′22″E, 45°55′14″N, alt. 1 185 m, Anwar (No. 202308034); Tuoli Tasite, 82°56′16″E, 45°47′15″N, alt. 2 014 m, Anwar (No. 202207126); 82°54′44″E, 45°47′20″N, alt. 2 185 m, Anwar (No. 202207221)。

(36) 莲座石蕊 *Cladonia pocillum* (Ach.) O. J. Rich.-Terricolous, Tuoli Tasite, 82°54′44″E, 45°47′20″N, alt. 1 255 m, Reyhangul (No. 202207181); Karabura reservoir, 83°01′26″E, 46°01′35″N, alt. 1 179 m, Reyhangul (No. 202305004); Suyunhe, 82°27′19″E, 45°44′58″N, alt. 1 094 m, Reyhangul (No. 202308044-2); Aketuyouke, 82°30′17″E, 45°44′27″N, alt. 1 222 m, Reyhangul (No. 202308244)。

(37) 鳞叶石蕊 *Cladonia phyllophora* Hoffm.-Muscicolous, Tuoli Tasite, 82°55′31″E, 45°47′16″N, alt. 2 118 m, Reyhangul (No. 202207145); Aketuyouke, 82°30′30″E, 45°44′23″N, alt. 1 338 m, Reyhangul (No. 202308177); Yumin Tasite, 82°44′21″E, 45°55′14″N, alt. 1 186 m, Reyhangul (No. 202305025)。

(38) 喇叭石蕊 *Cladonia pyxidata* (L.) Hoffm.-Terricolous, Yumin Tasite, 82°43′31″E, 46°05′31″N, alt. 994 m, Reyhangul (No. 202207231); 82°45′30″E, 45°53′59″N, alt. 1 075 m, Reyhangul (No. 202308303); 82°44′33″E, 45°55′17″N, alt. 1 137 m, Reyhangul (No. 202308086); 82°44′22″E, 45°55′13″N, alt. 1 208 m, Reyhangul (No. 202305050);

82°45′05″E, 45°53′45″N, alt. 1 250 m, Reyhangul（No. 202207079）; 82°44′09″E, 45°52′24″N, alt. 1 337 m, Reyhangul（No. 202207259）; Aketuyouke, 82°30′54″E, 45°44′34″N, alt. 1 366 m, Reyhangul（No. 202308020）。

（39）粗皮石蕊 *Cladonia scabriuscula*（Delise）Nyl.-Terricolous, Tuoli Tasite, 82°56′14″E, 45°47′13″N, alt. 2 038 m, Reyhangul（No. 202308252）; 82°56′16″E, 45°47′15″N, alt. 2 052 m, Reyhangul（No. 202207172; No. 202207173）; 82°54′05″E, 45°47′22″N, alt. 2 138 m, Reyhangul（No. 202207145）; Yumin Tasite, 82°44′19″E, 45°52′14″N, alt. 1 350 m, Reyhangul（No. 202207242）; Karabura reservoir, 83°01′26″E, 46°01′35″N, alt. 2 052 m, Reyhangul（No. 202308058）。

（40）鳞片石蕊 *Cladonia squamosa* Kremp.-Terricolous, Tuoli Tasite, 82°57′50″E, 45°47′32″N, alt. 1 925 m, Reyhangul（No. 202207145）。

（41）尖头石蕊 *Cladonia subulata*（L.）F. H. Wigg.-Terricolous, Tuoli Tasite, 82°56′15″E, 45°47′13″N, alt. 2 037 m, Reyhangul（No. 202308220）; 82°54′44″E, 45°47′20″N, alt. 2 185 m, Reyhangul（No. 202207163）; Tuoli Tasite, 82°56′14″E, 45°47′12″N, alt. 2 052 m, Reyhangul（No. 202207102）。

（42）亚鳞石蕊 *Cladonia subsquamosa*（Nyl.）Vain.-Terricolous, Tuoli Tasite, 82°54′40″E, 45°47′17″N, alt. 2 203 m, Reyhangul（No. 202308048）; Yebandanxing, 82°30′31″E, 45°44′23″N, alt. 1 336 m, Reyhangul（No. 202308027）。

三、树花衣科 Ramalinaceae C. Agardh

7. 树花属 *Ramalina* Ach.

（43）中国树花 *Ramalina sinensis* Jatta-Corticolous, Yumin Tasite, 82°44′09″E, 45°52′06″N, alt. 1 344 m, Reyhangul & Dolathan（No. 202207381）; 82°44′32″E, 45°52′26″N, alt. 2 056 m, Reyhangul & Dolathan（No. 202207233）。

（44）石生树花 *Ramalina intermedia*（Delise ex Nyl.）Nyl.-Saxicolous, Yumin Tasite, 82°44′27″E, 45°52′22″N, alt. 1 342 m, Reyhangul & Dolathan（No. 202207498）。

四、梅衣科 Parmeliaceae F. Berchtold & J. Presl

8. 小孢发属 *Bryoria* Brodo & D. Hawksw.

（45）刺小孢发 *Bryoria confusa*（D. D. Awasthi）Brodo & D. Hawksw.-Corticolous, Tuoli Tasite, 82°54′42″E, 45°47′18″N, alt. 2 198 m, Reyhangul（No. 202308018）; 82°54′39″E, 45°47′15″N, alt. 2 210 m, Reyhangul（No. 202207498）; Aketouyuke, 82°30′41″E, 45°44′26″N, alt. 2 202 m, Reyhangul（No. 202308164）。

9. 岛衣属 *Cetraria* Ach.

（46）冰岛衣 *Cetraria islandica*（L.）Ach-Terricolous，Tuoli Tasite，82°54′33″E，45°47′15″N，alt. 2 198 m，Anwar（No. 202207202）；82°54′44″E，45°47′20″N，alt. 2 014 m，Anwar（No. 202207123）。

10. 黄髓叶属 *Myelochroa*（Asahina）Elix & Hale

（47）裂芽黄髓梅 *Myelochroa obsessa*（Ach.）Elix & Hale-Corticolous（on dry bark），Yumin Tasite，82°44′42″E，45°54′55″N，alt. 1 243 m，Reyhangul & Anwar（No. 202207018）。

11. 皱衣属 *Flavoparmelia* Hale

（48）巴尔迪莫皱衣 *Flavoparmelia baltimorensis*（Gyeln. & Foriss）Hale-Muscicolous，Karabura reservoir，83°00′15″E，45°04′07″N，alt. 982 m，Anwar（No. 202207003）。

12. 北极梅属 *Arctoparmelia* Hale

（49）平坦北极梅 *Arctoparmelia separata*（Th. Fr.）Hale-Muscicolous，Yumin Tasite，82°44′45″E，45°55′02″N，alt. 1 781 m，Dolathan（No. 202207462）（XJU）；83°02′08″E，46°01′04″N，alt. 1 302 m，Reyhangul（No. 202207555）。

13. 黄梅属 *Xanthoparmelia*（Vain.）Hale

（50）朝鲜黄梅 *Xanthoparmelia coreana*（Gyeln.）Hale-Saxicolous，Tuoli Tasite，82°54′44″E，45°47′20″N，alt. 2 185 m，Reyhangul & Dolathan（No. 202207209）。

（51）荒漠黄梅 *Xanthoparmelia desertorum*（Elenkin）Hale-Saxicolous，Yumin Tasite，82°45′01″E，45°53′16″N，alt. 1 283 m，Reyhangul & Dolathan（No. 202207062）；Aketuyouke，82°30′32″E，45°44′23″N，alt. 1 342 m，Reyhangul & Dolathan（No. 203308182）。

（52）杜瑞氏黄梅 *Xanthoparmelia durietzii* Hale.-Saxicolous，Yumin Tasite，82°44′21″E，45°55′16″N alt. 1 174 m，Reyhangul & Dolathan（No. 202207055）；82°45′36″E，45°53′48″N，alt. 1 248 m，Reyhangul & Dolathan（No. 203308138）；Aketuyouke，82°30′32″E，45°44′23″N，alt. 1 342 m，Reyhangul & Dolathan（No. 203308175）。

（53）淡腹黄梅 *Xanthoparmelia mexicana*（Gyelnik）Hale-Saxicolous，Yumin Tasite，82°44′13″E，45°52′07″N，alt. 1 355 m，Reyhangul & Dolathan（No. 202207439）；Suyunhe，82°25′20″E，45°47′51″N，alt. 980 m，Reyhangul & Dolathan（No. 202207320）。

（54）菊叶黄梅 *Xanthoparmelia stenophylla*（Ach.）Ahti & D.Hawksw-Saxicolous，

Yumin Tasite, 82°44′33″E, 45°55′14″N, alt. 1 184 m, Reyhangul & Dolathan（No. 202308099）；82°44′32″E, 45°55′17″N, alt. 1 136 m, Reyhangul & Dolathan（No. 202308338）；Aketuyouke, 82°30′19″E, 45°44′21″N, alt. 1 136 m, Reyhangul & Dolathan（No. 202308114）；82°44′22″E, 45°55′16″N, alt. 1 177 m, Reyhangul & Dolathan（No. 202305047）。

（55）北美黄梅 *Xanthoparmelia viriduloumbrina*（Gyeln.）Lendemer-Saxicolous, Yumin Tasite, 82°44′13″E, 45°52′07″N, alt. 1 355 m, Reyhangul & Dolathan（No. 202207441）。

（56）怀俄明黄梅 *Xanthoparmelia wyomingica*（Gyelnik）Hale-Saxicolous, Yumin Tasite, 82°44′01″E, 45°55′25″N, alt. 1 176 m, Reyhangul & Dolathan（No. 202207461）；Karabura reservoir, 83°02′08″E, 46°01′04″N, alt. 1 302 m, Reyhangul & Dolathan（No. 202207011）；Suyunhe, 82°26′49″E, 45°47′31″N, alt. 1 075 m, Reyhangul & Dolathan（No. 202207363）。

14. 褐衣属 *Melanelia* Essl.

（57）微糙褐梅 *Melanelia exasperatula*（Nyl.）Essl.-Corticolous, Aketuyouke, 82°30′20″E, 45°44′21″N, alt. 1 259 m, Reyhangul & Anwar（No. 20207412）；Yumin Tasite, 82°44′04″E, 45°55′02″N, alt. 1 185 m, Reyhangul & Anwar（No. 202207472）；82°45′30″E, 45°53′59″N, alt. 1 219 m, Reyhangul & Anwar（No. 202308011）；Suyunhe, 82°27′33″E, 45°47′37″N, 1 133 m, Reyhangul & Anwar（No. 202305019）；Tuoli Tasite, 82°57′06″E, 45°47′15″N, alt. 2 014 m, Reyhangul & Anwar（No. 202308179）。

（58）茸褐梅 *Melanelia glabra*（Schaer.）Essl.-Corticolous, Yebadanxing, 82°30′9″E, 45°44′30″N, alt. 1 370 m, Reyhangul & Anwar（No. 202308028）；Karabura reservoir, 83°01′24″E, 46°01′40″N, alt. 1 173 m, Reyhangul & Anwar（No. 202207298）；83°05′03″E, 45°58′10″N, alt. 1 842 m, Reyhangul & Anwar（No. 202207464）；Suyunhe, 82°26′50″E, 45°04′65″N, alt. 1 321 m, Reyhangul & Anwar（No. 202207457）。

（59）*M. granulosa* Essl.-Saxicolous, Yumin Tasite, 82°43′27″E, 45°55′43″N, alt. 2 146 m, Reyhangul & Anwar（No. 202305035）；Suyunhe, 82°26′53″E, 45°47′31″N, alt. 1 073 m, Reyhangul & Anwar（No. 202207338）；82°30′58″E, 45°44′36″N, alt. 1 369 m, Reyhangul & Anwar（No. 202308258）。

（60）巧褐梅 *Melanelia incolorata*（Parrique）Essl.-Saxicolous, Yumin Tasite, 82°42′36″E, 45°55′55″N, alt. 1 219 m, Reyhangul & Anwar（No. 202308117, 202308141）；

82°44′42″E, 45°54′55″N, alt. 1 249 m, Reyhangul & Anwar（No.202207115）; Karabura reservoir, 83°02′19″E, 46°01′18″N, alt. 1 184 m, Reyhangul & Anwar（No. 202308121）。

（61）毡褐梅 *Melanelia panniformis*（Nyl.）Essl-Saxicolous, Suyunhe, 82°29′56″E, 45°44′29″N, alt. 1 207 m, Reyhangul & Anwar（No. 202207076）; Karabura reservoir, 83°02′18″E, 46°01′06″N, alt. 1 366 m, Reyhangul & Anwar（No. 202308200）。

15. 黑尔衣属 *Melanohalea* O. Blanco et al.

（62）*M. elegantula*（Zahlbr.）O. Blanco et al.-Corticolous, Yumin Tasite, 82°45′43″E, 45°53′48″N, alt. 1 187 m, Reyhangul & Anwar（No. 202308113）。

16. 黄星点衣属 *Flavopunctelia*（Krog）Hale

（63）皱黄星点衣 *Flavopunctelia flaventior*（stirt.）Hale-Corticolous, Yumin Tasite, 82°44′45″E, 45°55′02″N, alt. 1 185 m, Anwar（No. 202207410）。

17. 扁枝衣属 *Evernia* Ach.

（64）柔扁枝衣 *Evernia divaricata*（L.）Ach.-Corticolous, Yumin Tasite, 82°44′45″E, 45°55′02″N, alt. 1 186 m, Anwar（No. 202305013）; 82°44′33″E, 45°55′14″N, alt. 1 179 m, Anwar（No. 202305038）; 82°44′22″E, 45°55′15″N, alt. 1 180 m, Anwar（No. 202205011）; 82°45′01″E, 45°53′16″N, alt. 1 283 m, Anwar（No. 202207248）; 82°44′22″E, 45°55′15″N, alt. 1 184 m, Anwar（No. 202308123）。

18. 松萝属 *Usnea* Dill. ex Adans.

（65）亚花松萝 *Usnea subfloridana* stirt.-Corticolous, Tuoli Tasite, 82°54′39″E, 45°47′15″N, alt. 2 201 m; 82°54′41″E, 45°47′17″N, alt. 2 192 m。

19. 梅衣属 *Parmelia* Ach.

（66）槽梅衣 *Parmelia sulcata* Taylor-Corticolous（on bark and branch of tree）, Karabura, 83°05′03″E, 45°58′10″N, alt. 1 338 m, Anwar（No. 202308154）。

20. 拟扁枝衣属 *Pseudevernia* Zopf

（67）拟扁枝衣 *Pseudevernia furfuracea*（L.）Zopf-Corticolous, Tuoli Tasite, 82°54′37″N, 45°47′15″N, alt. 2 206 m, Reyhangul & Dolathan（No. 202308336）。

21. 黄岛衣属 *Flavocetraria* Kärnefelt & A.Thell

（68）雪黄岛衣 *Flavocetraria nivalis*（L.）Kärnefelt & A. Thell-Terricolous, Tuoli Tasite, 82°55′53″E, 45°47′11″N, alt. 2 080 m, Anwar（No. 202207143）。

地卷目 Peltigerales

五、胶衣科 Collemataceae Zenker

22. 土耳衣属 *Enchylium*（Ach.）Gray

（69）*Enchylium polycarpon*（Hoffm.）Otálora, P. M. Jørg. & Wedin*-Saxicolous（overgrowing bryophytes）, Tuoli Tasite, 82°55′53″E, 45°47′11″N, alt. 2 080 m, Reyhangul & Anwar（No. 202207194）; Yumin Tasite, 82°44′21″E, 45°55′14″N, alt. 1 197 m, Reyhangul & Anwar（No. 202305024）。

23. 猫耳衣属 *Leptogium*（Ach.）Gray

（70）多毛猫耳衣 *Leptogium hirsutum* Sierk *-Muscicolous, Tuoli Tasite, 82°55′53″E, 45°47′11″N, alt. 2 080 m, Reyhangul & Anwar（No. 202207133）; 82°55′56″E, 45°47′11″N, alt. 2 065 m, Reyhangul & Anwar（No. 202207131）。

（71）土星猫耳衣 *Leptogium saturninum*（Dicks.）Nyl.-Corticolous and muscicolous, Yumin Tasite, 82°44′21″E, 45°55′16″N, alt. 1 175 m, Anwar（No. 202207053）; 82°44′14″E, 45°52′09″N, alt. 1 345 m, Anwar（No. 202207044）; 82°44′45″E, 45°55′02″N, alt. 1 185 m, Anwar（No. 202207008）; 82°46′01″E, 45°53′39″N, alt. 1 250 m, Anwar（No. 202207070）; Tuoli Tasite, 82°57′50″E, 45°47′32″N, alt. 1 925 m, Anwar（No. 202207190）。

24. 胶衣属 *Collema* Weber ex F. H. Wigg.

（72）粉屑胶衣 *Collema furfuraceum*（Schaer.）Du Rietz-Saxicolous, Tuoli Tasite, 82°54′33″E, 45°47′15″N, alt. 1 220 m, Reyhangul（No. 202308253）; Yumin Tasite, 82°45′52″E, 45°53′39″N, alt. 2 198 m, Reyhangul（No. 202207162）。

（73）亚石胶衣 *Collema subflaccidum* Degel.-Corticolous, Suyunhe, 82°26′49″E, 45°47′31″N, alt. 1 076 m, Reyhangul（No. 202207354）; Yumin Tasite, 82°45′52″E, 45°53′39″N, alt. 1 220 m, Reyhangul（No. 202308320）。

（74）砖孢胶衣 *Collema subconveniens* Nyl.-Corticolous, Yumin Tasite, 82°44′15″E, 45°52′12″N, alt. 1 347 m, Reyhangul（No. 202207145）。

六、地卷科 Peltigeraceae Dumort.

25. 地卷属 *Peltigera* Willd.

（75）犬地卷 *Peltigera canina*（L.）Willd.-Terricolous and muscicolous, Tuoli Tasite, 82°56′16″E, 45°47′15″N, alt. 2 014 m, Reyhangul（No. 202207125）; 82°55′31″E, 45°47′16″N, alt. 2 118 m, Reyhangul（No. 202207137）; 82°56′14″E, 45°47′12″N, alt. 2 052 m, Reyhangul（No. 202207130）；82°57′50″E, 45°47′32″N, alt. 1 925 m, Reyhangul（No. 202207178）；82°56′13″E, 45°47′12″N, alt. 2 059 m, Reyhangul（No. 202308234）；Yumin Tasite, 82°44′33″E, 45°55′17″N, alt. 1 130 m, Reyhangul（No. 202308087）；82°46′27″E, 45°53′23″N, alt. 1 261 m, Reyhangul（No. 202308079）；82°46′27″E, 45°53′23″N, alt. 1 248 m, Reyhangul（No. 202308217）；82°45′49″E, 45°53′43″N, alt. 1 209 m, Reyhangul（No. 202308191）。

（76）大陆地卷 *Peltigera continentalis* Vitik.-Muscicolous, Yumin Tasite, 82°44′01″E, 45°55′25″N, alt. 1 176 m, Reyhangul & Anwar（No. 202207334）；Tuoli Tasite, 82°56′08″E, 45°47′24″N, alt. 2 038 m, Reyhangul & Anwar（No. 202308176）。

（77）平盘软地卷 *Peltigera elisabethae* Gyelnik-Terricolous, Yumin Tasite, 82°44′02″E, 45°55′24″N, alt. 1 176 m, Reyhangul（No. 202207411）；82°44′21″E, 45°55′14″N, alt. 1 197 m, Reyhangul（No. 202305024）；Tuoli Tasite, 82°54′44″E, 45°47′20″N, alt. 2 185 m, Reyhangul（No. 202207372）；82°56′16″E, 45°47′15″N, alt. 2 014 m, Reyhangul（No. 202207477）；82°54′44″E, 45°47′20″N, alt. 2 185 m, Reyhangul（No. 202207379）；Suyunhe, 82°30′31″E, 45°44′22″N, alt. 1 336 m, Reyhangul（No. 202308326）。

（78）平盘地卷 *Peltigera horizontalis*（Huds.）Baumg.-Terricolous, Tuoli Tasite, 82°56′16″E, 45°47′15″N, alt. 1 336 m, Reyhangul（No. 202308185）。

（79）软地卷 *Peltigera malacea*（Ach.）Funck-Terricolous, Tuoli Tasite, 82°55′56″E, 45°47′11″N, alt. 2 065 m, Reyhangul（No. 202207497）。

（80）多膜地卷 *Peltigera membranacea*（Ach.）Nyl.-Muscicolous, Yumin Tasite, 82°44′27″E, 45°52′22″N, alt. 1 342 m, Reyhangul（No. 202207478）。

（81）芽片地卷 *Peltigera monticola* Vitik.*-Terricolous, Tuoli Tasite, 82°55′53″E, 45°47′11″N, alt. 2 080 m, Reyhangul & Anwar（No. 202207132）；Yumin Tasite, 82°44′01″E, 45°55′25″N, alt. 1 176 m, Reyhangul & Anwar（No. 202207334）；82°44′13″E, 45°52′07″N, alt. 1 355 m, Reyhangul & Anwar（No. 202207023）。

（82）光滑地卷 *Peltigera neckeri* Hepp ex Müll.-Muscicolous, Yumin Tasite, 82°44′22″E, 45°55′13″N, alt. 1 209 m, Reyhangul（No. 202205012）；82°44′22″E, 45°55′15″N, alt. 1 179 m, Reyhangul（No. 202305005）。

（83）长根地卷 *Peltigera neopolydactyla*（Gyeln.）Gyeln.-Muscicolous, Tuoli Tasite, 82°55′31″E, 45°47′16″N, alt. 2 118 m, Reyhangul（No. 202207142）。

（84）指地卷 *Peltigera polydactylon*（Neck.）Hoffm.-Muscicolous, Yumin Tasite, 82°44′27″E, 45°52′22″N, alt. 1 342 m, Reyhangul & Dolathan（No. 202207482）；Tuoli Tasite, 82°54′44″E, 45°47′20″N, alt. 2 185 m, Reyhangul & Dolathan（No.

202207218）；82°56′14″E，45°47′12″N，alt. 2 052 m，Reyhangul & Dolathan（No. 202207380）；82°54′44″E，45°47′20″N，alt. 2 185 m；82°55′56″E，45°47′11″N，alt. 2025 m，Reyhangul & Dolathan（No. 202207218）。

（85）白脉地卷 *Peltigera ponojensis* Gyeln.-Muscicolous，Yumin Tasite，82°44′38″E，45°54′22″N，alt. 1 255 m，Anwar（No. 202207036）。

（86）裂芽地卷 *Peltigera praetextata*（Flörke ex Sommerf.）Zopf-Terricolous，Yumin Tasite，82°46′27″E，45°53′23″N，alt. 1 226 m，Reyhangul & Dolathan（No. 202308330）；82°44′21″E，45°55′14″N，alt. 1 198 m，Reyhangul & Dolathan（No. 202305056）。

（87）地卷 *Peltigera rufescens*（Weiss）Humb-Terricolous，Tuoli Tasite，82°55′56″E，45°47′44″N，alt. 2 065 m，Reyhangul & Dolathan（No. 202207139）；82°55′57″E，45°47′11″N，alt. 2 054 m，Reyhangul & Dolathan（No. 202308070）；82°55′53″E，45°47′11″N，alt. 2 080 m，Reyhangul & Dolathan（No. 202207258）；82°54′44″E，45°47′20″N，alt. 1 174 m，Reyhangul & Dolathan（No. 202207155）。

（88）小地卷 *Peltigera venosa*（L.）Hoffm.-Terricolous，Yumin Tasite，82°45′37″E，45°53′49″N，alt. 1 206 m，Reyhangul & Dolathan（No. 202308306）；Tuoli Tasite，82°54′32″E，45°47′15″N，alt. 2 198 m，Reyhangul & Dolathan（No. 202207161）。

七、肾盘衣科 Nephromataceae Wetmore

26. 肾盘衣属 *Nephroma* Ach.

（89）镶边肾盘衣 *Nephroma parile*（Ach.）Ach.-Muscicolous，Yumin Tasite，82°44′01″E，45°55′25″N，alt. 1 176 m，Dolathan（No. 202207326）。

八、鳞叶衣科 Pannariaceae Tuck.

27. 棕鳞衣属 *Fuscopannaria* P. M. Jørg.

（90）扇指褐鳞叶衣 *Fuscopannaria cheiroloba*（Müll. Arg.）P. M. Jørg*-Saxicolous（overgrowing bryophytes），Tuoli Tasite，82°54′33″E，45°47′15″N，alt. 2 198 m，Reyhangul & Anwar（No. 202207498）。

瓶口衣目 Verrucariales

九、瓶口衣科 Verrucariaceae Eschw.

28. 皮果衣属 *Dermatocarpon* Eschw.

（91）*Dermatocarpon arnoldianum* Degel.*-Saxicolous，Tuoli Tasite，82°45′01″E，

45°53′16″N, alt.1 283 m, Reyhangul & Anwar（No. 202207431）; Aketuyouke, 82°26′53″E, 45°47′31″N, alt. 1 073 m, Reyhangul & Anwar（No. 202207355）。

（92）皮果衣 *Dermatocarpon miniatum*（L.）W.Mann-Saxicolous, Suyunhe, 82°26′53″E, 45°47′31″N, alt. 1 073 m, Anwar（No. 202207355）; var. *imbricatum*（Nyl.）Dalla Torre & Sarnth. Yumin Tasite, 82°44′06″E, 45°55′26″N, alt. 1 093 m, Anwar（No. 202207496）; var. *complicatum*（Leight.）Th. Fr., Karabura reservoir, 83°02′46″E, 46°04′35″N, alt. 1 026 m, Anwar（No. 203308198）, Aketuyouke, 82°30′01″E, 45°44′26″N, alt. 1 228 m, Anwar（No. 202207224）。

（93）长根皮果衣 *Dermatocarpon moulins*ii（Mont.）Zahlbr.-Saxicolous, Yumin Tasite, 82°45′30″E, 45°53′56″N, alt. 1 219 m, Anwar（No. 203308077）。

（94）短绒皮果衣 *Dermatocarpon vellereum* Zschacke-Saxicolous, Yumin Tasite, 82°44′06″E, 45°55′26″N, alt. 1 177 m, Dolathan（No. 202207094; 202207095）; 82°44′21″E, 45°55′14″N, alt. 1 186 m, Dolathan（No. 203308161）; Suyunhe, 82°27′19″E, 45°47′34″N, alt. 1 124 m, Dolathan（No. 203308181）; 82°27′01″E, 45°47′02″N, alt. 1 098 m, Dolathan（No. 203308315）。

29. 小皿叶属 *Normandina* Nyl.

（95）小皿叶 *Normandina pulchella*（Borrer）Nyl.-Corticolous, Yumin Tasite, 82°44′09″E, 45°52′06″N, alt. 1 344 m, Anwar & Dolathan（No. 202207040）。

鸡皮衣目 Pertusariales

十、霜降衣科 Icmadophilaceae Triebel

30. 白角衣属 *Siphula* Fr.

（96）翅白角衣 *Siphula pteruloides* Nyl.-Saxicolous, Karabura reservoir, 83°04′42″E, 45°58′41″N, alt. 1 781 m, Reyhangul & Dolathan（No. 202207110）; 83°05′38″E, 45°57′31″N, alt. 1 833 m, Reyhangul & Dolathan（No. 203308263）。

石耳目 Umbilicariales

十一、石耳科 Umbilicariaceae Chevall.

31. 石耳属 *Umbilicaria* Hoffm.

（97）皱面粗根石耳 *Umbilicaria aprina* Nyl.*-Saxicolous, Tuoli Tasite, 82°55′53″E, 45°07′11″N, alt. 2 080 m, Reyhangul & Dolathan（No. 202207499）。

（98）多盘石耳 *Umbilicaria proboscidea*（L.）Schrader-Saxicolous，Tuoli Tasite，82°56′16″E，45°47′15″N，alt. 2 015 m，Reyhangul & Dolathan（No. 202207459）。

（99）淡肤根石耳 *Umbilicaria virginis* Schrad.-Saxicolous，Tuoli Tasite，82°56′16″E，45°47′15″N，alt. 2 014 m，Reyhangul & Dolathan（No. 202207120）；82°55′53″E，45°47′11″N，alt. 2 080 m，Reyhangul & Dolathan（No. 202207176）；Suyunhe，82°27′01″E，45°47′02″N，alt. 1 098 m，Reyhangul & Dolathan（No. 202308316）。

6.2 保护区微型（壳状）地衣名录

微孢衣目 Acarosporales

一、微孢衣科 Acarosporacea

1. 微孢衣属 *Acarospora* A.Massal.

（1）深褐微孢衣 *Acarospora badiofusca*（Nyl.）-Saxicolous，Halabula reservoir，83°02′34″E，46°04′33″N，alt. 1 081 m，Reyhangul & Dolathan（No. 202305063）；Aktuyuk，82°26′53″E，45°47′31″N，alt. 1 073 m，Reyhangul & Dolathan（No. 2023305075）；Tuoli Tasite，83°00′47″E，45°49′15″N，alt. 1 399 m，Reyhangul & Dolathan（No. 202406002）。

（2）包氏微孢衣 *Acarospora bohlinii* H. Magn。

（3）短片微孢衣 *Acarospora brevilobata* Magn.-Saxicolous，Halabula reservoir，83°01′24″E，46°01′40″N，alt. 1 173 m，Reyhangul & Dolathan（No. 202207032）；Tuoli Tasite，82°54′36″E，45°47′14″N，alt. 2 218 m，Reyhangul & Dolathan（No. 202406020）。

（4）苍果微孢衣 *Acarospora glaucocarpa*（Ach.）Arnold。

（5）聚盘微孢衣 *Acarospora glypholecioides* H.Magn。

（6）被膜微孢衣 *Acarospora molybdina* Trevis.-Saxicolous，Halabula reservoir，83°02′46″E，46°04′36″N，alt. 1 037 m，Reyhangul & Dolathan（No. 202308008）。

（7）莲座微孢衣 *Acarospora rosulata*（Th. Fr.）H. Magn.-Saxicolous，Yumin Tasite，83°03′26″E，45°59′20″N，alt. 1 722 m，Reyhangul & Dolathan（No. 202406027）。

2. 聚盘衣属 *Glypholecia* Nyl

（8）糙聚盘衣 *Glypholecia scabra*（Pers.）Müll. Arg.，Hedwigia。

3. 金卵石衣属 *Pleopsidium* Körb.

（9）戈壁金卵石衣 *Pleopsidium gobiense*（H. Magn.）Hafellner，Aketouyuke，

82°26′52″E，43°46′04″N，alt. 1 315 m，Reyhangul & Dolathan（No. 202207280）；82°25′20″E，45°47′50″N，alt. 968 m，Reyhangul & Dolathan（No. 202207322）。

黄茶渍目 Candelariales

二、黄烛衣科 Candelariaceae

4. 黄绿衣属 *Flavoplaca* Arup

（10）皇冠黄绿衣 *Flavoplaca coronata*（Kremp. ex Körb.）Arup，Yumin Tasite，82°44′45″E，45°55′02″N，alt. 1 185 m，Reyhangul & Dolathan（No. 202207454，202207473，202207409）；82°43′27″E，45°55′43″N，alt. 2 146 m，Reyhangul & Dolathan（No. 202305062）。

5. 黄茶渍属 *Candelariella* Müll. Arg.

（11）金黄茶渍 *Candelariella aurella*（Hoffm.）Zahlbr.，Yumin Tasite，82°44′44″E，45°55′02″N，alt. 1 185 m，Reyhangul & Dolathan（No. 202207445）；Suyunhe，82°31′14″E，45°53′23″N，alt. 1 262 m，Reyhangul & Dolathan（No. 202404001）；Aketouyuke，82°26′50″E，45°46′05″N，alt. 1 321 m，Reyhangul & Dolathan（No. 202305029）。

（12）粉黄茶渍 *Candelariella efflorescens* R.C. Harris，Yumin Tasite，82°30′19″E，45°44′21″N，alt. 1 206 m，Reyhangul & Dolathan（No. 202308350）；82°44′59″E，45°53′30″N，alt. 1 271 m，Reyhangul & Dolathan（No. 202207263）。

（13）油黄茶渍 *Candelariella oleifera* H.Magn.，Aketouyuke，82°43′31″E，46°05′31″N，alt. 994 m，Reyhangul & Dolathan（No. 202207356）。

（14）柱头黄茶渍 *Candelariella xanthostigma*（pers.ex.Ach.）Lettau，Tuoli Tasite，82°56′16″E，45°47′15″N，alt. 1 135 m，Reyhangul & Dolathan（No. 202308194）；82°54′40″E，45°47′16″N，alt. 1 134 m，Reyhangul & Dolathan（No. 202308068）。

粉衣目 Calciales

三、粉衣科 Caliciaceae

6. 鳞饼衣属 *Dimelaena* Norman

（15）鳞饼衣 *Dimelaena oreina*（Ach.）Norman，Halabula reservoir，83°04′42″E，45°58′41″N，alt. 1 781 m，Reyhangul & Dolathan（No. 202308238）；Aketouyuke，82°26′52″E，43°46′04″N，alt. 1 315 m，Reyhangul & Dolathan（No. 202207280）。

7. 四胞极衣属 *Tetramelas* Norman

（16）绿色四胞极衣 *Tetramelas chloroleucus*（Korb.）A. Nordin.，Halabula reservoir，83°04′42″E，45°58′41″N，alt. 1 781 m，Reyhangul & Dolathan（No. 202308244）；Aketouyuke，82°26′52″E，43°46′04″N，alt. 1 315 m，Reyhangul & Dolathan（No. 202207287）。

粉头衣目 Coniocybales

四、粉头衣科 Coniocybaceae

8. 口果粉衣属 *Chaenotheca* Th.Fr.

（17）茎口果粉衣 *Chaenotheca stemonea*（Ach.）Müll. Arg.，Halabula reservoir，83°04′42″E，45°58′41″N，alt. 1 788 m，Reyhangul & Dolathan（No. 202308241）；Aketouyuke，82°26′52″E，43°46′04″N，alt. 1 387 m，Reyhangul & Dolathan（No. 202207289）。

茶渍目 Lecanorales

五、旋衣科 Byssolomataceae

9. 亚网衣属 *Micarea* Fr.

（18）黑亚网衣 *Micarea melaena*（Nyl.）Hedl.，Yumin Tasite，82°49′01″E，45°55′25″N，alt. 1 176 m，Reyhangul & Dolathan（No. 202207085）。

六、茶渍科 Lecanoraceae

10. 茶渍属 *Lecanora* Ach.

（19）聚茶渍 *Lecanora accumulata* H.Magn.，Halabula reservoir，83°04′42″E，45°58′41″N，alt. 1 781 m，Reyhangul & Dolathan（No. 202308238）；Aketouyuke，82°26′52″E，43°46′04″N，alt. 1 315 m，Reyhangul & Dolathan（No. 202207280）。

（20）碎茶渍 *Lecanora argopholis*（Ach.）Ach.，Lich.，Tuoli Tasite，83°04′42″E，45°58′41″N，alt. 1 781 m，Reyhangul & Dolathan（No. 202207300）；82°54′33″E，45°47′15″N，alt. 2 198 m，Reyhangul & Dolathan（No. 202207302）；Jaman tereke，82°27′02″E，45°47′35″N，alt. 1 100 m，Reyhangul & Dolathan（No. 202308016）。

（21）坚盘茶渍 *Lecanora cenisia* Ach.，Yumin Tasite，82°44′15″E，45°52′12″N，alt. 1 347 m，Reyhangul & Dolathan（No. 202207246）；Aketouyuke，82°25′20″E，

45°47′50″N，alt. 968 m，Reyhangul & Dolathan（No. 202207322）。

（22）*Lecanora chlarotera* Nyl.-Aketouyuke，82°26′52″E，43°46′04″N，alt.1 315 m，Reyhangul & Dolathan（No. 202207280）；Tuoli Tasite，82°30′30″E，45°44′21″N，alt. 1 259 m，Reyhangul & Dolathan（No. 202207156）。

（23）边缘茶渍 *Lecanora marginata*（Schaer.）Hertel & Rambold，Bot.，Halabura reservoir，83°02′34″E，46°04′33″N，alt. 1 075 m，Reyhangul & Dolathan（No. 202207287）；83°02′31″E，46°02′05″N，alt. 1 249 m，Reyhangul & Dolathan（No. 202207312）。

（24）灰叶茶渍 *Lecanora phaedrophthalma* poelt，Aketouyuke，82°25′20″E，45°47′50″N，alt. 968 m，Reyhangul & Dolathan（No. 202207322）；82°26′52″E，43°46′04″N，alt. 1 315 m，Reyhangul & Dolathan（No. 202207280）。

（25）木生茶渍 *Lecanora xylophila* Hue-Aketouyuke，82°26′52″E，43°46′04″N，alt. 1 315 m，Reyhangul & Dolathan（No. 202207280）；Tuoli Tasite，82°54′44″E，45°47′20″N，alt. 2 185 m，Reyhangul & Dolathan（No. 202207215）。

11. 小网衣属 *Lecidella* Körb.

（26）破小网衣 *Lecidella carpathica* Körb.，Halabula reservoir，83°04′87″E，46°11′51″N，alt. 1 342 m，Anwar & Dolathan（No.202207309）；Tuoli Tasite，82°55′40″E，45°47′16″N，alt. 2 022 m，Anwar & Dolathan（No.202406011）；Yumin Tasite，83°03′26″E，45°59′20″N，alt. 1 163 m，Anwar & Dolathan（No.202406046）。

（27）油色小网衣 *Lecidella elaeochroma*（Ach.）M. Choisy，Aketouyuke，82°29′53″E，45°44′34″N，alt. 1 262 m，Anwar & Dolathan（No.202406036）。

（28）优果小网衣 *Lecidella euphorea*（Flörke）Hertel。

（29）平小网衣 *Lecidella stigmatea*（Ach.）Hertel & Leuckert，Tuoli Tasite，83°03′26″E，45°59′20″N，alt. 1 722 m，Anwar & Dolathan（No.202406043）。

（30）肿胀小网衣 *Lecidella tumidula*（A. Massal.）Knoph & Leuckert，Aketouyuke，82°26′53″E，45°47′31″N，alt. 1 073 m，Anwar & Dolathan（No.202207369）；Yumin Tasite，82°45′59″E，45°53′38″N，alt. 1 268 m，Anwar & Dolathan（No.202308223）。

12. 多盘衣属 *Myriolecis* Clem

（31）散多盘衣 *Myriolecis dispersa*（Pers.）Śliwa，Zhao Xin & Lumbsch，Yumin Tasite，82°45′52″E，45°53′39″N，alt. 1 220 m，Anwar & Dolathan（No.202309239）。

（32）小多盘衣 *Myriolecis hagenii*（Ach.）Śliwa，Tuoli Tasite，82°54′44″E，45°47′21″N，alt. 2 167 m，Anwar & Dolathan（No.202309347）。

13. 原类梅属 *Protoparmeliopsis* M.

（33）嘎氏原类梅 *Protoparmeliopsis garovaglii*（Körb.）Arup, Aketouyuke, 82°43′30″E, 46°05′31″N, alt. 990 m, Anwar & Dolathan（No.202207331）；Halabula reservoir, 83°05′03″E, 45°58′10″N, alt. 1 842 m, Anwar & Dolathan（No.202207297）。

（34）青海原类梅 *Protoparmeliopsis kukunorensis*（H.Magn.）S.Y.Kondr。

（35）石墙原类梅 *Protoparmeliopsis muralis*（Schreb.）M. Choisy, Aketouyuke, 82°26′52″E, 45°46′04″N, alt. 1 315 m, Anwar & Dolathan（No.202207285）；Halabula reservoir, 83°05′41″E, 45°57′31″N, alt. 1 930 m, Anwar & Dolathan（No.20230820）。

14. 脐鳞属 *Rhizoplaca* Zopf

（36）贝加尔脐鳞 *Rhizoplaca baicalensis*（Zahlbr.）S.Y. Kondr., Yumin Tasite, 83°04′47″E, 45°40′15″N, alt. 1 699 m, Anwar & Dolathan（No.202406165）。

（37）红脐鳞衣 *Rhizoplaca chrysoleuca*（Sm.）Zopf, Aketouyuke, 82°29′45″E, 45°44′36″N, alt. 1 254 m, Anwar & Dolathan（No.202406166）；Halabula reservoir, 83°02′18″E, 46°01′06″N, alt. 1 366 m, Anwar & Dolathan（No.202308228）。

（38）垫脐鳞 *Rhizoplaca melanophthalma*（Ram）, Aketouyuke, 82°30′09″E, 45°44′23″N, alt. 1 228 m, Anwar & Dolathan（No.202207168）；82°43′31″E, 46°05′31″N, alt. 994 m, Anwar & Dolathan（No.202207328）；Halabula reservoir, 83°02′18″E, 46°01′06″N, alt. 1 366 m, Anwar & Dolathan（No.202308228）。

七、珊瑚枝科 Stereocaulaceae

15. 癞屑衣属 *Lepraria* Ach.

（39）灰白癞屑衣 *Lepraria incana*（L.）Ach., Yumin Tasite, 83°00′57″E, 45°49′47″N, alt. 1 699 m, Anwar & Dolathan（No.202406004）。

（40）*Lepraria rigidula*（B. de Lesd.）Diederich, Yumin Tasite, 82°44′21″E, 45°55′15″N, alt. 1 178 m, Anwar & Dolathan（No.202406040）。

网衣目 Lecideales

八、网衣科 Lecideaceae

16. 网衣属 *Lecidea* Ach.

（41）黑棕网衣 *Lecidea atrobrunnea*（DC.）Schaer., Halabula reservoir, 83°02′47″E, 46°04′36″N, alt. 1 033 m, Anwar & Dolathan（No.202308055, 202308098）；83°05′03″E, 45°58′10″N, alt. 1 842 m, Anwar & Dolathan（No.202308055, 202207278）。

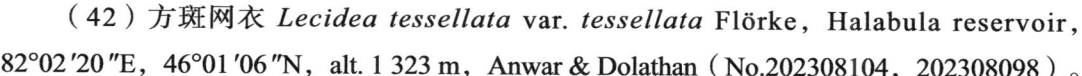

（42）方斑网衣 *Lecidea tessellata* var. *tessellata* Flörke，Halabula reservoir，82°02′20″E，46°01′06″N，alt. 1 323 m，Anwar & Dolathan（No.202308104，202308098）。

17. 拟沉衣属 *Lecaimmeria* C.M. Xie

（43）伊朗拟沉衣 *Lecaimmeria iranica*（Valadb.，Sipman & Rambold），Tuoli Tasite，83°54′13″E，46°47′12″N，alt. 2 034 m，Anwar & Dolathan（No.202308353）。

（44）蒙古拟沉衣 *Lecaimmeria mongolica* C.M. Xie & Lu L. Zhang，Aketouyuke，82°30′02″E，45°44′32″N，alt. 1 022 m，Anwar & Dolathan（No.202308354）；Yumin Tasite，82°42′51″E，45°55′05″N，alt. 1 126 m，Anwar & Dolathan（No.202305080）；Tuoli Tasite，82°55′58″E，45°47′10″N，alt. 2 052 m，Anwar & Dolathan（No.202308090）。

地图衣目 Rhizocarpales

九、地图衣科 Rhizocarpceae

18. 地图衣属 *Rhizocarpon* Ramond ex DC.

（45）灰地图衣 *Rhizocarpon disporum*（Nägeli ex Hepp）Müll. Arg.，Yumin Tasite，82°44′22″E，45°55′15″N，alt. 1 179 m，Anwar & Dolathan（No.202305079）；82°54′50″E，45°47′28″N，alt. 2 242 m，Anwar & Dolathan（No.202406159）。

（46）雪山地图衣 *Rhizocarpon effiguratum*（Anzi）Th. Fr.，Yumin Tasite，82°44′21″E，45°55′14″N，alt. 1 193 m，Anwar & Dolathan（No.202406155）。

（47）双胞地图衣 *Rhizocarpon geminatum* Körb.，Yumin Tasite，82°44′21″E，45°55′14″N，alt. 1 193 m，Anwar & Dolathan（No.202305071）。

（48）地图衣 *Rhizocarpon geographicum*（L.）DC.，Aketouyuke，82°26′53″E，45°47′31″N，alt. 1 075 m，Anwar & Dolathan（No.202207281）；Tuoli Tasite，82°55′54″E，45°47′11″N，alt. 2 054 m，Anwar & Dolathan（No.202308073）；Yumin Tasite，82°44′01″E，45°55′25″N，alt. 1 176 m，Anwar & Dolathan（No.202207500）。

黄枝衣目 Teloschistales

十、黄枝衣科 Teloschistaceae

19. 美衣属 *Calogaya* Arup

（49）类锈美衣 *Calogaya ferrugineoides*（H. Magn.）Saxicolous，Tuoli Tasite，82°54′39″E，45°47′16″N，alt. 2 204 m，Anwar & Dolathan（No.202308024）；Harabula reservoir，82°54′44″E，45°47′20″N，alt. 2 285 m，Anwar & Dolathan（No.202207138）。

20. 黄鳞衣属 *Rusavskia* S.Y

（50）丽黄鳞衣 *Rusavskia elegans*（Link）S.Y.，Saxicolous，Yumin Tasite，83°03′26″E，45°59′20″N，alt. 1 163 m，Anwar & Dolathan（No.202406046）；Tuoli Tasite，85°54′50″E，45°47′28″N，alt. 2 242 m，Anwar & Dolathan（No.202406042）；Aketouyuke，82°30′23″E，45°44′22″N，alt. 1 317 m，Anwar & Dolathan（No.202406169）。

21. 橙衣属 *Caloplaca* Th.Fr.

（51）蜡黄橙衣 *Caloplaca cerina*（Ehrh. ex Hedw.）Th. Fr.，Harabula reservoir，82°54′44″E，45°47′20″N，alt. 2 285 m，Anwar & Dolathan（No.202207138）。

（52）蜂窝橙衣 *Caloplaca scrobiculata* H. Magn.，Yumin Tasite，82°44′22″E，45°55′15″N，alt. 1 179 m，Anwar & Dolathan（No.202305053）。

羊角衣目 Baeomycetales

十一、羊角衣科 Baeomycetaceae

22. 柄盘衣属 *Anamylopsora*（Timdal）

（53）巴基斯坦柄盘衣 *Anamylopsora pakistanica* Usman & Khalid，Yumin Tasite，82°44′51″E，45°55′16″N，alt. 1 126 m，Anwar & Dolathan（No.202305099）。

（54）*Anamylopsora altaica* Ahat，A. Abba。

文字衣目 Graphidales

十二、文字衣科 Graphidaceae

23. 双缘衣属 *Diploschistes* Norman

（55）双壳双缘衣 *Diploschistes diacapsis*（Ach.）Lumbsch。

（56）藓生双缘衣 *Diploschistes muscorum*（Scop.）R. Sant.，Yumin Tasite，82°44′22″E，45°55′15″N，alt. 1 179 m，Anwar & Dolathan（No.202305053）；82°44′33″E，45°55′14″N，alt. 1 135 m，Anwar & Dolathan（No.202308101）。

（57）双缘衣 *Diploschistes scruposus*（Schreb.）Norman，Yumin Tasite，82°42′52″E，45°55′56″N，alt. 1 128 m，Anwar & Dolathan（No.202305001）；Aketouyuke，82°26′49″E，45°47′31″N，alt. 1 075 m，Anwar & Dolathan（No.2022075359）；Tasite，83°00′44″E，45°49′56″N，alt. 1 746 m，Anwar & Dolathan（No.2024060089）。

鸡皮衣目 Pertusariales

十三、巨孢衣科 Megalosporaceae

24. 奥氏衣属 *Oxneriaria* S. Y. Kondr. et L. Lőkös

（58）*Oxneriaria permutata*（Zahlbr.）S.Y. Kondr。

十四、巨孢衣科 Megalosporaceae

25. 平茶渍属 *Aspicilia* A. Massal.

（59）灰平茶渍 *Aspicilia cinerea*（L.）Körb.，Halabula reservoir，83°18′05″E，46°18′16″N，alt. 1 599 m，Reyhangul & Dolathan（No. 202207290）；Yumin Tasite，83°03′26″E，45°59′20″N，alt. 1 163 m，Reyhangul & Dolathan（No. 202406046）。

（60）杯形平茶渍 *Aspicilia cupulifera*（H. Magn.），Yumin Tasite，83°03′26″E，45°59′20″N，alt. 1 163 m，Reyhangul & Dolathan（No. 202407110）。

（61）白边平茶渍 *Aspicilia sublaqueata*（H.Magn）J.C. Wei，Aketutouke，82°25′20″E，45°47′50″N，alt. 968 m，Reyhangul & Dolathan（No. 202207448）；82°43′31″E，46°05′31″N，alt. 994 m，Reyhangul & Dolathan（No. 202207334）。

26. 野粮衣属 *Circinaria* Link

（62）风滚野粮衣 *Circinaria affinis*（Eversm.）Sohrabi，Yumin Tasite，82°04′56″E，45°58′10″N，alt. 1 035 m，Reyhangul & Dolathan（No. 202406029）。

（63）旱生野粮衣 *Circinaria arida* Owe-Larss.，Halabula reservoir，83°18′05″E，46°18′16″N，alt. 1 599 m，Reyhangul & Dolathan（No. 202207290）；Yumin Tasite，83°03′26″E，45°59′20″N，alt. 1 163 m，Reyhangul & Dolathan（No. 202406046）。

（64）果野粮衣 *Circinaria fruticulosa*（Eversm.）Sohrabi。

（65）斑点野粮衣 *Circinaria maculata*（H. Magn.）Q. Ren，Yumin Tasite，83°03′26″E，45°59′20″N，alt. 1 163 m，Reyhangul & Dolathan（No. 202407110）。

（66）赭白野粮衣 *Circinaria ochraceoalba*（H. Magn.），Yumin Tasite，83°02′53″E，46°01′02″N，alt. 1 512 m，Reyhangul & Dolathan（No. 202406060）；83°02′01″E，45°46′37″N，alt. 994 m，Reyhangul & Dolathan（No. 202408010）。

（67）扭曲野粮衣 *Circinaria tortuosa*（H. Magn.）Q. Ren，comb.，Aketutouke，82°25′20″E，45°47′50″N，alt. 968 m，Reyhangul & Dolathan（No. 202207448）；82°43′31″E，46°05′31″N，alt. 994 m，Reyhangul & Dolathan（No. 202207334）。

（68）小角野粮衣 *Circinaria transbaicalica*（Oxner）Q. Ren，Tuoli Tasite，83°03′37″E，45°49′33″N，alt. 1 759 m，Reyhangul & Dolathan（No. 202406016）。

27. 瓣茶衣属 *Lobothallia* (Clauzade & Cl. Roux) Hafellner

（69）粉瓣茶衣 *Lobothallia alphoplaca* (Wahlenb.) Hafellner, Tuoli Tasite, 82°56′16″E, 45°47′15″N, alt. 2 014 m, Reyhangul & Dolathan（No. 202207460）; 82°30′59″E, 45°44′36″N, alt. 1 377 m, Reyhangul & Dolathan（No. 202208349）; Halabula reservoir, 83°01′25″E, 46°01′36″N, alt. 1 178 m, Reyhangul & Dolathan（No. 202305076）。

（70）原辐瓣茶衣 *Lobothallia praeradiosa* (Nyl.) Hafellner, Aketouyuke, 82°25′20″E, 45°47′51″N, alt. 980 m, Reyhangul & Dolathan（No. 202207352）; Yumin Tasite, 83°44′37″E, 45°55′15″N, alt. 1 315 m, Reyhangul & Dolathan（No. 202406034）。

（71）辐射裂片茶渍 *Lobothallia radiosa* (Hoffm.) Hafellner, Aketouyuke, 82°44′51″E, 45°55′16″N, alt. 1 126 m, Reyhangul & Dolathan（No. 202207365）。

6.3　保护区新记录地衣种类

（1）短柄石蕊 *Cladonia kurokawae* Ahti & Stenroose, in Ahti, Stenroos, Chen & Guo, Mycosystema 8-9：54（1996）。

初生鳞片小型宿存，果杯形状与喇叭粉石蕊相似，先端逐渐扩大成杯，杯底较深，呈漏斗状，果柄皮层连续平滑，不分枝，高3~8 mm，浅绿色；粉芽为粉末状而非颗粒状，偶尔粉芽可能是颗粒状的，子囊盘罕见（图6-1）。

A. 地衣体；B. 果柄

图6-1　短柄石蕊 *Cladonia kurokawae* 外部形态与解剖结构

A. Thallus upper surface; B. Podetia

Figure 6-1　External morphology and anatomical structures of *Cladonia kurokawae*

化学反应：K-，C-，KC-，P+橙红色。
化学成分：黑茶渍酸和富马原岛衣酸。
生境：朽木、苔藓。
分布：中国（四川、云南、甘肃、新疆）、日本、俄罗斯、美国、墨西哥。
引证标本：新疆，巴尔鲁克山国家级自然保护区，裕民塔斯特，2023年5月1日，

82°44′22″N，45°55′13″E，海拔1 202.71 m，热汗古丽·买买提艾力、艾尼瓦尔·吐米尔，202305002。

（2）*Dermatocarpon arnoldianum* Degel.，Nytt Mag. Natur. 75：157（1934）。

地衣体为叶状，裂片相互毗连呈覆瓦排列，革质，刚硬，湿时柔韧，轮廓圆形，直径1.8～3.6 cm，其边缘有轻微的波状皱褶；上表面灰色，灰褐色至褐色，或橄榄色，具灰白色粉霜；下表面裸露，无假根，锈红色至暗褐色，以中心脐固着于基物。子囊壳埋生，近球形，地衣体上表面露出黑色点状的孔口；孢子无色，8孢子，单胞，椭圆形或圆形。子囊孢子（15～20）μm×（6～8）μm（图6-2）。

化学反应：地衣体和髓层K-，C-，KC-，P-，UV-。

化学成分：未检测到化学物质。

生境：岩石。

分布：中国（新疆）、北美。

引证标本：新疆，巴尔鲁克山国家级自然保护区，裕民塔斯特，2022年7月4日，82°45′01″N，45°53′16″E，海拔1 283.38 m，热汗古丽·买买提艾力、艾尼瓦尔·吐米尔，202207431；巴尔鲁克山国家级自然保护区，阿克图优客，2022年7月3日，82°26′53″N，45°47′31″E，海拔1 073.57 m，热汗古丽·买买提艾力、艾尼瓦尔·吐米尔，202207355。

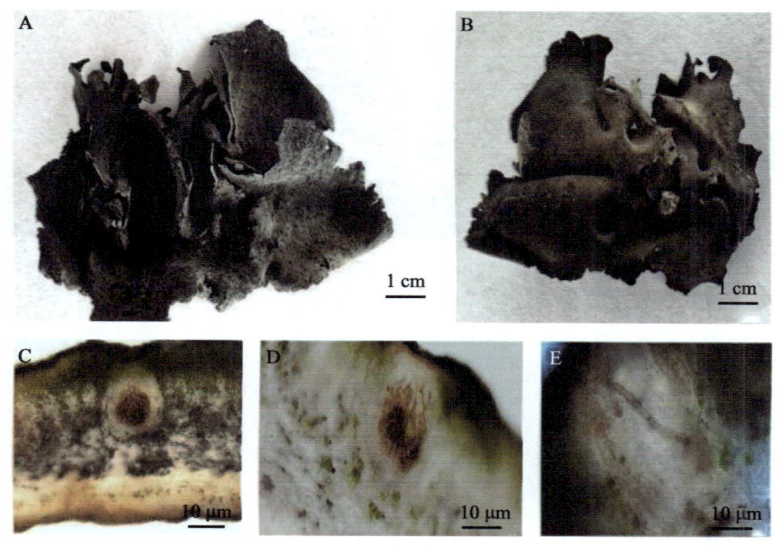

A.地衣体；B.地衣体下表面；C.子囊壳纵切面；D.子实层和子囊；E.孢子

图6-2 *Dermatocarpon arnoldianum* 外部形态与解剖结构

A. Thallus upper surface；B. Thallus lower surface；C. Section of perithecia；
D. Ascites layer and ascus；E. Spores

Figure 6-2 External morphology and anatomical structures of *Dermatocarpon arnoldianum*

（3）*Enchylium polycarpon*（Hoffm.）Otálora P. M. Jørg. & Wedin，Fungal Diversity 64（1）：286（2013）[2014]。

=*Collema polycarpon* Hoffm., Deutschl. Fl., Zweiter Theil（Erlangen）：102（1796）[1795]。

地衣体叶状，形成不规则莲座状，中型至大型，裂片宽1~3 cm，裂片边缘通常折叠和复式，干时墨绿色；叶边缘有小叶；有时裂芽不丰富，裂芽最初是球状的，最后是球杆状或鳞片状；下表面具白色绒毛，子囊盘常见，数量多，表面生，盘面深棕色，无柄，平坦或凹陷，盘面圆形，宽0.5~1.5 mm，共生藻为蓝藻（图6-3）。

化学反应：K-，C-，KC-。

化学成分：未检测到化学物质。

生境：土壤苔藓。

分布：中国（新疆）、北美、欧洲、非洲、印度。

引证标本：新疆，巴尔鲁克山国家级自然保护区，托里塔斯特，2022年7月7日，82°55′53″N，45°47′11″E，海拔2 080.61 m，热汗古丽·买买提艾力、艾尼瓦尔·吐米尔，202207194；巴尔鲁克山国家级自然保护区，裕民塔斯特，2023年5月1日，82°44′21″N，45°55′14″E，海拔1 197.76 m，热汗古丽·买买提艾力、艾尼瓦尔·吐米尔，202305024。

A. 地衣体；B. 子囊盘；C. 地衣体下表面；D. 子囊盘纵切面；E. 子囊盘纵切面偏振光；F. 子囊和孢子；G. 孢子

图6-3　*Enchylium Polycarpon* 外部形态与解剖结构

A. Thallus upper surface；B. Apothecia；C. Thallus lower surface；D. Section of apothecia；E. Polarized light in section of apothecia；F. Ascus and spores；G. Spore

Figure 6-3　External morphology and anatomical structures of *Enchylium Polycarpon*

（4）扇指褐鳞叶衣 *Fuscopannaria cheiroloba* (Müll. Arg.) P. M. Jørg., Bryologist 103 (4): 679 (2000)。

=*Parmeliella cheiroloba* Müll. Arg., Hedwigia 34 (3): 140 (1896).

地衣体鳞叶状，浅棕色至黄褐色，紧密贴合，上表面形成近壳状结构，直径4.8 cm；边缘裂片延展成扇形，宽约2.7 mm，经常为缺刻；地衣体中央为颗粒状，厚达198 μm；上皮层26 μm，无下皮层，无假根。子囊盘网衣型，直径达0.3～1 mm，盘面凸起，棕色至深棕色；子囊厚180～210 μm；子囊8孢，无色单胞，椭圆形，孢子壁光滑，两端加厚（图6-4）。

化学反应：地衣体和髓层K-，C-，KC-，P-。

化学成分：未检测到化学物质。

生境：苔藓。

分布：中国（青海、陕西、四川、西藏）、北美。

引证标本：新疆，巴尔鲁克山国家级自然保护区，托里塔斯特，2022年7月7日，82°54′33″N，45°47′15″E，海拔2 198.65 m，热汗古丽·买买提艾力、艾尼瓦尔·吐米尔，202207498。

A. 地衣体；B. 地衣体上表面；C. 子囊盘；D. 子囊盘纵切面

图6-4 扇指褐鳞叶衣 *Fuscopannaria cheiroloba* 外部形态与解剖结构

A. Thallus upper surface; B. Thallus lower surface; C. Apothecia; D. Section of apothecia

Figure 6-4 External morphology and anatomical structures of *Fuscopannaria cheiroloba*

（5）多毛猫耳衣 *Leptogium hirsutum* Sierk，Bryologist 67：267（1964）。

地衣体叶状，直径达7 cm，上表面干时墨绿色至黑色，无皱纹，无裂芽；裂片宽圆，宽3~6 mm，边缘全缘，平坦或上卷；下表面密生白色的长绒毛。子囊盘常见，表面生，直径0.5~1.5 mm；盘面红棕色，平坦至凹陷；地衣体厚75~198 μm；子囊8孢，孢子纺锤形，两端尖，砖壁型，横隔4~5，纵隔1~2，（30~40）μm×（10~20）μm（图6-5）。

化学反应：所有阴性。

化学成分：未检测到化学物质。

生境：土壤苔藓。

分布：中国（湖北、新疆）、北美、尼泊尔、日本、印度、俄罗斯（西伯利亚）。

引证标本：新疆，巴尔鲁克山国家级自然保护区，托里塔斯特，2022年7月7日，82°55′53″N，45°47′11″E，海拔2 080.61 m，热汗古丽·买买提艾力、艾尼瓦尔·吐米尔，202207133；巴尔鲁克山国家级自然保护区，托里塔斯特，2022年7月7日，82°55′56″N，45°47′11″E，海拔2 065.31 m，热汗古丽·买买提艾力、艾尼瓦尔·吐米尔，202207131。

A.地衣体；B.子囊盘；C.子囊盘纵切面；D.子囊和孢子

图6-5　多毛猫耳衣 *Leptogium hirsutum* 外部形态与解剖结构

A. Thallus upper surface；B. Apothecia；C. Section of apothecia；D. Ascus and spores

Figure 6-5　External morphology and anatomical structures of *Leptogium hirsutum*

（6）芽片地卷 *Peltigera monticola* Vitik., Acta bot. fenn. 152：64（1994）。

地衣体为小型至中型叶状，直径5~7 cm。裂片长形，长达3 cm，宽5 mm，裂片边缘上翻卷曲，上表面干燥时灰色或蓝灰色至褐色，潮湿时黑绿色，边缘被绒毛，中央无光泽至稍有光泽，边缘常带粉霜，上表面常生有含蓝藻的衣瘿。髓层白色，有松散交织的菌丝。共生光合生物为念珠藻，下表面为白色，边缘部位有吻合的白色和凸起的叶脉，向中央变得平坦和红褐色；假根，短，浅色至变暗，单一和束状的呈同心环；子囊盘圆形，扁平形或马鞍形，短裂片，直径达4 mm；子囊盘边缘光滑至皱缩，盘面扁平，褐色，光滑；子囊孢子：无色至浅褐色，针状，3（~5）隔膜，（4~17）μm×（3~4）μm（图6-6）。

化学反应：地衣体和髓层K-，C-，KC-，P-。

化学成分：未检测到化学物质。

生境：苔藓间、土壤苔藓。

分布：中国（宁夏、内蒙古、新疆）、北美、欧洲和亚洲的温带及寒带地区。

引证标本：新疆，巴尔鲁克山国家级自然保护区，托里塔斯特，2022年7月7日，82°55′53″N，45°47′11″E，海拔2 080.61 m，热汗古丽·买买提艾力、艾尼瓦尔·吐米尔，202207132；巴尔鲁克山国家级自然保护区，裕民塔斯特河，2022年7月4日，82°44′01″N，45°55′25″E，海拔1 176.21 m，热汗古丽·买买提艾力、艾尼瓦尔·吐米尔，202207334；巴尔鲁克山国家级自然保护区，裕民塔斯特河，2022年7月4日，82°44′13″N，45°52′07″E，海拔1 355.73 m，热汗古丽·买买提艾力、艾尼瓦尔·吐米尔，202207023。

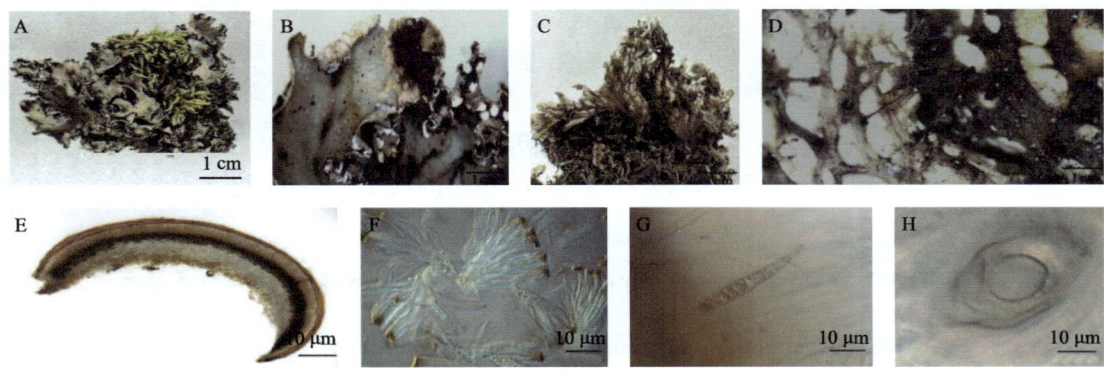

A. 地衣体；B. 子囊盘；C. 地衣体下表面；D. 假根；E. 子囊盘纵切面；F. 侧丝；G. 子囊和孢子；H. 孢子

图6-6 芽片地卷 *Peltigera monticola* 外部形态与解剖结构

A. Thallus upper surface；B. Apothecia；C. Thallus lower surface；D. Rhizines；E. Section of apothecia；F. Paraphyses；G. Ascus and spores；H. Spore

Figure 6-6 External morphology and anatomical structures of *Peltigera monticola*

（7）俄罗斯大孢衣 *Physconia rossica* Urban., Botanicheskiĭ Zhurnal 93（2）：317（2008）。

地衣体呈灰白色至灰褐色，直径3~5 cm，叶状；裂片长而窄，不规则分枝；上表面平坦或略微凹陷，具有白色粉霜，唇形粉芽顶生或表面生；上皮层厚37~55 μm；藻层厚29~54 μm，连续；髓层厚70~98 μm，白色；下表面白色或浅棕色，无皮层，或老化部分深褐色；下皮层厚35~60 μm；假根单一或簇生分枝，光滑，被绒毛，白色或浅棕色；子囊盘未见（图6-7）。

化学反应：K-，C-，KC-。

化学成分：未检测到化学物质。

生境：泥土和苔藓上。

分布：中国（青海、西藏、新疆）、俄罗斯。

引证标本：新疆，巴尔鲁克山国家级自然保护区，阿克图优客，82°30′20″N，45°44′21″E，海拔1 259.00 m，热汗古丽·买买提艾力、艾尼瓦尔·吐米尔，202207474。

A.地衣体；B.粉芽

图6-7 俄罗斯大孢衣 *Physconia rossica* 外部形态与解剖结构

A. Thallus upper surface; B. Soredia

Figure 6-7 External morphology and anatomical structures of *Physconia rossica*

（8）皱面粗根石耳 *Umbilicaria aprina* Nyl., Syn. meth. lich.（Parisiis）2：12（1869）。

地衣体叶状，脐形，单叶，硬质，宽达6 cm。上表面浅灰色至灰褐色，具弱网状棱纹，凹陷，龟纹，中部具辐射状棱纹；下表面灰黑色，沿1~2 mm宽的边缘浅灰色，光滑，具有乳白色，简单或稀疏分枝的假根，子囊盘极罕见，卵圆形或极少卵圆形，黑色，具柄，长达2.5 mm。子囊孢子通常发育不良（图6-8）。

化学反应：地衣体K-、C-、KC-、P-；髓层C+和KC+为红色。

化学成分：含有石茸酸和茶渍酸。

生境：土壤苔藓。

分布：中国（吉林、新疆）、法国。

引证标本：新疆，巴尔鲁克山国家级自然保护区，托里塔斯特，2022年7月7日，82°55′53″N，45°7′11″E，海拔2 080.61 m，热汗古丽·买买提艾力、艾尼瓦尔·吐米尔，202207499。

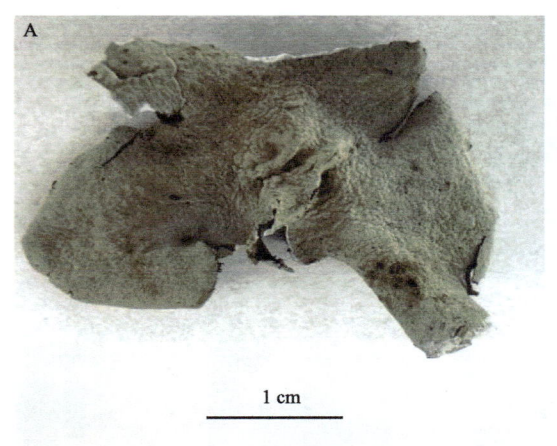 

A. 地衣体上表面；B. 地衣体下表面

图6-8 皱面粗根石耳 *Umbilicaria aprina* 外部形态与解剖结构

A. Thallus upper surface；B. Thallus lower surface

Figure 6-8 External morphology and anatomical structures of *Umbilicaria aprina*

（9）巴基斯坦柄盘衣 *Anamylopsora pakistanica* Usman & Khalid, in Usman, Firdous, Dyer & Khalid, Lichenologist 55（3-4）：128（2023）。

地衣体不规则鳞片状、壳状，小鳞片直径0.5~4 mm，略微重叠。上表面颜色黄棕色至棕色，具微粉霜，鳞片边缘带白色，有点凸起，没有粉芽和裂芽。下表面边缘附近为白色至脏白色，没有假根；子囊盘单个时圆形至不规则形，聚在一起时通常呈球状，直径0.5 mm，单个时直径最大，为1.7 mm，盘面深棕色到黑色，有光泽，具粉霜，有时开裂；子囊盘茶渍型，上子实层棕色，中子实层无色，高93.2~118.3 μm，下子实层无色，囊层基无色，侧丝单一，顶端膨大。子囊狭棍棒状到近圆柱形，含有8孢子，子囊孢子无色，单胞，椭圆形，大小为（8.7~12.2）μm×（5.2~8.1）μm（图6-9）。

化学反应：地衣体上表面K+红色，KC+黑色，C-；子囊盘I+蓝色，K-，KC-，C-。

化学成分：atranorin，降斑点酸。

生境：岩石。

分布：中国（新疆）*、巴基斯坦、北美、亚洲。

注：*中国属于亚洲国家，但为突出地衣在中国的分布，特将中国与亚洲并列。

引证标本：新疆，巴尔鲁克山国家级自然保护区，托里塔斯特，2022年7月6日，83°4′42″N，45°58′41″E，海拔1 781 m，杜来提罕·托合苏、艾尼瓦尔·吐米尔，202207509。

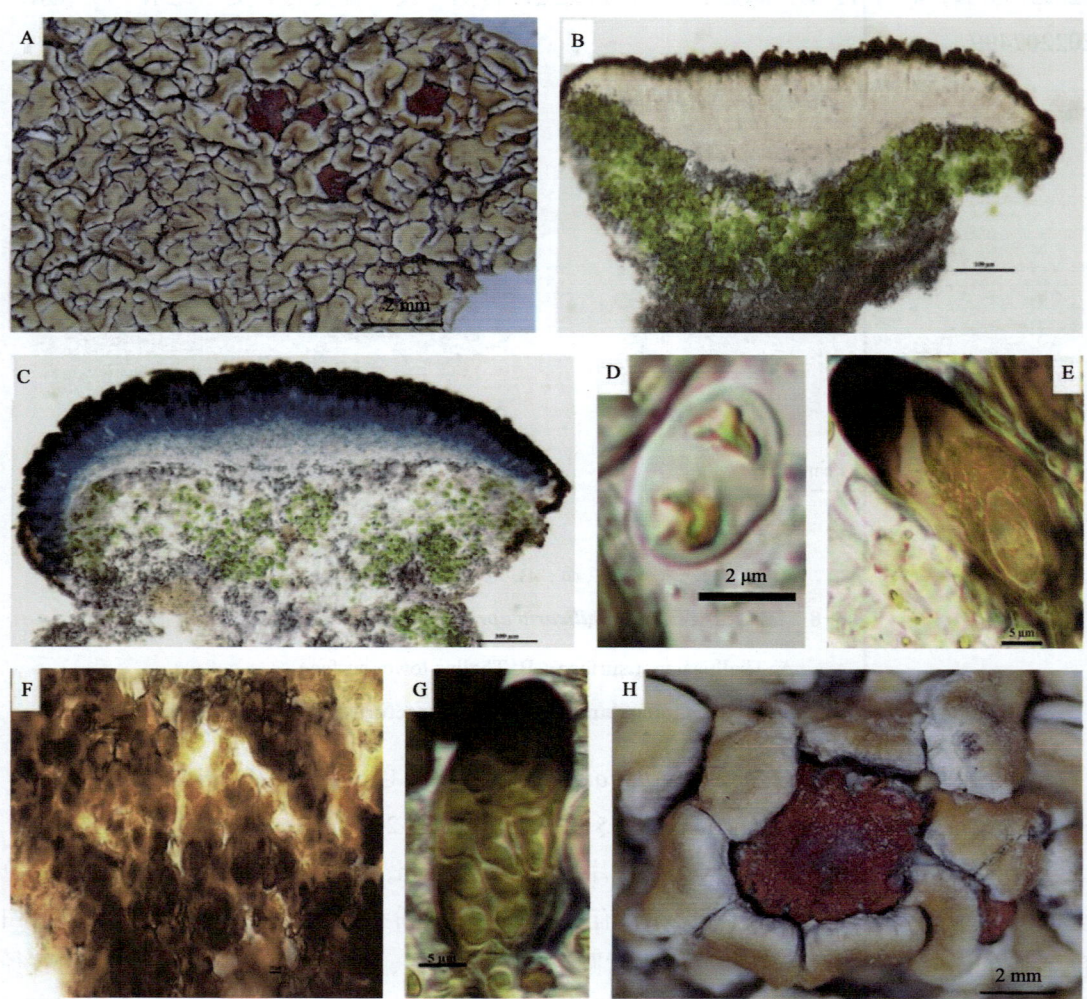

A. 地衣体和子囊盘的外部形态结构；B. 子囊盘纵切面解剖结构；
C. 滴加I试剂后的子囊盘纵切面解剖结构；D. 孢子；E. 滴加I试剂后的子囊；
F. 滴加I试剂后的共生藻；G. 滴加I试剂后的子囊孢子；H. 子囊盘结构

图6-9 巴基斯坦柄盘衣 Anamylopsora pakistanica 外部形态与解剖结构

A. *Anamylopsora pakistanica* Usman & Khalid A. Morphological structure of thallus and apothecia；
B. Cross section of apothecium；C. Cross section of an apothecium after I；D. Ascospores；E. Ascus after I；
F. Algal cells after I； G. Asci after I； H. Morphological structure of apothecia

Figure 6-9　External morphology and anatomical structures of *Anamylopsora pakistanica*

（10）*Lepraria rigidula*（B. de Lesd.）Diederich，Trav. Sci. Musée National d'Histoire Naturelle de Luxembourg 14：152（1989）。

地衣体鳞状、皮屑状，或不规则状，地衣体不太明显，紧贴于基物上面，上表面颜色为淡蓝灰色到白绿色，具有粉芽，粉芽比较细，毛状，宽可达100 μm，长可达75（~120）μm；下表面不明显（图6-10）。

化学反应：K+黄色，C-，KC-，P-橙色

化学成分：atranorin。

生境：岩石苔藓。

分布：中国（新疆）、非洲、亚洲、欧洲、北美洲。

引证标本：新疆，巴尔鲁克山国家级自然保护区，托里塔斯特，2024年6月25日，82°44′21″N，45°55′15″E，海拔1 178 m，杜来提罕·托合苏、艾尼瓦尔·吐米尔，202406040。

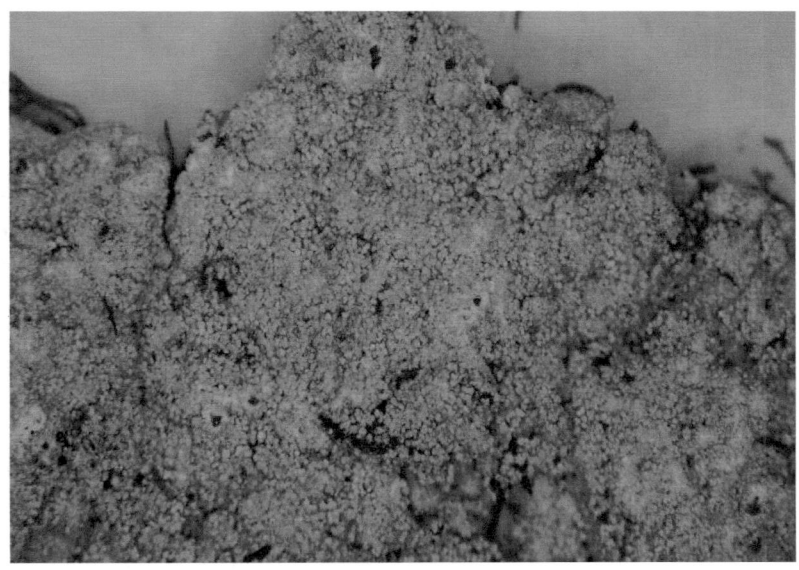

图6-10 *Lepraria rigidula* 外部形态

Figure 6-10 External morphology of *Lepraria rigidula*

参考文献

[1] 努尔巴依·阿布都沙力克. 新疆巴尔鲁克山自然保护区综合科学考察[M]. 乌鲁木齐：新疆大学出版社，2013.

[2] 塔吉古丽·艾麦提，努尔巴依·阿布都沙力克，王燕燕. 新疆巴尔鲁克山自然保护区生物多样性及保护对策研究[J]. 北方园艺，2011，34（21）：73-77.

[3] 塔吉古丽·艾麦提. 新疆巴尔鲁克山自然保护区森林生态系统服务功能价值评估[D]. 乌鲁木齐：新疆大学，2012.

[4] 热汗古丽·买买提艾力. 新疆巴尔鲁克山国家级自然保护区大型地衣物种多样性、区系及群落特征的研究[D]. 乌鲁木齐：新疆大学，2024.

[5] 艾尼瓦尔·吐米尔，阿地力江·阿不都拉，阿不都拉·阿巴斯. 乌鲁木齐南部山区地生地衣群落分布格局[J]. 生物多样性，2011，19（5）：574-580.

[6] 拜合提亚尔·阿布力米提. 新疆巴尔鲁克山自然保护区土壤理化因子与植物群落多样性的相关性研究[J]. 安徽农业科学，2016，44（6）：13-15.

[7] 田雅楠，帕丽旦·艾海提，买吾拉江·衣沙克，等. 新疆博格达山地面生地衣群落数量分类及物种多样性[J]. 生态学报，2020，40（13）：4605-4616.

[8] NASH T H. Lichen flora of the Greater Sonoran Desert Region：Volume 3：Tempe：Lichens Unlimited[M]. Dexter：Thomson-Shore，Inc，2007.

[9] 张婷，阿不都拉·阿巴斯，艾尼瓦尔·吐米尔. 新疆阿尔泰山两河源自然保护区地衣区系的研究[J]. 干旱区资源与环境，2013，27（11）：50-56.

[10] 吴征镒，孙航，周浙昆，等. 中国种子植物区系地理[M]. 北京：科学出版社，2011.

[11] 吴征镒，王荷生. 中国自然地理，植物地理：上册[M]. 北京：科学出版社，1983.

[12] 王荷生. 植物区系地理[M]. 北京：科学出版社，1992.

[13] 武吉华，张绅，江源，等. 植物地理学[M]. 4版. 北京：高等教育出版社，2004.

[14] 阿不都拉·阿巴斯，吴继农. 新疆地衣[M]. 乌鲁木齐：新疆科技卫生出版社，1998.

[15] 拜合提妮萨·依明，艾尼瓦尔·吐米尔. 天山一号冰川岩面生地衣物种多样性及其分布特征[J]. 干旱区资源与环境，2023，37（2）：128-133.

[16] 帕丽旦·艾海提，阿不都拉·阿巴斯，艾尼瓦尔·吐米尔. 中国新疆博格达山周边地区大型地衣物种多样性及分布特征[J]. 菌物学报，2018，37（7）：907-918.

[17] 艾尼瓦尔·吐米尔，热依木·马木提，阿不都拉·阿巴斯. 新疆博格达山岩面生

地衣群落结构特征[J]. 生态学报，2018，38（3）：1053-1064.

[18] 艾尼瓦尔·吐米尔，阿不都拉·阿巴斯，热衣木江·马木提. 新疆天山西部山脉森林生态系统地衣群落结构的初步研究[J]. 植物生态学报，2003（6）：810-815.

[19] 买吾拉江·衣沙克，帕丽旦·艾海提，阿尔古丽·加玛哈特，等. 新疆博格达山区树附生地衣物种多样性及种群分布格局[J]. 东北林业大学学报，2020，48（1）：44-50.

[20] 艾尼瓦尔·吐米尔，阿不都拉·阿巴斯. 阿尔泰山两河源自然保护区地面生地衣群落物种分布特征[J]. 广西植物，2014，34（3）：326-332，289.

[21] NEIL C，CATHERINE C. The influence of multi-scale environmental variables on the distribution of terricolous lichens in a fog desert[J]. Journal of Vegetation Science，2006，17（6）：831-838.

[22] LEPPIK E，JÜRIADO I，A SUIJA，et al. The conservation of ground layer lichen communities in alvar grasslands and the relevance of substitution habitats[J]. Biodiversity and Conservation，2013（22）：591-614.

[23] ELDRIDGE D J，TOZER M E. Environmental factors relating to the distribution of terricolous bryophytes and lichens in semi-arid eastern Australia[J]. Bryologist，1997（100）：2839.

[24] GHEZA G，BARCELLA M，ASSINI S. Terricolous lichen communities in Thero-Airion dry grasslands of the Po Plain（Northern Italy）：syntaxonomy, ecology and conservation value[J]. Tuexenia，2019：39.

[25] ELLIS C J. Lichen epiphyte diversity：a species，community and trait-based review[J]. Evolution and Systematics，2012，14（2）：131-152.

[26] ARSENEAU M J，SIROIS L，OUELLET J P. Effects of altitude and tree height on the distribution and biomass of fruticose arboreal lichens in an old growth balsam fir forest[J]. Ecoscience，1997，2（4）：206-213.

[27] JÜRIADO I，LIIRA J，PAAL J，et al. Dispersal ecology of the endangered woodland lichen Lobaria pulmonaria in managed hemiboreal forest landscape[J]. Biodiversity and Conservation，2011，20：1803-1819.

[28] FRITZ Ö，BRUNET J，CALDIZ M. Interacting effects of tree characteristics on the occurrence of rare epiphytes in a Swedish beech forest area[J]. The Bryologist，2009，112（3）：488-505.

[29] LI S，LIU W，WANG L，et al. Biomass，diversity and composition of epiphytic macrolichens in primary and secondary forests in the subtropical Ailao Mountains，SW China[J]. Forest Ecology and Management，2011，261（11）：1760-1770.

[30] 李英英, 杨小波, 龙成, 等. 沿海热带常绿季雨矮林树干附生地衣分布规律[J]. 广东农业科学, 2015, 42（13）: 146-152.

[31] BENÍTEZ Á, ORTIZ J, MATAMOROS-APOLO D et al. Forest Disturbance Determines Diversity of Epiphytic Lichens and Bryophytes on Trunk Bases in Tropical Dry Forests[J]. Forests, 2024, 15: 1565. https:// doi.org/10.3390/f15091565.

[32] RUTHERFORD R D, REBERTUS A. A habitat analysis and influence of scale in lichen communities on granitic rock[J]. The Bryologist, 2022, 125（1）: 43-60.

[33] JOHN E, DALE M R T. Environmental correlates of species distributions in a saxicolous lichen community[J]. Journal of Vegetation Sciences, 1990, 3（1）: 385-392.

[34] BJELLAND T. The influence of environmental factors on the spatial distribution of saxicolous lichens in a Norwegian coastal community[J]. Journal of Vegetation Science, 2003, 14（4）: 525-534.

[35] 田雅楠, 艾尼瓦尔·吐米尔. 新疆博格达峰北坡岩面生地衣的生态位特征[J]. 干旱区资源与环境学报, 2021, 35（1）: 108-113.

[36] 李作森. 乌鲁木齐达坂城山区地衣群落构建机制的研究[D]. 乌鲁木齐: 新疆大学, 2022.

[37] 靳文婷, 艾尼瓦尔·吐米尔. 托木尔峰国家级自然保护区岩面生地衣群落最小面积的研究[J]. 干旱区资源与环境, 2016, 30（12）: 153-156.

[38] KÖRNER C. The use of 'altitude' in ecological research[J]. Trends in Ecology & Evolution, 2007, 22（11）: 569-574.

[39] SOTO-CORREA J, SALDANA-VEGA A, CAMBRON-SANDOVAL V H, et al. Diversity of saxicolous lichens along an aridity Gradient in Central Mexico[J]. International Journal of Experimental Botany, DOI: 10. 32604 /phyton. 2022: 017929.

[40] BARRANCOS E P F, MARQUIS R J, REID J L. Restoration plantations accelerate dead wood accumulation in tropical premontane forest[J]. Forest Ecology and Management, 2022, 508: 120015.

[41] HÄMÄLÄINEN A, RANIUS T, STRENGBOM J. Increasing the amount of dead wood by creation of high stump has limited value for lichen diversity[J]. Journal of Environmental Management, 2021, 280: 111646.

[42] MASON E H. The Biology of Lichens[M]. 3rd ed. London: Edward Arnold Publishers, 1983.

[43] NASCIMBENE J, MARINI L, CANIGLIA G, et al. Lichen diversity on stumps

in relation to wood decay in subalpine forests of Northern Italy[J]. Biodiversity Conservation, 2008, 17: 2661-2670.

[44] SVENSSON J R, LINDEGARTH M, SICCHA M, et al. Maximum species richness at intermediate frequencies of disturbance, consistency among levels of productivity[J]. Ecology, 2007, 88: 830-838.

[45] NASCIMBENE J, DAINESE M, SITZIA T. Contrasting responses of epiphytic and dead wood-dwelling lichen diversity to forest management abandonment in silver fir mature woodlands[J]. Forest Ecology and Management, 2013, 289: 325-332.

[46] LI S, LIU W Y, LI D W, et al. Species richness and vertical stratification of epiphytic lichens in subtropical primary and secondary forest in southwest China[J]. Fungal ecology, 2015, 17: 30-40.

[47] LI S, LIU S, SHI X M, et al. Forest type and tree characteristics determine the vertical distribution of epiphytic lichen biomass in subtropical forests[J]. Forests, 2017, 8(11): 436.

[48] LIU S, LIU W Y, SHI X M, et al. Dry-hot stress significantly reduced the nitrogenase activity of epiphytic cyanolichen[J]. Science of the Total Environment, 2018, 619/620: 630-637.

[49] LI S, LIU W Y, SHI X M, et al. Non-dominant trees significantly enhance species richness of epiphytic lichens in subtropical forests of southwest China[J]. Fungal Ecology, 2019, 37: 10-18.

[50] 艾尼瓦尔·吐米尔, 阿不都拉·阿巴斯. 天山森林生态系统朽木生地衣生态分布的DCA排序[J]. 植物资源与环境学报, 2002, 11(3): 41-45.

[51] 阿孜古丽·玉素甫, 艾尼瓦尔·吐米尔, 热依木·马木提, 等. 乌鲁木齐南部山区朽木生地衣群落特征的初步研究[J]. 生物学杂志, 2010, 27(2): 9-12.

[52] 艾尼瓦尔·吐米尔, 阿不都拉·阿巴斯. 阿尔泰山两河源自然保护区森林生态系统朽木生地衣群落的数量分类[J]. 菌物学报, 2015, 34(3): 357-365.

[53] 艾尼瓦尔·吐米尔, 阿不都拉·阿巴斯. 托木尔峰自然保护区朽木生地衣物种分布特征[J]. 森林与环境学报, 2017, 37(4): 465-470.

[54] ALATALO J M, JAGERBRAND A K, MOLAU U. Climate change and climatic events: community, functional, and species-level responses of bryophytes and lichens to constant, stepwise, and pulse experimental warming in an alpine tundra[J]. Alpine Botany, 2014, 124: 81-91.

[55] IPCC. Climate Change 2007: the physical science basis. Contribution of working group I to the fourth assessment report of the intergovernmental panel on climate

change. Cambridge, UK: Cambridge Univ. Press, 2007.

[56] 阳含熙, 卢泽愚. 植物生态学的数量分类方法[M]. 北京: 科学出版社, 1981.

[57] 王伯荪. 植物群落学[M]. 北京: 高等教育出版社, 1987.

[58] ELLIS C J. Lichen epiphyte diversity: a species, community and trait-based review[J]. Perspectives in Plant Ecology Evolution and Systematics, 2012, 14: 131-152.

[59] MEIER E, PAAL J. Cryptogams in Estonian alvar forests: species composition and their substrata in stands of different age and management intensity[J]. Annales Botanici Fennici, 2009, 46: 1-20.

[60] MONING C, WERTH S, DZIOCK F, et al. Lichen diversity in temperate montane forests is influenced by forest structure more than climate[J]. Forest Ecology and Management, 2009, 258: 745-751.

[61] DANIELS F J A. Succession in lichen vegetation on Scots pine stumps[J]. Phytocoenologia, 1993, 23: 619-623.

[62] PALTTO H, NORDEN B, GOTMARK F. Partial cutting as a conservation alternative for Oak (*Quercus* spp.) forest response of bryophytes and lichens on dead wood[J]. Forest Ecology and Management, 2008, 256: 536-547.

[63] SVENSSON M, JOHANSSON V, DAHLBERG A, et al. The relative importance of stand and dead wood types for wood-depend lichens in managed borealforest[J]. Fungal Ecology, 2016, 20: 166-174.

[64] 李苏, 刘文耀, 王立松, 等. 云南哀牢山原生林及次生林群落附生地衣物种多样性与分布[J]. 生物多样性, 2007, 15(5): 445-455.

[65] MARMOR L, TÕRRA T, RANDLANE T. The vertical gradient of bark pH and epiphytic macrolichen biota in relation to alkaline air pollution[J]. Ecological Indicators, 2010, 10: 1137-1143.

[66] HAUCK M, HOFMANN E, SCHMULL M. Site factors determining epiphytic lichen distribution in a dieback-affected spruce-fir forest on Whiteface Mountain, New York: microclimate[J]. Annales Botanici Fennici, 2006, 43: 1-12.

[67] VITTOZ P, CAMENISCH M, MAYOR R, et al. Subalpine nival gradient of species richness for vascular plants, bryophytes and lichens in the Swiss Inner Alps[J]. Botanica Helvetica, 2010, 120: 139-149.

[68] 刘华杰, 黄满荣, 吴清凤, 等. 中国地卷属地衣海拔分布分析[J]. 菌物学报, 2011, 30(6): 955-964.

[69] HUANG M R. Altitudinal patterns of Stereocaulun (Lichinized Ascomycota) in

China[J]. Acta Oecologica, 2010, 36: 173-178.

[70] ARMSTRONG R A, WELCH A R. Competition in lichen communities[J]. symbiosis, 2007, 43: 1-12.

[71] MOE B, BOTNEA A. A quantitative study of the epiphytic vegetation on pollarded trunks of Fraxinus excelsior at Havrå Osterøy, western Norway[J]. Plant Ecology, 1997, 129: 157-177.

[72] LOPPI S, PIRINTSOS S A, DE DOMINICIS V D. Analysis of the distribution of epiphytic lichens on Quercus pubescens along an altitudinal gradient in a Mediterranean area (Tuscany, central Italy)[J]. Israel Journal of Plant Science, 1997, 45: 53-58.

[73] 艾尼瓦尔·吐米尔, 张婷, 阿不都拉·阿巴斯. 新疆阿尔泰山两河源国家级自然保护区树附生地衣群落物种分布与环境的关系[J]. 林业资源管理, 2013 (2): 57-63.

[74] 艾尼瓦尔·吐米尔, 阿不都拉·阿巴斯. 托木尔峰国家级自然保护区树附生地衣分布与环境关系的研究[J]. 生命科学研究, 2017, 21 (2): 106-110, 124.

[75] MASON E H. The Biology of Lichens[M]. Great Britain: Edward Arnold Publisher, 1983, 97-158.

[76] 李苏. 云南哀牢山原生林和次生林附生地衣生物多样性, 生物量与分布[D]. 北京: 中国科学院, 2008.

[77] GU W D, KUUSINEN M, KONTTINEN T, et al. Spatial pattern in the occurrence of the lichen Lobaria pulmonaria in managed and virgin boreal forests[J]. Ecography, 2001, 24: 139-150.

[78] HEDENÅS H, ERICSON L. Epiphytic macrolichens as conservation indicators: Successional sequence in Polulus termula stands[J]. Biological Conservation, 2000, 93: 43-53.

[79] BURGAZ A R, FUERTES E, ESCUDERO A. Ecology of cryptogamic epiphytes and their communities in deciduous forests in mediterranean Spain[J]. Vegetatio, 1994, 112: 73-86.

[80] WIERZCHOLSKA S, ŁUBEK A, DYDERSKI M K, et al. Light availability and phorophyte identity drive epiphyte species richness and composition in mountain temperate forests[J]. Ecological Informatics, 2024, 80: 102475.

[81] KUBIAK D, OSYCZKA P. Non-forested vs forest environments: The effect of habitat conditions on host tree parameters and the occurrence of associated epiphytic lichens[J]. Fungal Ecology, 2020, 47: 100957.

[82] BOUDREAULT C, COXSON D S, VINCENT E, et al. Variation in epiphytic lichen and bryophyte composition and diversity along a gradient of productivity in Populus tremuloides stands of northeastern British Columbia, Canada[J]. Ecoscience, 2008, 15（1）: 101-112.

[83] FABISZEWSKI J, SZCZEPAŃSKA K. Ecological indicator values of some lichen species noted in Poland[J]. Acta Societatis Botanicorum Poloniae, 2011, 79（4）: 305-313.

[84] DINGOVÁ KOŠUTHOVÁ A, ŠIBÍK J. Ecological indicator values and life history traits of terricolous lichens of the Western Carpathians[J]. Ecological Indicators, 2013, 34: 246-259. doi: 10.1016/j.ecolind.2013.05.013.

[85] DANIEL J, LENNART N, THIERRY B, et al. Plants as bioindicator for temperature interpolation purposes: analyzing spatial correlation between botany based index of thermophily and integrated temperature characteristics[J]. Ecological Indicators, 2010, 10（5）: 990-998.

[86] ZELENÝ D, LI C F, CHYTRÝ M. Pattern of local plant species richness along a gradient of landscape topographical heterogeneity: result of spatial mass effect or environmental shift?[J]. Ecography, 2010, 33（3）: 578-589.

[87] ŠIBÍKOVÁ I, ŠIBÍK J, HÁJEK M, et al. The distribution of Arctic-alpine elements within high-altitude vegetation of the Western Carpathians in relation to environmental factors, life forms and phytogeography[J]. Phytocoenologia, 2010, 40（2/3）: 189-203.

[88] BERGAMINI A, STOFER S, BOLLIGER J, et al. Evaluating macrolichens and environmental variables as predictors of the diversity of epiphytic microlichens[J]. The Lichenologist, 2007, 39（5）: 475-489.

[89] 魏鑫丽, 邓红, 魏江春. 中国地衣的濒危等级评估[J]. 生物多样性, 2020, 28（1）: 54-65.

[90] RAI H, KHARE R, UPRETI D K, et al. Chapter 1: Terricolous Lichens of India: An Introduction to Field Collection and Taxonomic Investigations[M]//Rai H, Upreti D K. Terricolous lichens in India（Volume 2）: Morphotaxonomic studies. New York: Springer, 2014: 1-17.

[91] RAI H, KHARE R, GUPTA R K, et al. Terricolous Lichens as indicator for anthropogenic disturbances in a high altitude grassland in Garhwal（Western Himalaya）, India[J]. Journal of Plant Science, 2011, 8: 16-23.

[92] WIRTH V. Die Flechten Baden-Württembergs[M]. 2nd. ed. Stuttgart: Eugen Ulmer

GmbH & Co, 1995.

［93］ WIRTH V. Ökologische zeigerwerte von flechten—erweiterte und aktualisierte fassung[J]. Herzogia, 2010, 23（2）: 229-248.

［94］ BÜLTMANN H, DANIELS F J A. Lichen richness-biomass relationship in terricolous lichen vegetation on non-calcareous substrates[J]. Phytocoenologia, 2001, 31（4）: 537-570.

［95］ NIMIS P L, MARTELLOS S. Keys to the lichens of Italy: I. Terricolous Species[M]. Trieste: Edizioni Goliardiche, 2004.

［96］ LANDOLT E, BAUMLER B, ERHARDT A, et al. Ecological indicator values and biological attributes of the flora of Switzerland and the Alps[M]. Vienna: Editions des Conservatoire et Jardin botaniques de la Ville de Genève & Haupt Verlag, 2010.

［97］ RIOS A, WIERZCHOS J, ASCASO C. Microhabitats and chemical microenvironments under saxcilous lichens Growing on granite[J]. Microbial Ecology, 2002, 43: 181-188.

［98］ GHEZA G, ASSINI S, LELLI C, et al. Biodiversity and conservation of terricolous lichens and bryophytes in continental Lowlands of northern Italy: the role of different dry habitat types[J]. Biodiversity and Conservation, 2020, 29（13）: 3533-3550.

［99］ SAIPUNKAEW W, WOLSELEY P A, CHIMONIDES P J, et al. Epiphytic macrolichens as indicators of environmental alteration in northern Thailand[J]. Environmental Pollution, 2007, 146（2）: 366-374.

［100］ MAMATALI R, YONG H Y, TOKSUN D, et al. Diversity of Macrolichens in the Barluk Mountain National Nature Reserve in Xinjiang, China[C]. BIO Web of Conferences: 100.

［101］ 热汗古丽·买买提艾力, 卡合勒曼, 艾尼瓦尔·吐米尔. 新疆巴尔鲁克山国家级自然保护区大型地衣区系的初步研究[J]. 干旱区资源与环境, 2023, 37（7）: 170-176.

［102］ DOLATHAN T, REYHANGUL M, YONG H Y, et al. The Macrolichens of Barluk Mountain National Nature Reserve, Xinjiang Province, China[J]. Open Journal of Forestry, 2024, 14: 413-432.

［103］ 雍海英, 吐尔洪·努尔东, 热衣木·马木提, 等. 新疆托木尔峰国家级自然保护区大型地衣及区系研究[J]. 干旱区资源与环境, 2024, 38（4）: 147-154.

［104］ SCHERRER D, GUISAN A. Ecological indicator values reveal missing predictors of species distribution[J]. Scientific report, 2019, 9（1）: 1-8.

［105］ VONDRÁK J, KUBÁSEK J. Algal stacks and fungal stacks as adaptations to high light in lichens[J]. The Lichenologist, 2013, 45（1）: 115-124.

[106] RAI H, KHARE R, NAYAKA S, et al. The influence of water variables on the distribution of terricolous lichens in Garhwal Himalayas[C]//KUMAR P, SINGH P, SRIVASTAVA R J. Souvenir, Water & Biodiversity. Uttar Pradesh: Uttar Pradesh Biodiversity Board, 2013: 75-83. doi: 10.13140/2.1.4253.7763.

[107] DINGOVÁ KOŠUTHOVÁ A, SVITKOVÁ I, PIŠÚT I, et al. The impact of forest management on changes in composition of terricolous lichens in dry acidophilous Scots pine forests[J]. The Lichenologist, 2013, 45（3）: 413-425.

[108] 李作森，艾尼瓦尔·吐米尔. 乌鲁木齐达坂城山区地衣生态位特征的研究[J]. 广西植物, 2023, 43（9）: 1636-1645.

[109] 艾尼瓦尔·吐米尔，李作森，雒鹏. 新疆哈熊沟森林公园岩面生地衣生态位的研究[J]. 西北林学院学报, 2021, 36（4）: 257-265.

[110] 黄宗北，张智，李祥瑞. 河北廊坊小麦穗期蚜虫优势度和生态位分析[J]. 植物保护, 2024, 50（1）: 116-121.

[111] 高伟，黄茂根，黄石德，等. 濒危树种闽桦天然林优势种群生态位特征[J]. 植物科学学报, 2023, 41（5）: 613-625.

附录1　巴尔鲁克山国家级自然保护区常见地衣

多指地卷
Peltigera polydactylon（Neck.）Hoffm

地卷
Peltigera rufescens（Weiss）Humb.

光滑地卷
Peltigera neckeri Hepp ex Müll.

软地卷
Peltigera malacea（Ach.）Funck

裂芽地卷
Peltigera praetextata（Flörke ex Sommerf.）Zopf.

犬地卷
Peltigera canina（L.）Willd

小地卷
Peltigera venosa（L.）Hoffm.

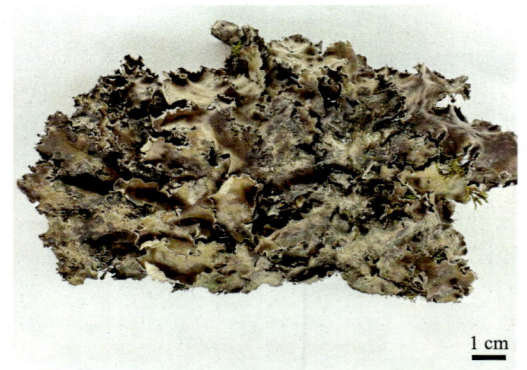
平盘软地卷
Peltigera elisabethae Gyelnik

大陆地卷
Peltigera continentalis Vitik.

平盘地卷
Peltigera horizontalis（Hudson）Baumg.

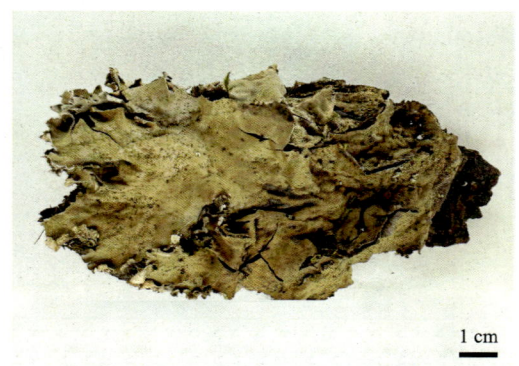
膜地卷
Peltigera membranacea（Ach.）Nyl.

长根地卷
Peltigera neopolydactyla（Gyeln.）Gyeln.

附录 1　巴尔鲁克山国家级自然保护区常见地衣

芽片地卷
Peltigera monticola Vitik.

白脉地卷
Peltigera ponojensis Gyelnik.

土星猫耳衣
Leptogium saturninum（Dicks.）Nyl.

多毛猫耳衣
Leptogium hirsutum Sierk

亚石胶衣
Collema subflaccidum Degel.

粉屑胶衣
Collema furfuraceum（Schaer.）Du Riet

砖孢胶衣
Collema subconveniens Nyl.

翅白角衣
Siphula pteruloides Nyl.

镶边肾盘衣
Nephroma parile（Ach.）Ach.

扇指褐鳞叶衣
Fuscopannaria cheiroloba（Müll. Arg.）P. M. Jørg.

短绒皮果衣
Dermatocarpon vellereum Zschacke

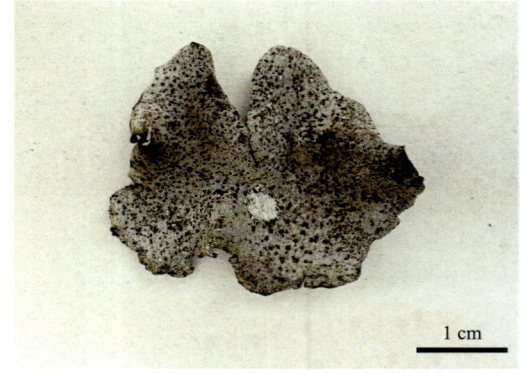

皮果衣
Dermatocarpon miniatum（L.）W. Mann

附录 1　巴尔鲁克山国家级自然保护区常见地衣

Dermatocarpon arnoldianum Degel.

皮果衣原变种
Dermatocarpon var. *imbricatum*（Massal.）

皮果衣覆瓦原变种
Dermatocarpon var. *imbricatum*

皮果衣重叠瓣变种
Dermatocarpon var. *complicatum*

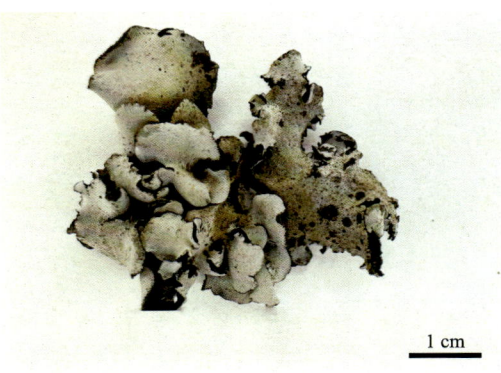

长根皮果衣
Dermatocarpon moulinsii（Mont.）Zahlbr.

小皿叶
Normandina pulchella（Borrer）Nyl.

淡肤根石耳
Umbilicaria virginis Schrad.

多盘石耳
Umbilicaria proboscidea auct.

矮石蕊
Cladonia humilis（with.）J. R. Laundon

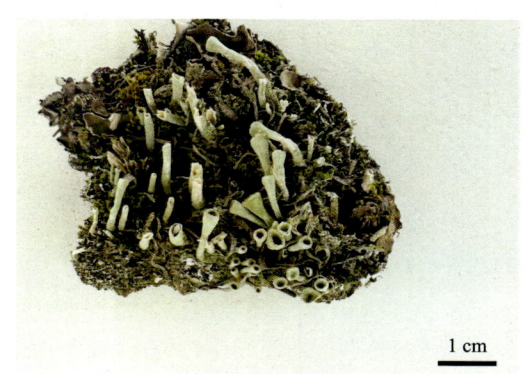

粉石蕊
Cladonia fimbriata（L.）Fr.

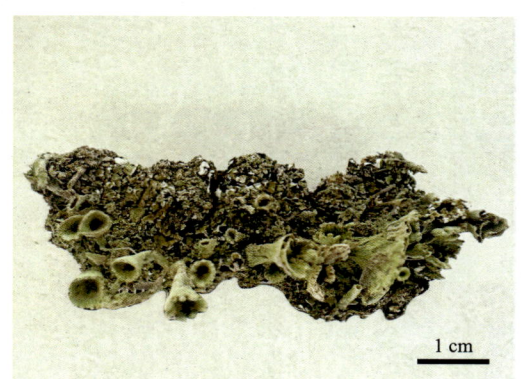

喇叭粉石蕊
Cladonia chlorophaea
（Flörke ex Sommerf.）Spreng.

尖头石蕊
Cladonia subulata（L.）Weber ex Wigg.

附录1　巴尔鲁克山国家级自然保护区常见地衣

黄绿石蕊
Cladonia ochrochlora Flk.

粗皮石蕊
Cladonia scabriuscula（Delise）Nyl.

陀螺亚种
Cladonia gracilis subsp. *turbinata*（Ach.）Ahti

喇叭石蕊
Cladonia pyxidata（L.）Hoffm.

枪石蕊
Cladonia coniocraea（Flk.）Spreng

莲座石蕊
Cladonia pocillum（Ach.）Rich.

拟小漏斗石蕊
Cladonia conista(Nyl.) Robbins

尖石蕊
Cladonia acuminata(Ach.) Norrl.

短柄石蕊
Cladonia kurokawae Ahti & Stenroose

斜漏斗石蕊
Cladonia cenotea(Ach.) Schaer.

枪石蕊小钻头变型
Cladonia coniocraea f. certodes(Flk.)

枪石蕊截顶变型
Cladonia coniocraea f. truncata(Flk.) Dt. & Sarth.

附录1　巴尔鲁克山国家级自然保护区常见地衣

角石蕊
Cladonia cornuta（L.）Hoffm.

鳞叶石蕊
Cladonia phyllophora Ehrh. ex Hoffm.

亚鳞石蕊
Cladonia subsquamosa（Nyl）Vain.

鳞片石蕊
Cladonia squamosa（Scop.）Hoffm.

中国树花
Ramalina sinensis Jatta

石生树花
Ramalina intermedia（Del. ex Nyl.）

小刺小孢发
Bryoria confusa（Awas.）Brodo & Hawksw.

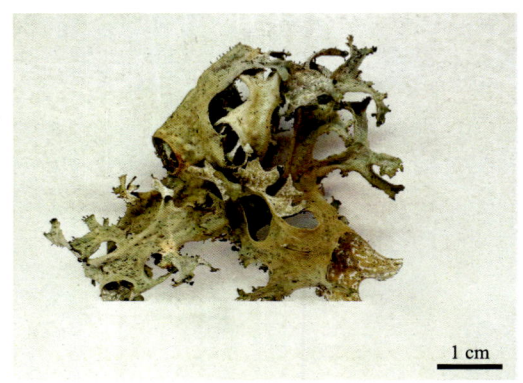

冰岛衣
Cetraria islandica（L.）Ach

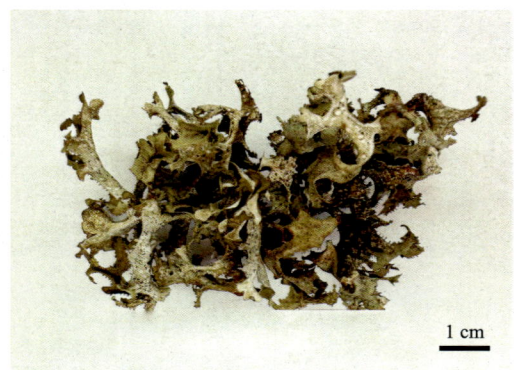

冰岛衣东方亚种
Cetraria ssp. *orientalis*（Asah. in Sato）

冰岛衣原亚种
Cetraria islandica ssp. *islandica*（Asah. in Sato）

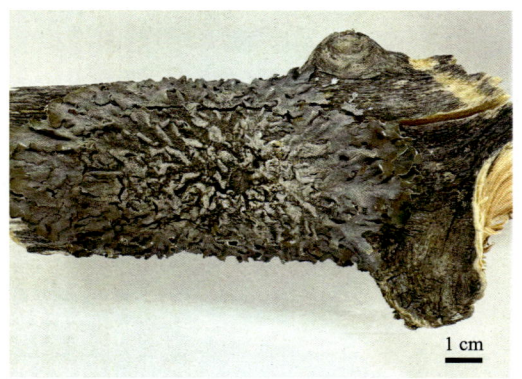

裂芽黄髓梅
Myelochroa obsessa（syn. *Parmelina obsessa*）

巴尔迪莫皱衣
Flavoparmelia altimorensis（Gyeln. & Foriss）Hale

附录1　巴尔鲁克山国家级自然保护区常见地衣

平坦北极梅
Arctoparmelia separata（Th. Fr.）Hale

雪黄岛衣
Flavocetraria nivalis（L.）Kärnefelt & A. Thell

淡腹黄梅
Xanthoparmelia mexicana（Gyelnik）Hale

怀俄明黄梅
Xanthoparmelia wyomingica（Gyelnik）Hale

北美黄梅
Xanthoparmelia viriduloumbrina（Gyeln.）

哑铃孢
Heterodermia speciosa（Wulfen）Trevi

菊叶黄梅
Xanthoparmelia somloensis（Gyelink）Hale.

杜瑞氏黄梅
Xanthoparmelia durietzii Hale.

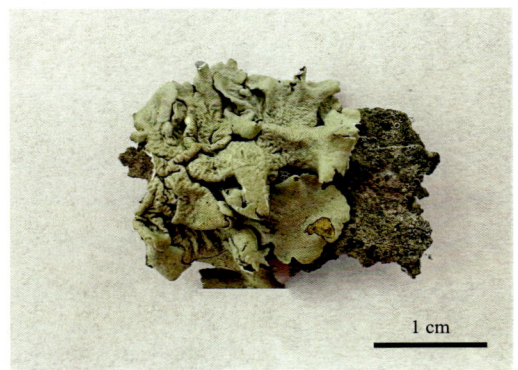

荒漠黄梅
Xanthoparmelia desertorum（Elenkin）Hale

朝鲜黄梅
Xanthoparmelia coreana（Gyeln.）

微糙褐梅
Melanelia exasperatula（Nyl.）Essl.

暗褐衣
Melanelia stygia（L.）Essl.

附录 1　巴尔鲁克山国家级自然保护区常见地衣

假杯点山褐衣
Montanelia disjuncta（Erichsen）Divakar et al.

茸褐梅
Melanelia glabra（Schaer.）Essl.

巧褐梅
Melanelia incolorata（Parr.）Essl.

毡褐梅
Melanelia pannifomis（Nyl.）Essl

皱黄星点衣
Flavopunctelia flaventior（stirton）Hale

柔扁枝衣
Evernia divaricata（L.）Ach.

亚花松萝
Usnea subfloridana stirt.

槽梅衣
Parmelia sulcata Taylor

拟扁枝衣
Pseudevernia furfuracea（L.）Zopf

长芽黑尔衣
Melanohalea elegantula（Zahlbr.）O. Blanco et al.

蜈蚣衣
Physcia stellaris（L.）Nyl.

斑面蜈蚣衣
Physcia aipolia（Ehrh. ex Humb.）Fürnr.

附录1　巴尔鲁克山国家级自然保护区常见地衣

异白点蜈蚣衣
Physcia phaea（Tuck.）Thoms

对开蜈蚣衣
Physcia dimidiata（Arn.）Nyl.

疑蜈蚣衣
Physcia dubia（Hoffm.）Lett.

蓝灰蜈蚣衣
Physcia caesia（Hoffm.）Hampe.

珊瑚芽蜈蚣衣
Physcia clementi（Sm.）Lynge

糙蜈蚣衣
Phscia tribacia（Ach.）Nyl.

白粉蜈蚣衣
Physcia biziana（A. Massal.）Zahlbr.

圆叶黑蜈蚣衣
Phaeophyscia orbicularis（Neck.）Moberg

密集黑蜈蚣衣
Phaeophyscia constipata（Nyl.）Moberg

粉缘黑蜈蚣衣
Phaeophyscia limbata（Belt）Kashiw.

毛边黑蜈蚣衣
Phaeophyscia hispidula（Ach.）Essl.

睫毛黑蜈蚣衣
Phaeophyscia ciliata（Hoffm.）Moberg

附录 1　巴尔鲁克山国家级自然保护区常见地衣

甘肃大孢蜈蚣衣
Physconia kansuensis（Magn.）Wu

灰色大孢蜈蚣衣
Physconia grisea（Lam.）Poelt

伴藓大孢衣
Physconia muscigena（Ach.）Poelt

伴藓大孢衣原变型
Physconia muscigena f. muscigena（Ach.）Poelt

伴藓大孢衣瘤状变型
Physconia muscigena f. squarrosa（Ach.）J. C.

美洲大孢衣
Physconia americana Essl.

亚灰大孢蜈蚣衣
Physconia perisidiosa(Erichs.)Mobag.

俄罗斯大孢衣
Physconia rossica Urban.

毛边雪花衣
Anaptychia ciliaris(L.)Körb. ex A. Massal.

刚毛雪花衣
Anaptychia setifera(Mereschk.)Räsänen

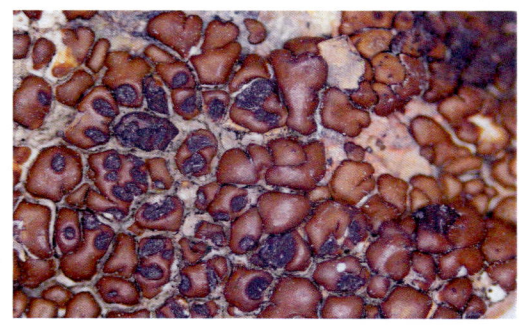

深褐微孢衣
Acarospora badiofusca(Nyl.)

短片微孢衣
Acarospora brevilobata Magn.

附录 1　巴尔鲁克山国家级自然保护区常见地衣

莲座微孢衣
Acarospora rosulata（Th. Fr.）H. Magn.

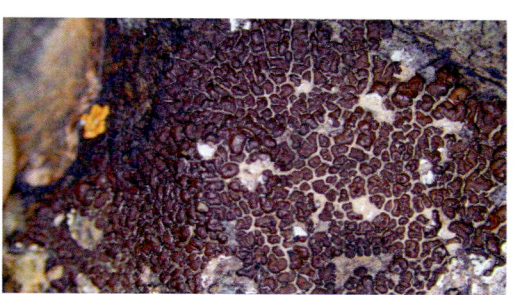

包氏微孢衣
Acarospora bohlinii H. Magn.

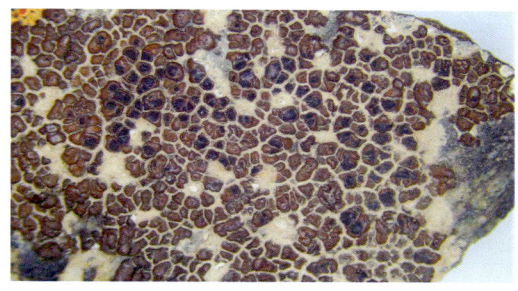

被膜微孢衣
Acarospora molybdina Trevis.

糙聚盘衣
Glypholecia scabra（Pers.）Müll. Arg

戈壁金卵石衣
Pleopsidiumg obiense（H. Magn.）Hafellner

皇冠黄绿衣
Flavoplaca coronata（Kremp. ex Körb.）Arup

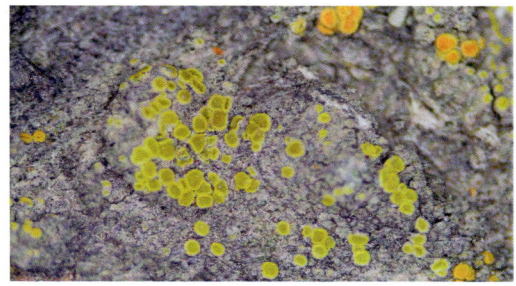

金黄茶渍
Candelariella aurella（Hoffm.）Zahlbr.

粉黄茶渍
Candelariella efflorescens R. C. Harris

油黄茶渍
Candelariella oleifera H. Magn.

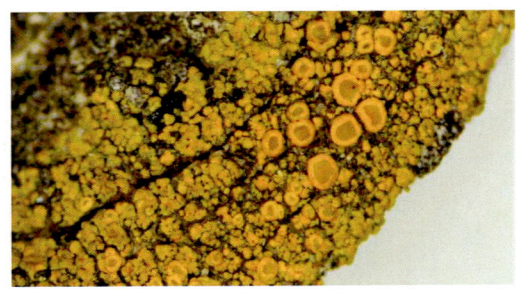

株头黄茶渍
Candelariella xanthostigma（pers. ex. Ach.）Lettau

鳞饼衣
Dimelaena oreina（Ach.）Norman

绿色四胞极衣
Tetramelas chloroleucus（Korb.）A. Nordin.

球鳞网衣
Psora globifera（Ach.）A. Massal.

碎茶渍
Lecanora argopholis（Ach.）Ach., LIch.

坚盘茶渍
Lecanora cenisia Ach.

边缘茶渍
Lecanora marginata（Schaer.）Hertel & Rambold, Bot.

附录1　巴尔鲁克山国家级自然保护区常见地衣

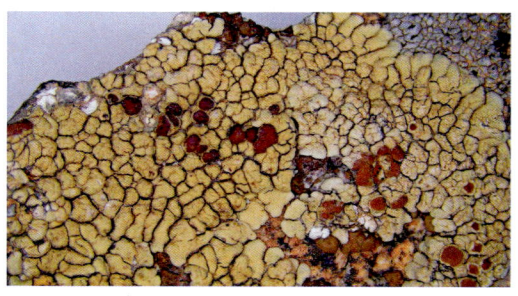

灰叶茶渍
Lecanora phaedrophthalma Poelt

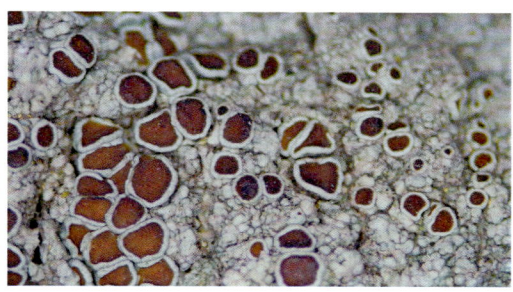

亚丽茶渍
Lecanora chlarotera Nyl.

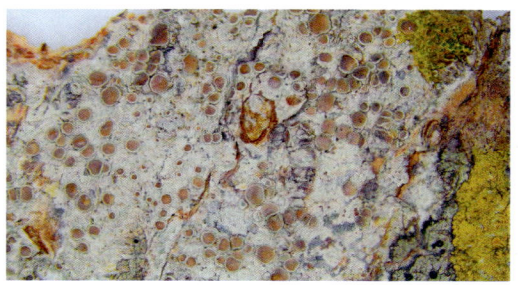

木生茶渍
Lecanora xylophila Hue

破小网衣
Lecidella carpathica Körb.

油色小网衣
Lecidella elaeochroma（Ach.）M. Choisy

优果小网衣
Lecidella euphorea（Flörke）Hertel

平小网衣
Lecidella stigmatea（Ach.）Hertel

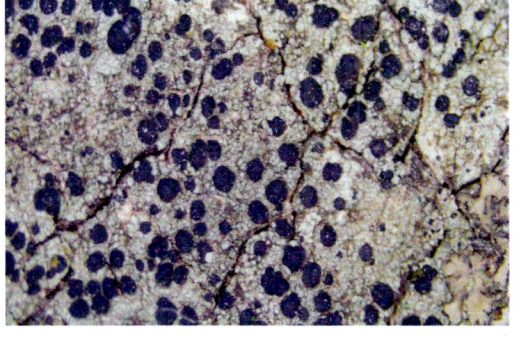

肿胀小网衣
Lecidella tumidula（A. Massal.）Knoph

小多盘衣
Protoparmeliopsis garovaglii（Körb.）Arup

嘎氏原类梅
Myriolecis hagenii（Ach.）Śliwa

石墙原类梅
Protoparmeliopsis muralis（Schreb.） & M. Choisy

红脐鳞衣
Rhizoplaca chrysoleuca（Sm.）Zopf

垫脐鳞
Rhizoplaca melanophthalma（Ram）

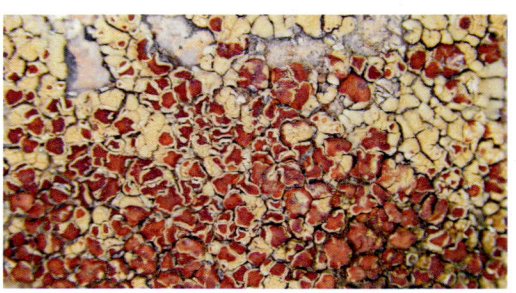

贝加尔脐鳞
Rhizoplaca baicalensis（Zahlbr.）S. Y. Kondr.

褐原梅
Protoparmelia badia（Hoffm.）Hafellner

白癣屑衣
Lepraria incana（L.）Ach.

附录1　巴尔鲁克山国家级自然保护区常见地衣

Lepraria rigidula（B. de Lesd.）Diederich

黑棕网衣
Lecidea atrobrunnea（DC.）Schaer.

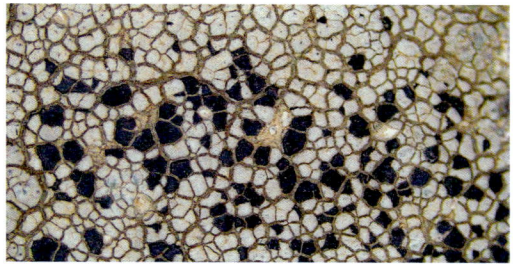

方斑网衣
Lecidea tessellata var. *tessellata* Flörke

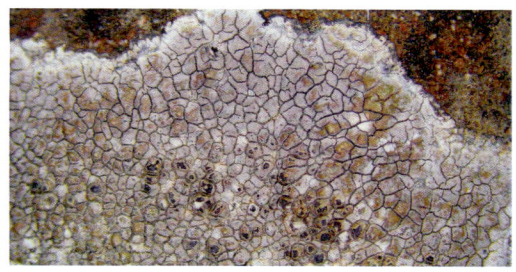

伊朗拟沉衣
Lecaimmeria iranica（Valadb., Sipman & Rambold）

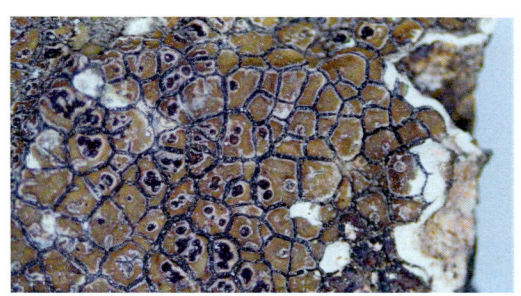

蒙古拟沉衣
Lecaimmeria mongolica C. M. Xie

灰地图衣
Rhizocarpon disporum（Nägeli ex Hepp）Müll. Arg. & Lu L. Zhang

雪山地图衣
Rhizocarpon effiguratum（Anzi）Th. Fr.

双胞地图衣
Rhizocarpon geminatum Körb.

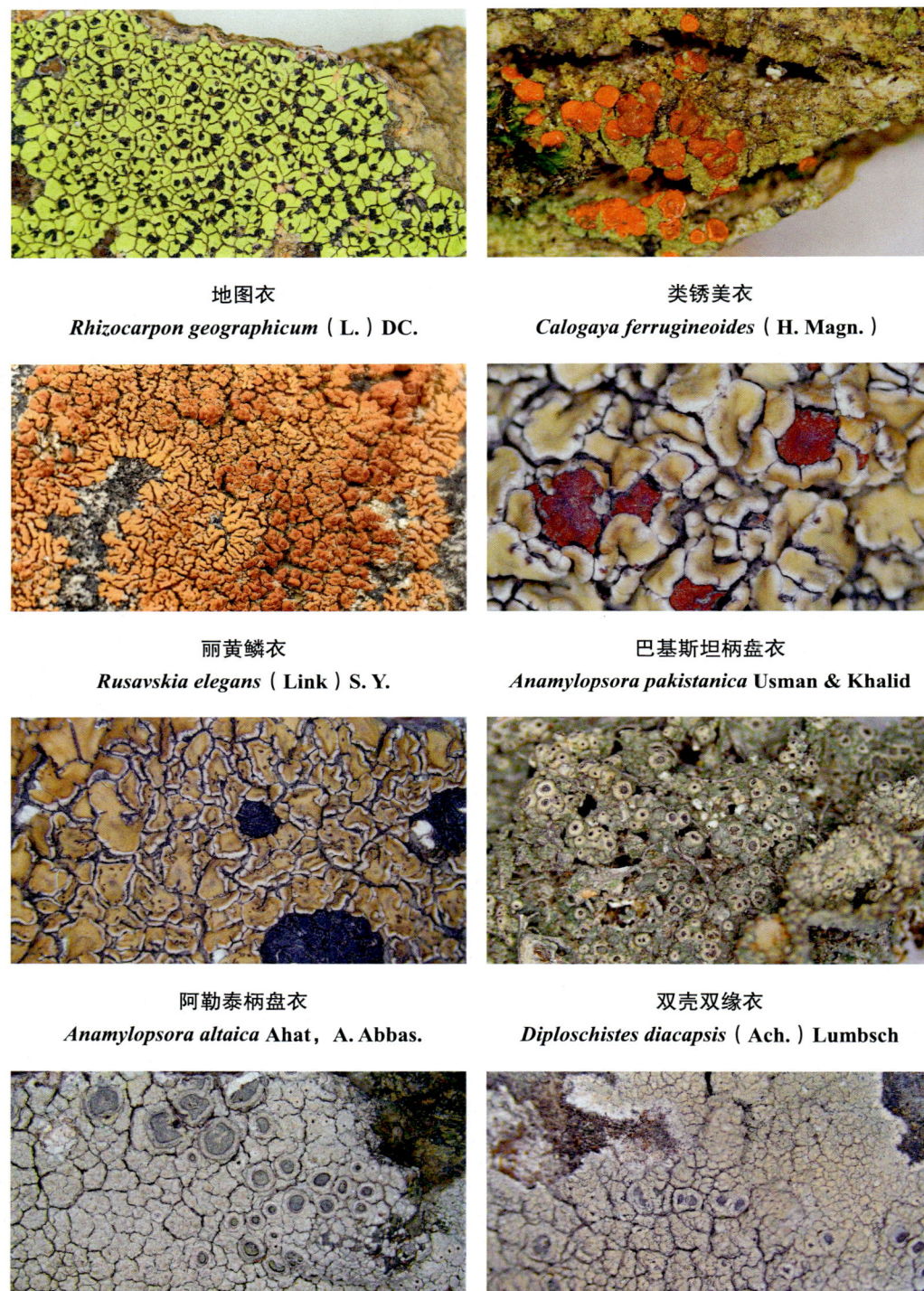

地图衣
Rhizocarpon geographicum(L.) DC.

类锈美衣
Calogaya ferrugineoides(H. Magn.)

丽黄鳞衣
Rusavskia elegans(Link) S. Y.

巴基斯坦柄盘衣
Anamylopsora pakistanica Usman & Khalid

阿勒泰柄盘衣
Anamylopsora altaica Ahat, A. Abbas.

双壳双缘衣
Diploschistes diacapsis(Ach.) Lumbsch

藓生双缘衣
Diploschistes muscorum(Scop.) R. Sant.

双缘衣
Diploschistes scruposus(Schreb.) Norman

附录1 巴尔鲁克山国家级自然保护区常见地衣

遗漏棕鳞衣
Fuscopannaria praetermissa(Nyl.) P. M. Jørg.

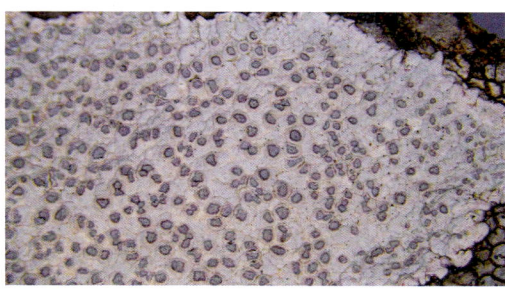

Oxneriaria permutata(Zahlbr.)
S. Y. Kondr. & Lőkös

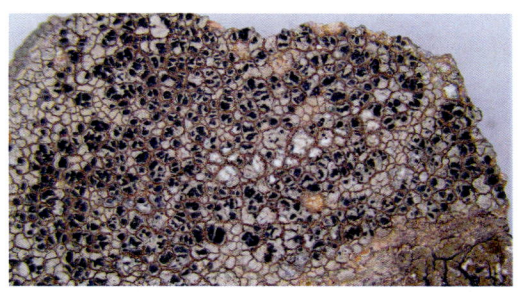

灰平茶渍
Aspicilia cinerea(L.) Körb.

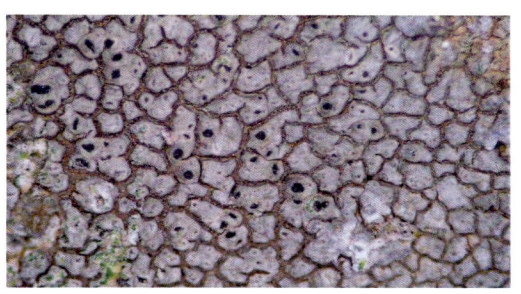

杯形平茶渍
Aspicilia cupulifera(H. Magn.)

风滚野粮衣
Circinaria affinis(Eversm.) Sohrabi

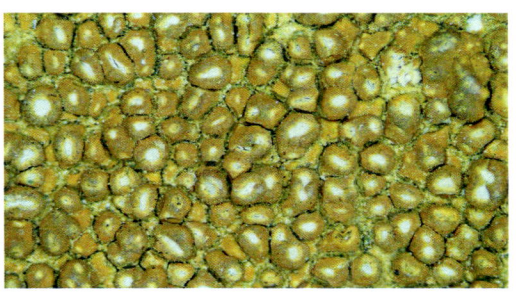

旱生野粮衣
Circinaria arida Owe-Larss.

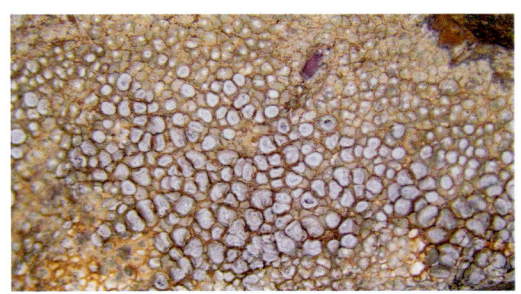

斑点野粮衣
Circinaria maculata(H. Magn.) Q. Ren.

赭白野粮衣
Circinaria ochraceoalba(H. Magn.)

扭曲野粮衣
Circinaria tortuosa（H. Magn.）Q. Ren, Comb.

小角野粮衣
Circinaria transbaicalica（Oxner）Q. Ren

粉瓣茶衣
Lobothallia alphoplaca（Wahlenb.）Hafellner

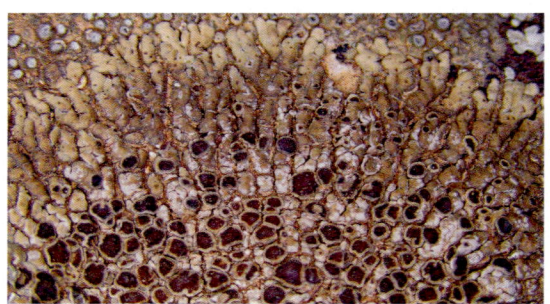

原辐瓣茶衣
Lobothallia radiosa（Hoffm.）Hafellner

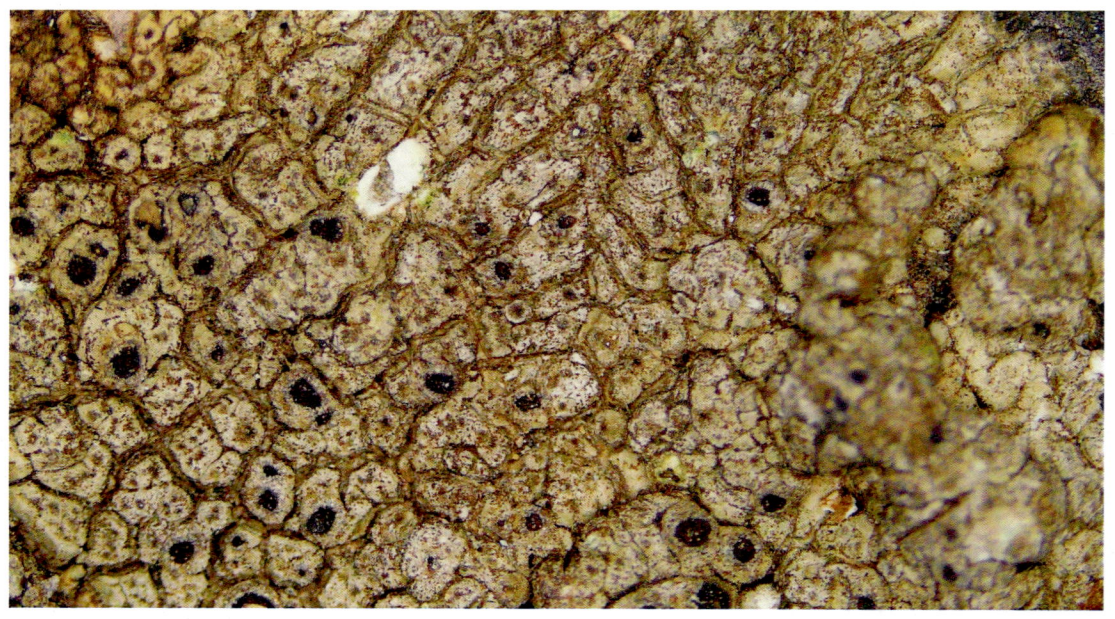

辐射裂片茶渍
Lobothallia praeradiosa（Nyl.）Hafellner

附录1　巴尔鲁克山国家级自然保护区常见地衣

部分壳状地衣内部解剖图

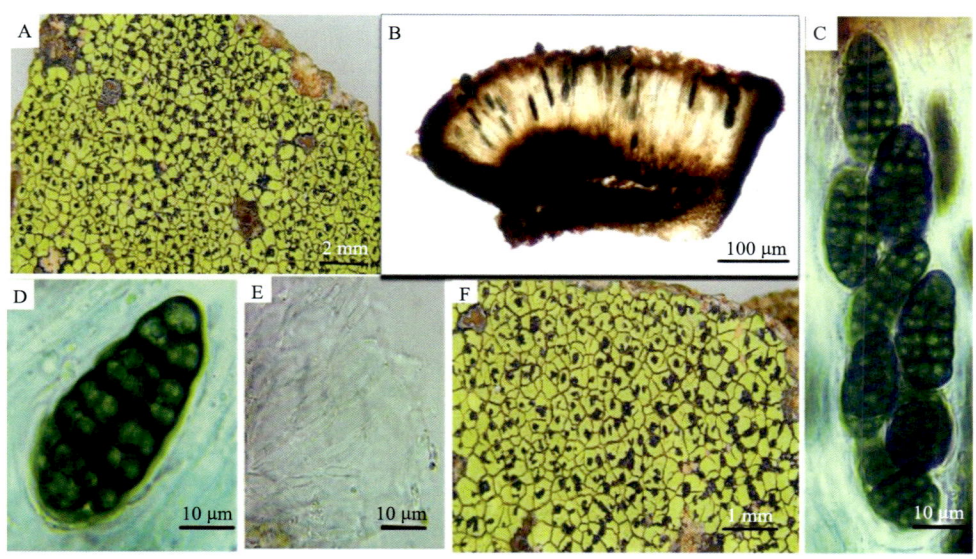

A.地衣体和子囊盘的外部形态结构；B.子囊盘纵切面解剖结构；C.子囊孢子；
D.孢子；E.侧丝；F.子囊盘结构

图1　地图衣 *Rhizocarpon geographicum*（L.）DC.

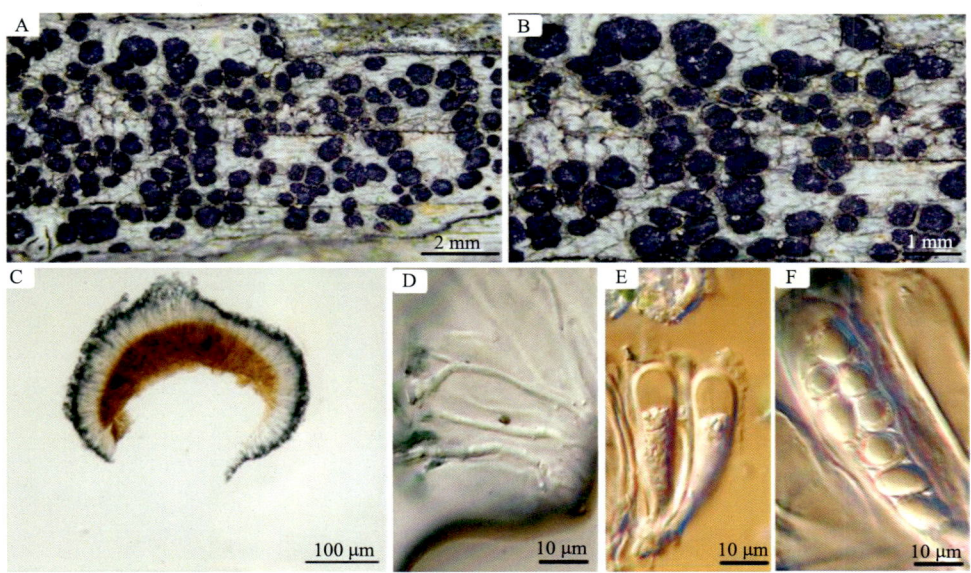

A和B.地衣体和子囊盘的外部形态结构；C.子囊盘纵切面解剖结构；D.侧丝；E.子囊顶器；F.子囊孢子

图2　优果小网衣 *Lecidella euphorea*（Flörke）Hertel.

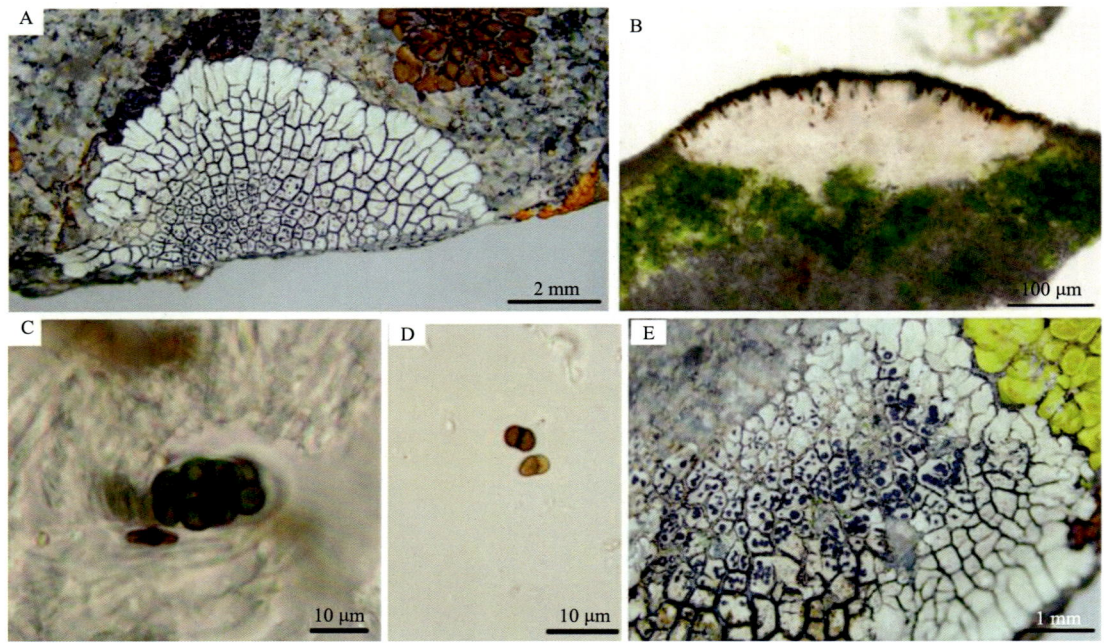

A. 地衣体和子囊盘的外部形态结构；B. 子囊盘纵切面解剖结构；C. 子囊孢子；D. 孢子；E. 子囊盘结构

图3　鳞饼衣 *Dimelaena oreina* (Ach.) Norman

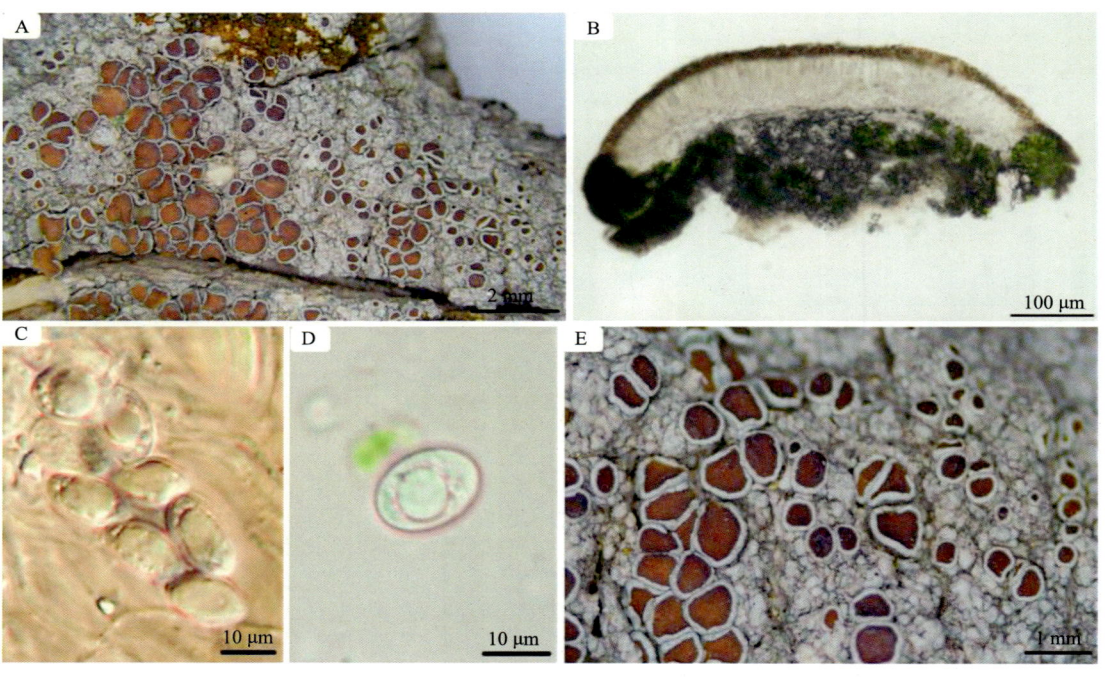

A. 地衣体和子囊盘的外部形态结构；B. 子囊盘纵切面解剖结构；C. 子囊孢子；D. 孢子；E. 子囊盘结构

图4　亚丽茶渍 *Lecanora chlarotera* Nyl.

附录1　巴尔鲁克山国家级自然保护区常见地衣

A.地衣体和子囊盘的外部形态结构；B.子囊盘纵切面解剖结构；C.子囊孢子；D.孢子；E.子囊盘结构

图5　油黄茶渍 *Candelariella oleifera* H. Magn.

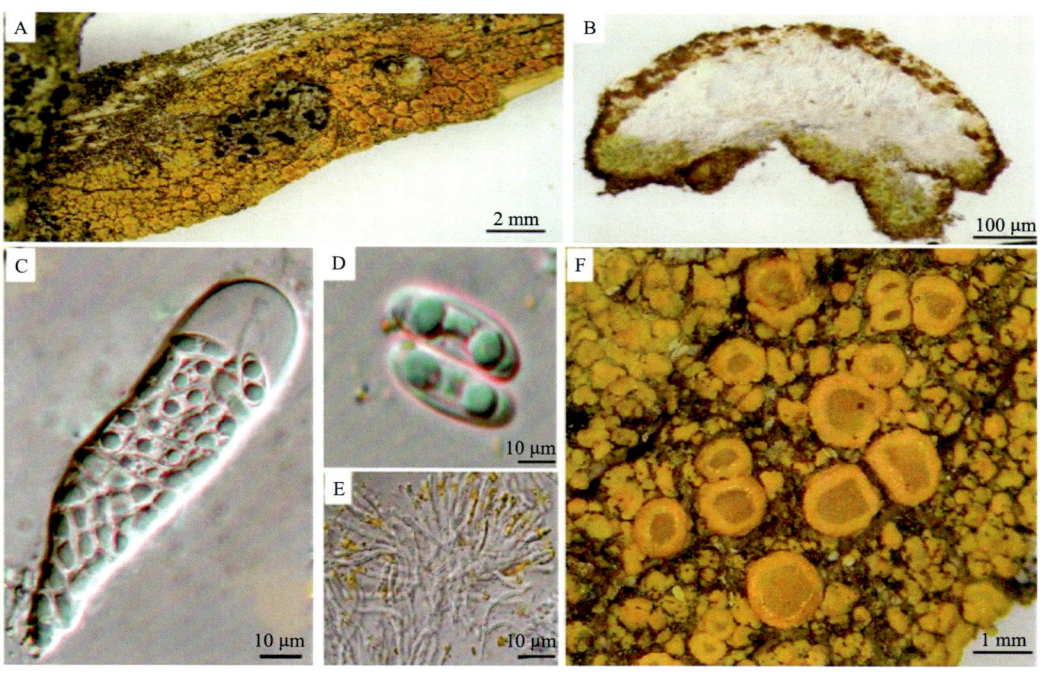

A.地衣体和子囊盘的外部形态结构；B.子囊盘纵切面解剖结构；C.子囊孢子；
D.孢子；E.侧丝；F.子囊盘结构

图6　柱头黄茶渍 *Candelariella xanthostigma*（pers. ex. Ach.）Lettau

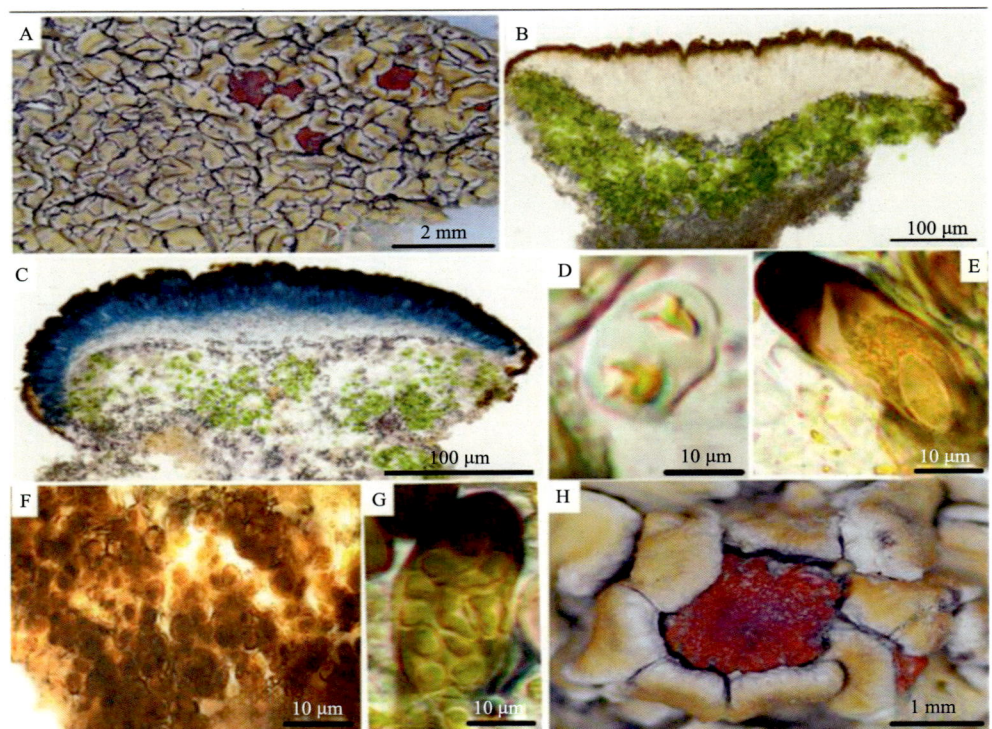

A. 地衣体和子囊盘的外部形态结构；B. 子囊盘纵切面解剖结构；C. 加碘溶液的子囊盘纵切面解剖结构；D. 孢子；E. 子囊；F. 加碘溶液后的共生藻；G. 子囊孢子；H. 子囊盘结构

图7　巴基斯坦柄盘衣 *Anamylopsora pakistanica* Usman & Khalid

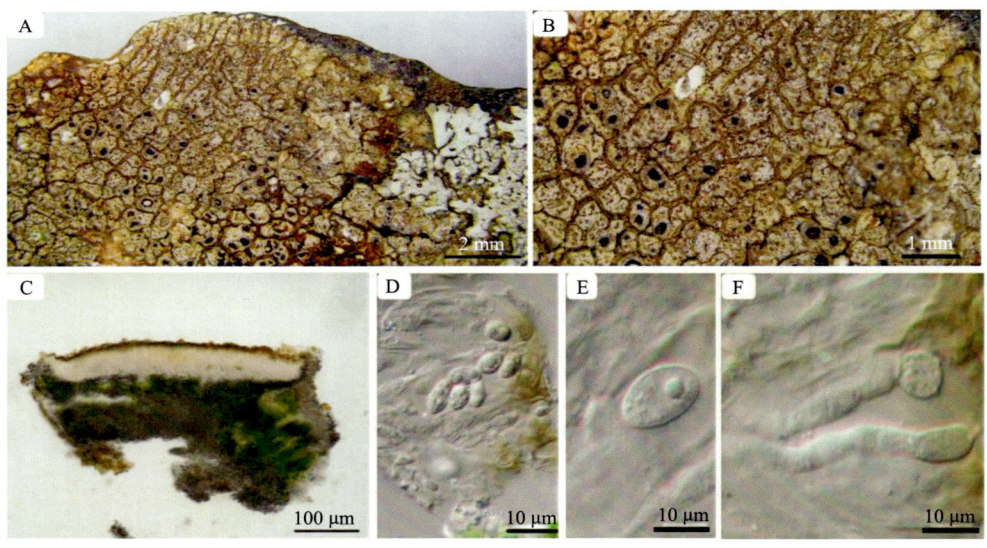

A和B. 地衣体和子囊盘的外部形态结构；C. 子囊盘纵切面解剖结构；D. 子囊孢子；E. 孢子；F. 侧丝

图8　辐射裂片茶渍 *Lobothallia radiosa*（Hoffm.）Hafellner

附录1 巴尔鲁克山国家级自然保护区常见地衣

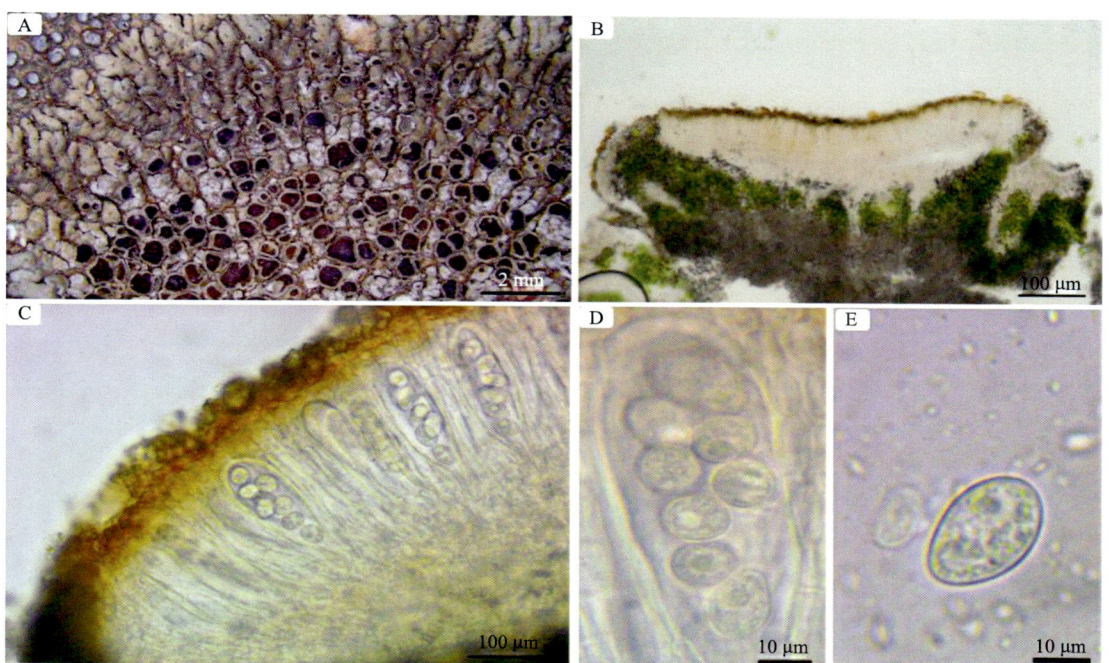

A. 地衣体和子囊盘的外部形态结构；B和C. 子囊盘纵切面解剖结构；D. 子囊孢子；E. 孢子

图9　原辐瓣茶衣 *Lobothallia praeradiosa*（Nyl.）Hafellner

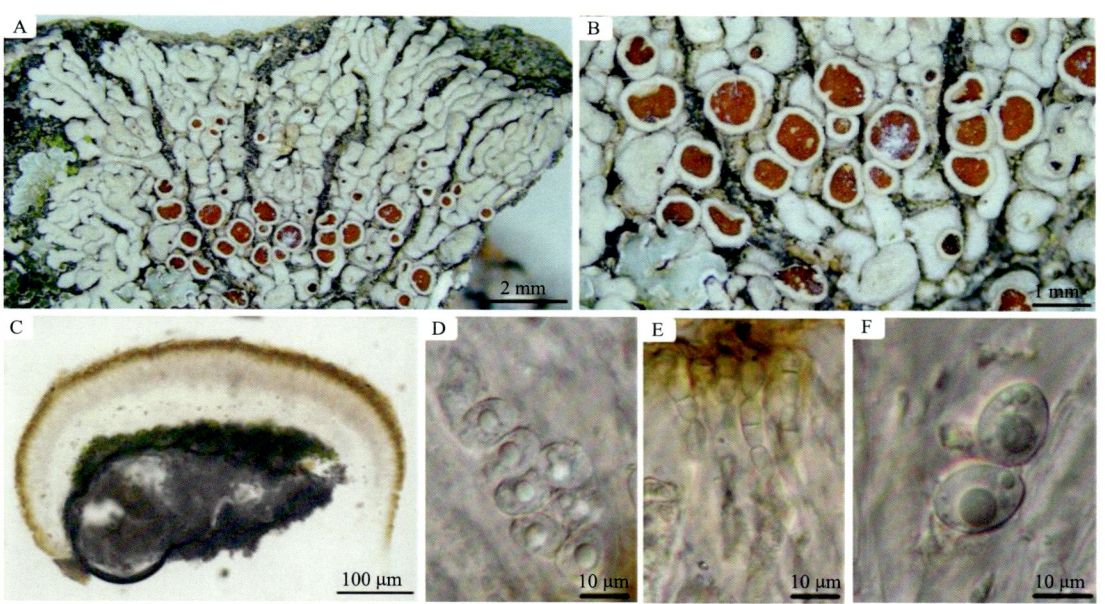

A和B. 地衣体和子囊盘的外部形态结构；C. 子囊盘纵切面解剖结构；D. 子囊孢子；E. 侧丝；F. 孢子

图10　粉瓣茶衣 *Lobothallia alphoplaca*（Wahlenb.）Hafellner

· 223 ·

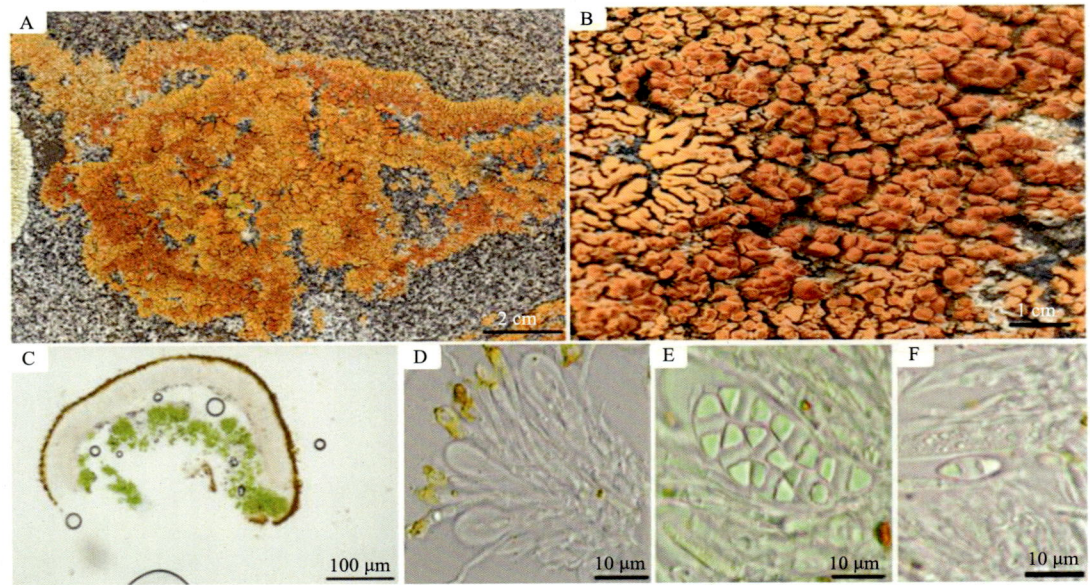

A和B. 地衣体和子囊盘的外部形态结构；C. 子囊盘纵切面解剖结构；D. 侧丝；E. 子囊孢子；F. 孢子

图11　丽黄鳞衣 *Rusavskia elegans*（Link）S. Y.

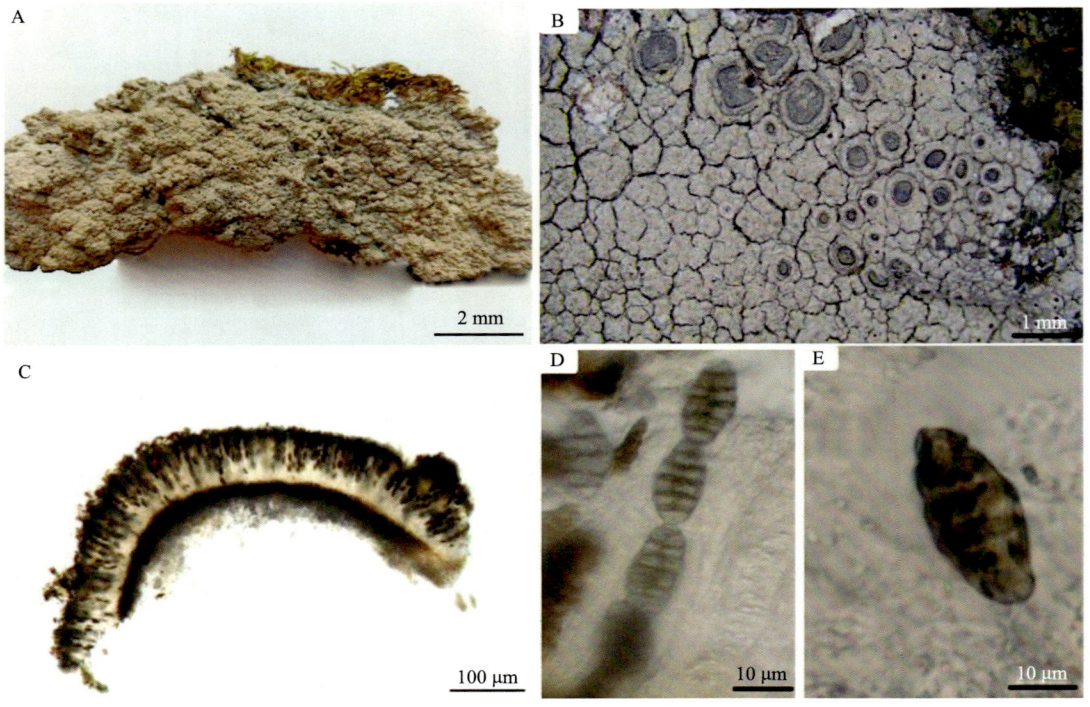

A和B. 地衣体和子囊盘的外部形态结构；C. 子囊盘纵切面解剖结构；D. 子囊孢子；E. 孢子

图12　藓生双缘衣 *Diploschistes muscorum*（Scop.）R. Sant.

附录1　巴尔鲁克山国家级自然保护区常见地衣

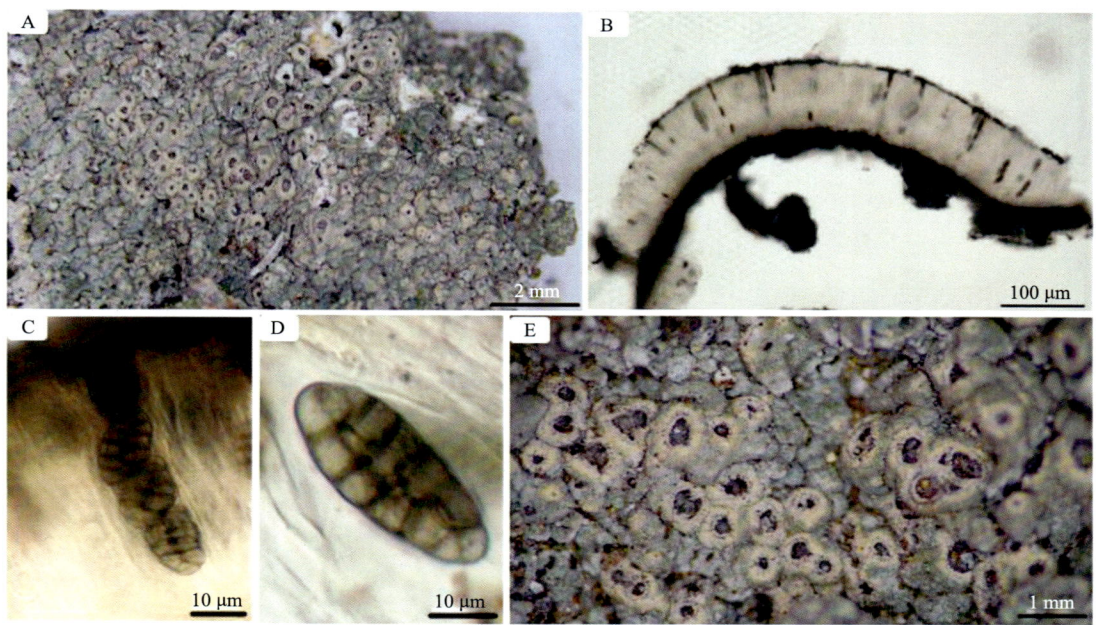

A. 地衣体和子囊盘的外部形态结构；B. 子囊盘纵切面解剖结构；C. 子囊孢子；D. 孢子；E. 子囊盘结构

图13　双壳双缘衣 *Diploschistes diacapsis*（Ach.）Lumbsch

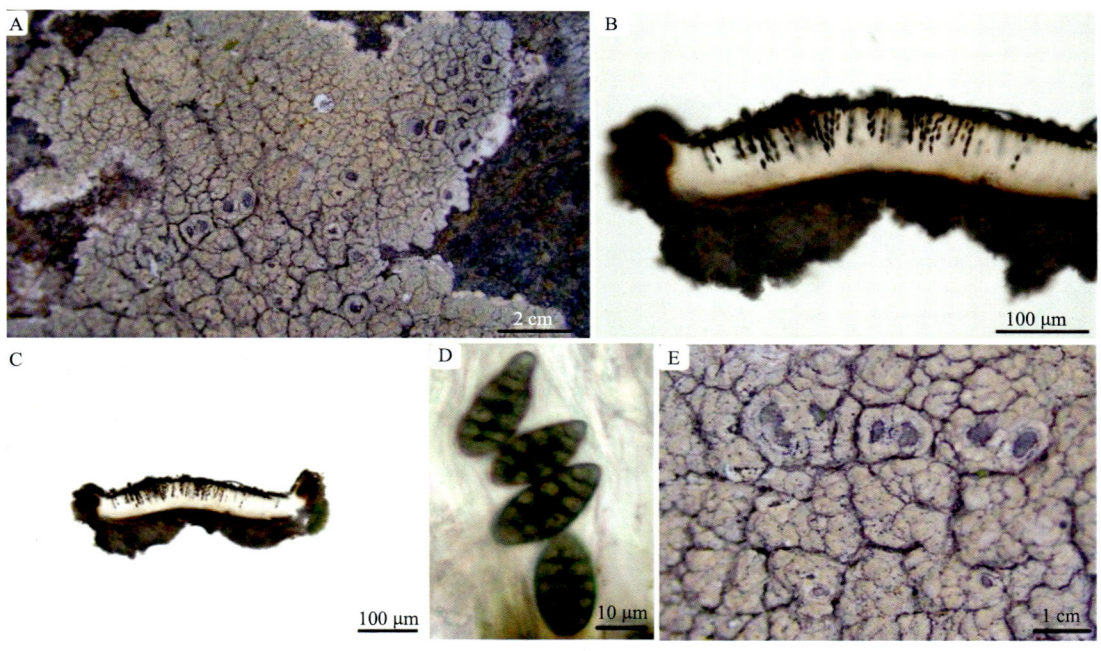

A. 地衣体和子囊盘的外部形态结构；B和C. 子囊盘纵切面解剖结构；D. 子囊孢子；E. 子囊盘结构

图14　双缘衣 *Diploschistes scruposus*（Schreb.）Norman

· 225 ·

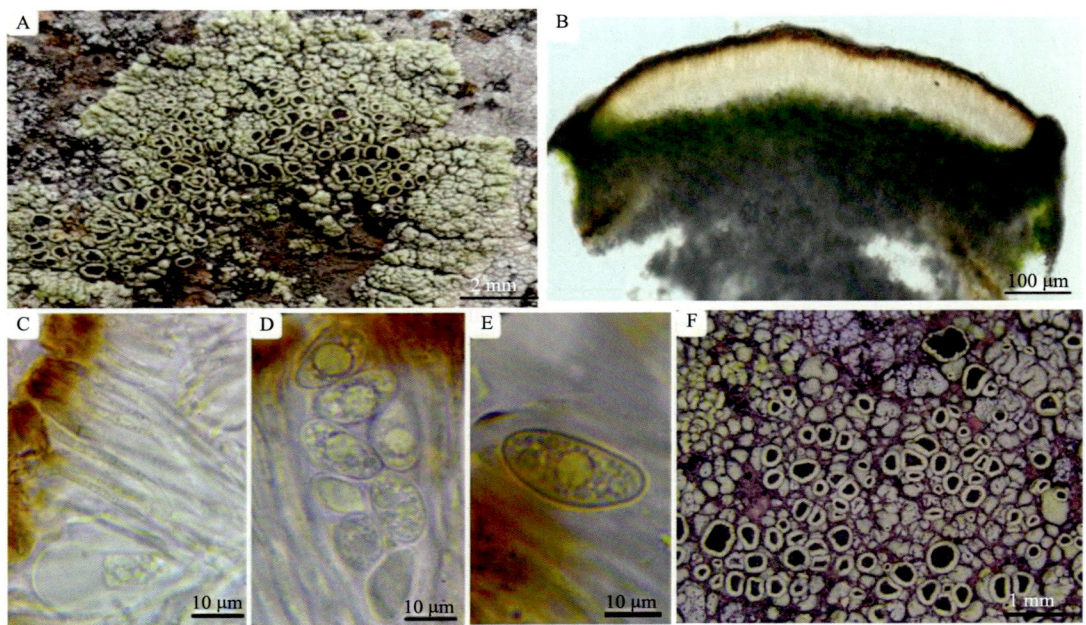

A.地衣体和子囊盘的外部形态结构；B.子囊盘纵切面解剖结构；C.侧丝；
D.子囊孢子；E.孢子；F.子囊盘结构

图15 碎茶渍 *Lecanora argopholis*（Ach.）Ach.

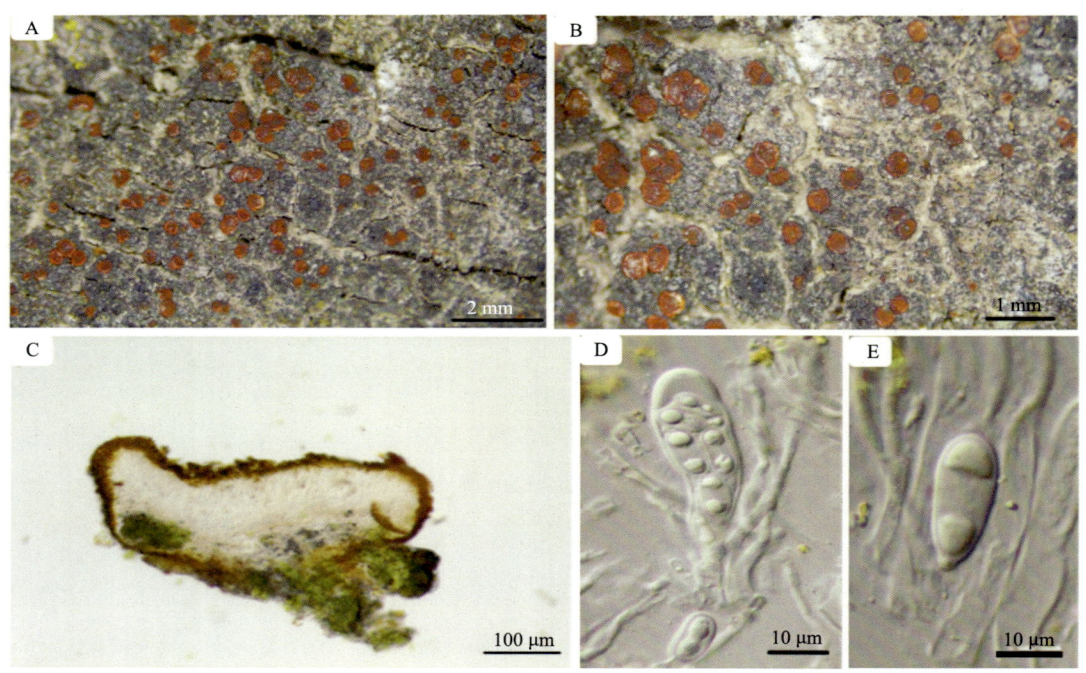

A和B.地衣体和子囊盘的外部形态结构；C.子囊盘纵切面解剖结构；D.子囊孢子；E.孢子

图16 类锈美衣 *Calogaya ferrugineoides*（H. Magn.）

附录1 巴尔鲁克山国家级自然保护区常见地衣

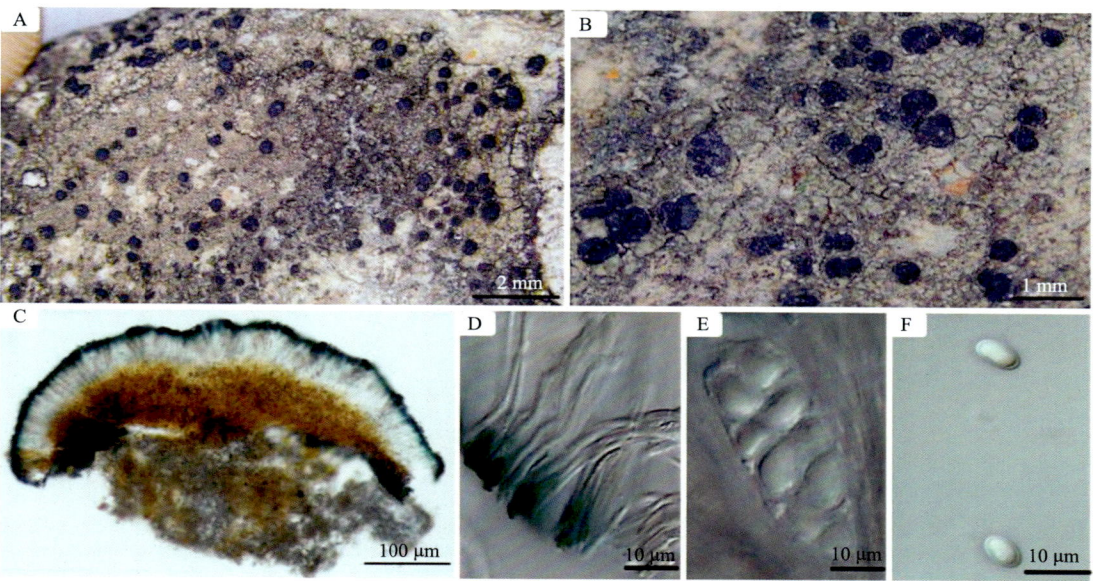

A和B. 地衣体和子囊盘的外部形态结构；C. 子囊盘纵切面解剖结构；D. 侧丝；E. 子囊孢子；F. 孢子

图17　平小网衣 *Lecidella stigmatea*（Ach.）Hertel & Leuckert

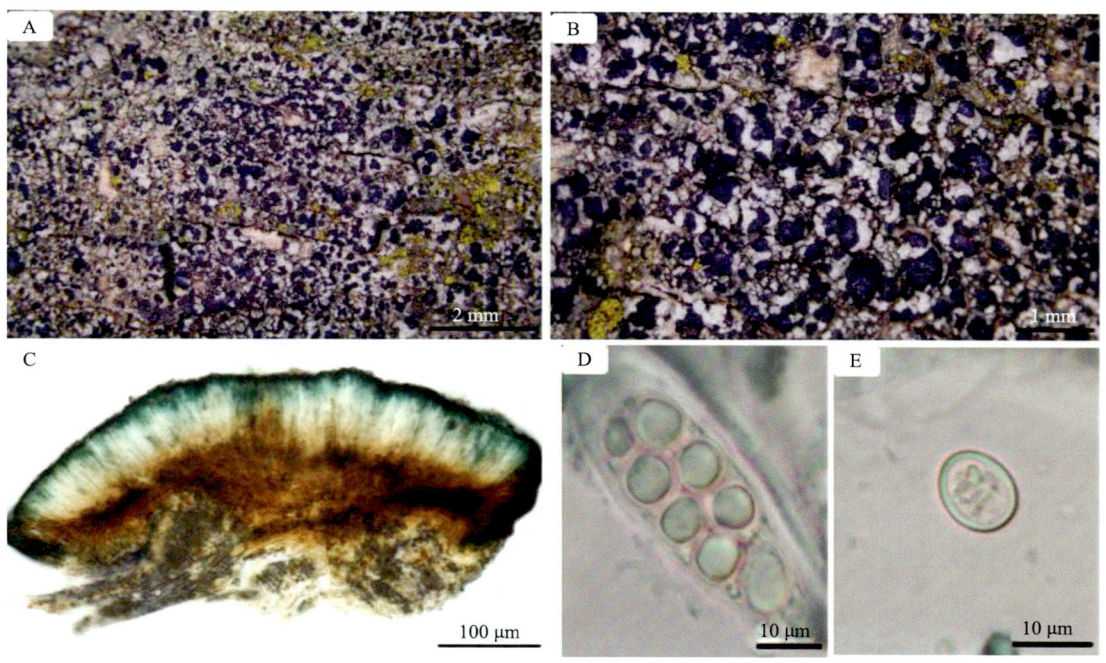

A和B. 地衣体和子囊盘的外部形态结构；C. 子囊盘纵切面解剖结构；D. 子囊孢子；E. 孢子

图18　破小网衣 *Lecidella carpathica* Körb.

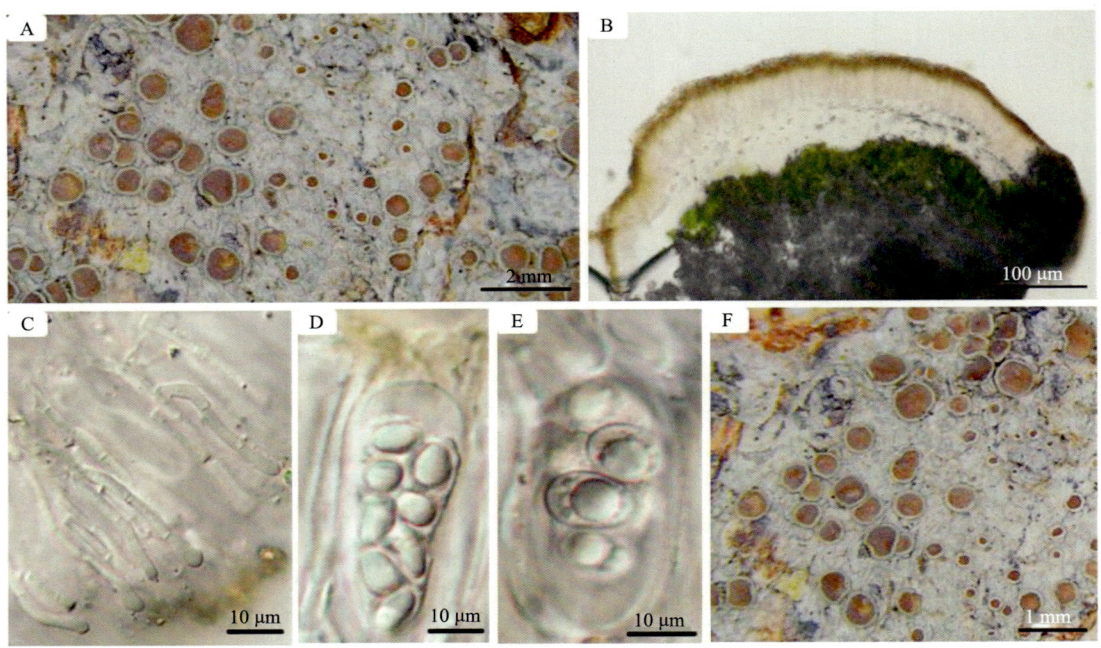

A.地衣体和子囊盘的外部形态结构；B.子囊盘纵切面解剖结构；C.侧丝；
D.子囊孢子；E.孢子；F.子囊盘结构

图19　木生茶渍 *Lecanora xylophila* Hue

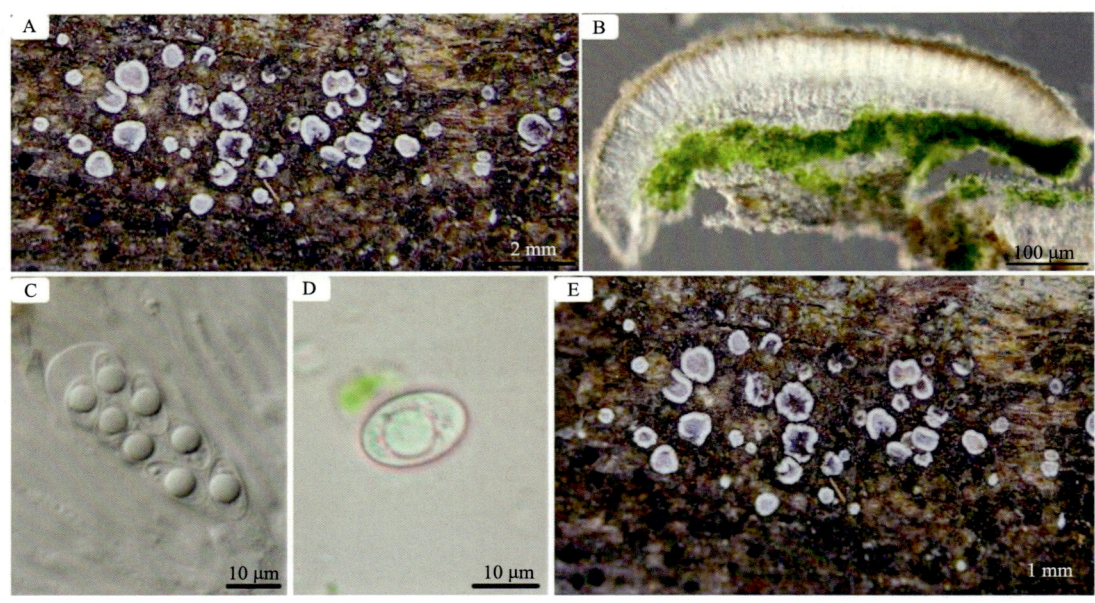

A.地衣体和子囊盘的外部形态结构；B.子囊盘纵切面解剖结构；C.子囊孢子；D.孢子；E.子囊盘结构

图20　小多盘衣 *Myriolecis hagenii*（Ach.）Śliwa

附录1 巴尔鲁克山国家级自然保护区常见地衣

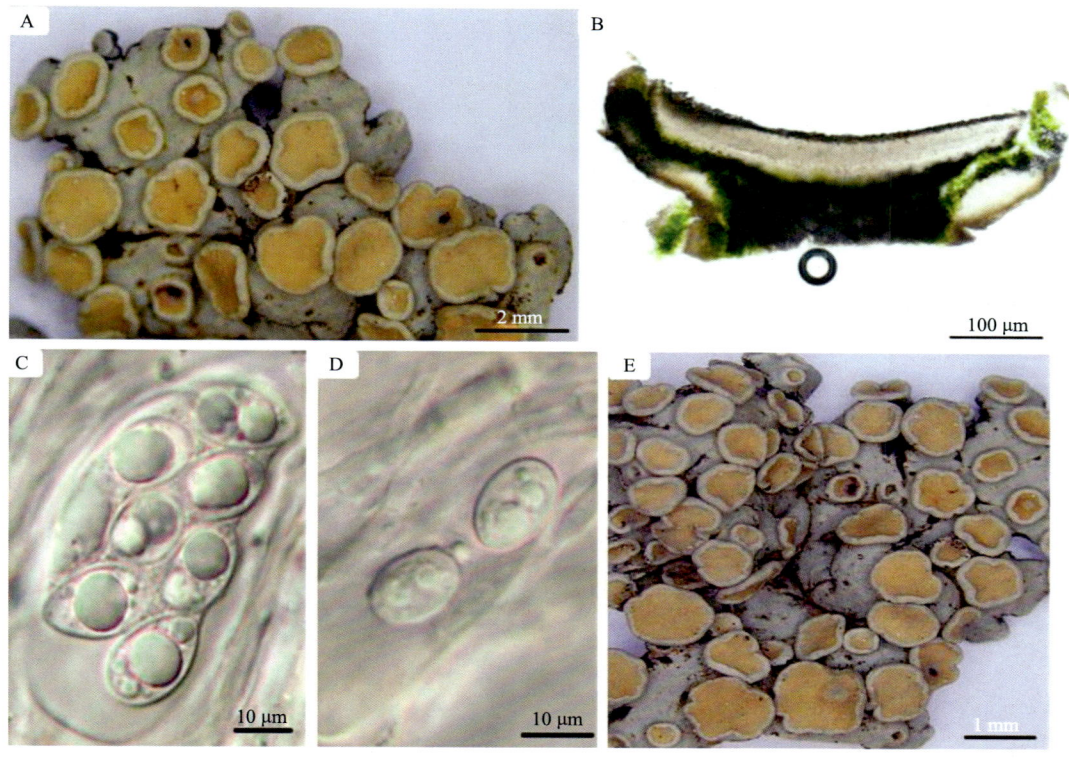

A.地衣体和子囊盘的外部形态结构；B.子囊盘纵切面解剖结构；C.子囊孢子；D.孢子；E.子囊盘结构

图21 垫脐鳞 *Rhizoplaca melanophthalma*（Ram）

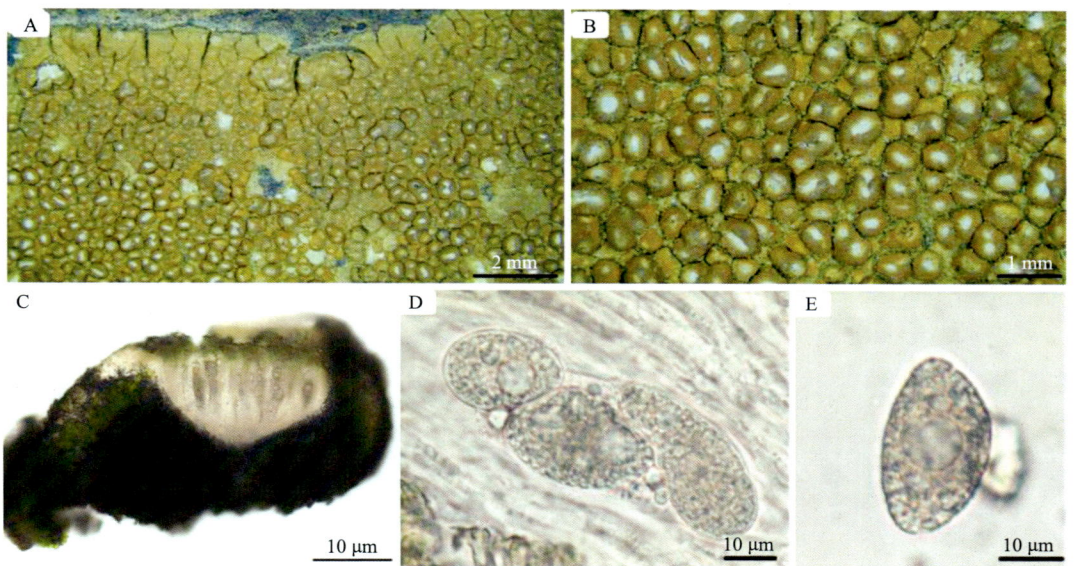

A和B.地衣体和子囊盘的外部形态结构；C.子囊盘纵切面解剖结构；D.子囊孢子；E.孢子

图22 旱生野粮衣 *Circinaria arida* Owe-Larss.

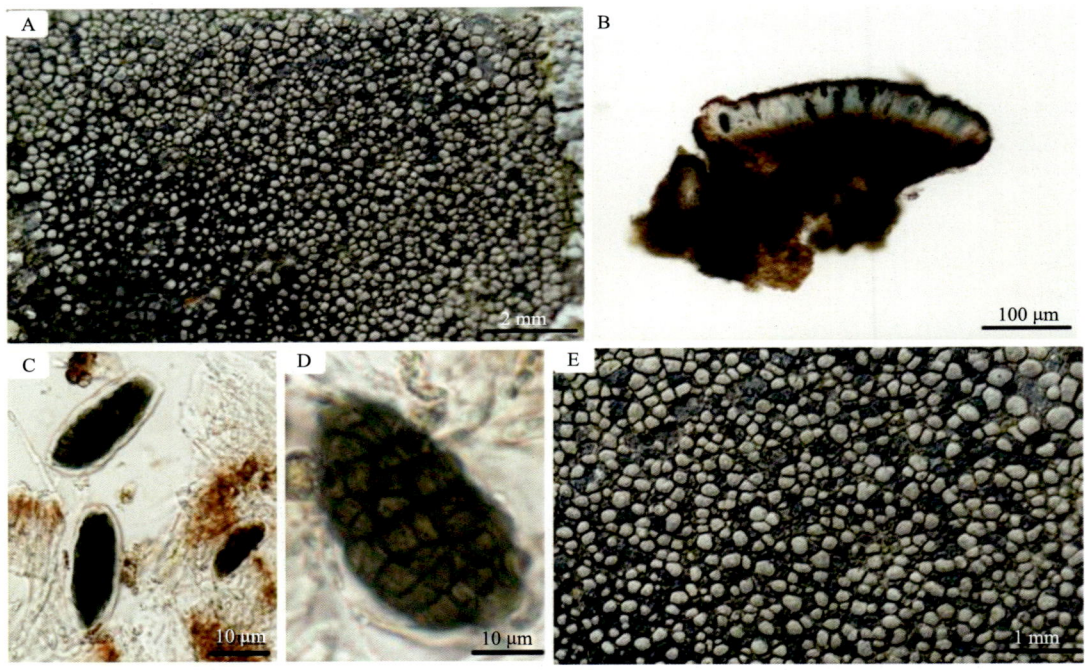

A.地衣体和子囊盘的外部形态结构；B.子囊盘纵切面解剖结构；C.子囊孢子；D.孢子；E.子囊盘结构

图23 灰地图衣 *Rhizocarpon disporum*（Nägeli ex Hepp）Müll. Arg.

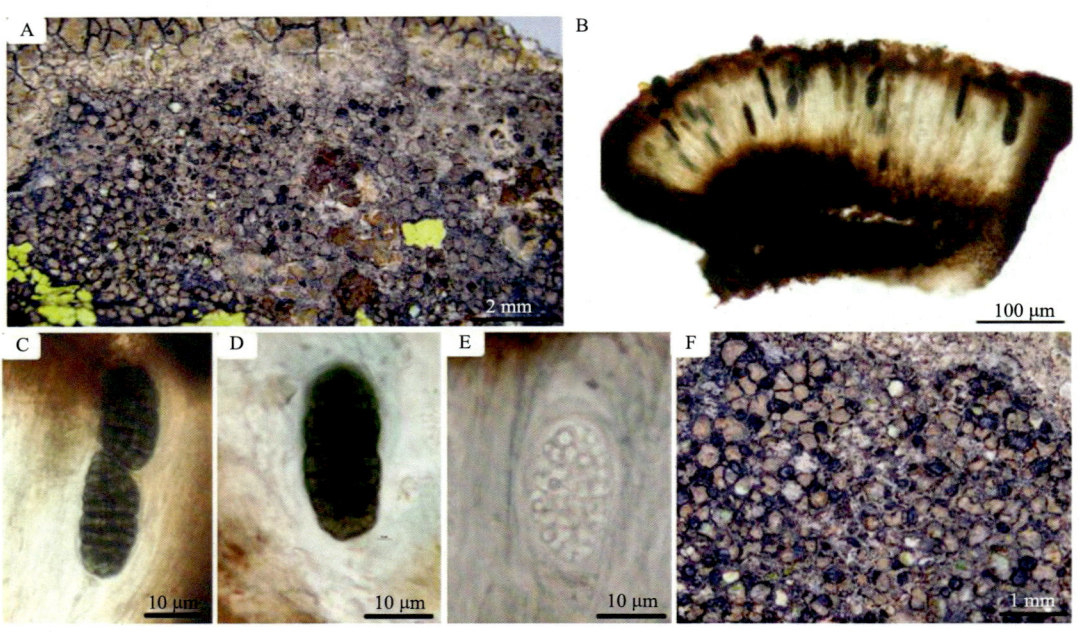

A.地衣体和子囊盘的外部形态结构；B.子囊盘纵切面解剖结构；C.子囊孢子；
D.孢子；E.未成熟的孢子；F.子囊盘结构

图24 双孢地图衣 *Rhizocarpon geminatum* Körb.

附录1　巴尔鲁克山国家级自然保护区常见地衣

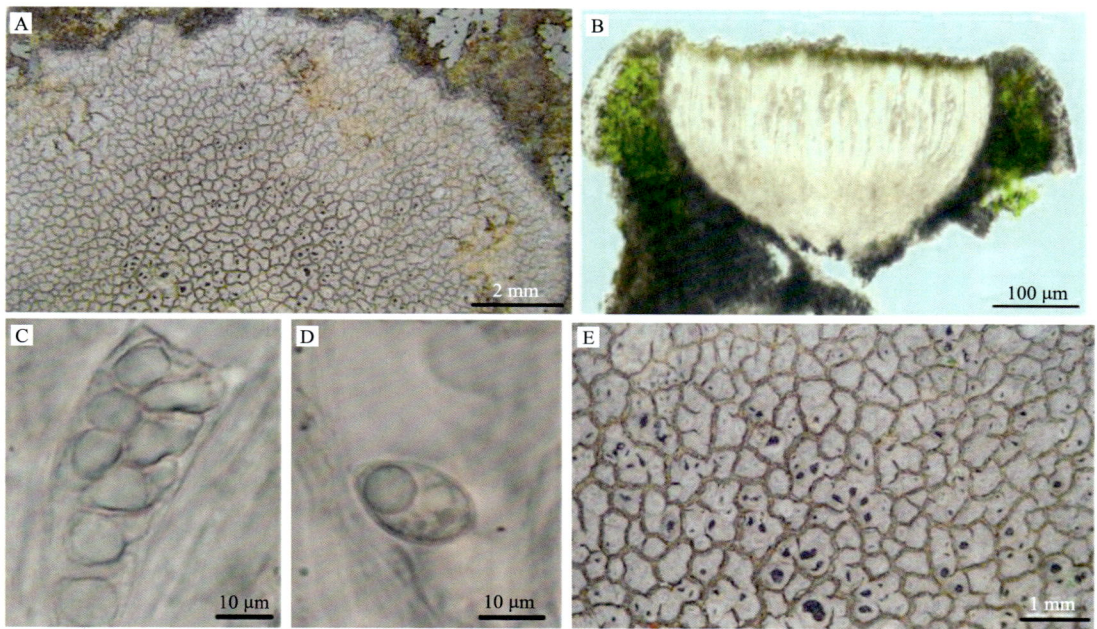

A.地衣体和子囊盘的外部形态结构；B.子囊盘纵切面解剖结构；C.子囊孢子；D.孢子；E.子囊盘结构

图25　杯形平茶渍 *Aspicilia cupulifera*（H. Magn.）

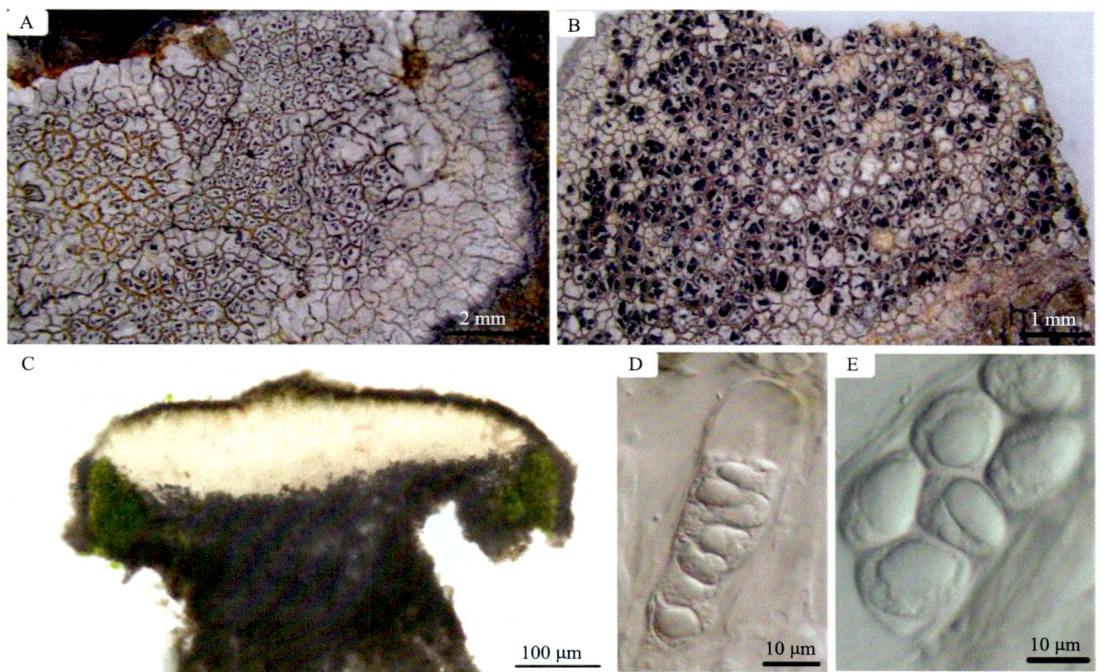

A和B.地衣体和子囊盘的外部形态结构；C.子囊盘纵切面解剖结构；D.子囊及子囊顶器；E.孢子

图26　灰平茶渍 *Aspicilia cinerea*（L.）Körb.

· 231 ·

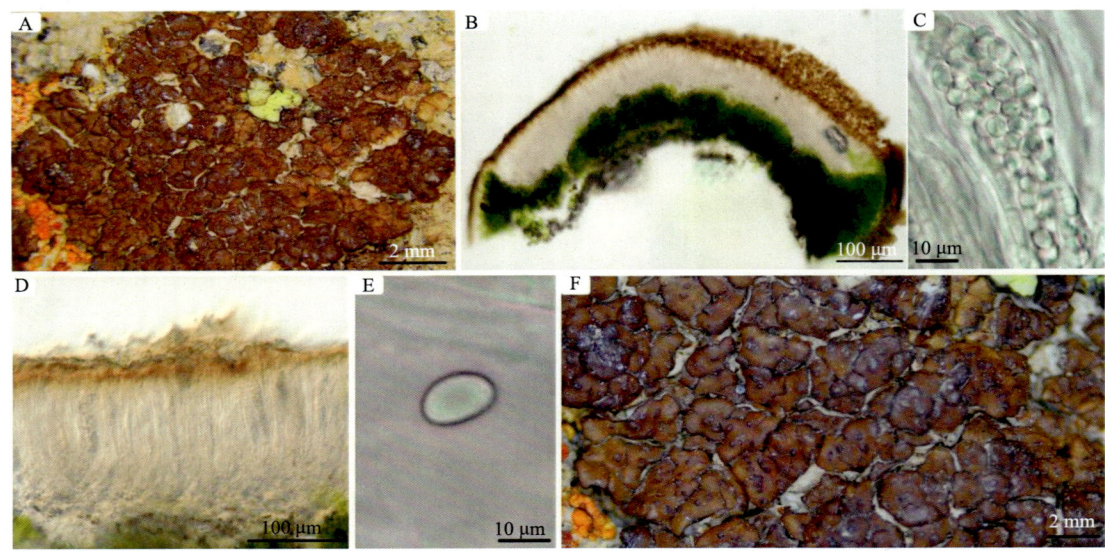

A. 地衣体和子囊盘的外部形态结构；B. 子囊盘纵切面解剖结构；C. 子囊孢子；
D. 子囊盘纵切面解剖结构；E. 孢子；F. 子囊盘结构

图27 短片微孢衣 *Acarospora brevilobata* **Magn.**

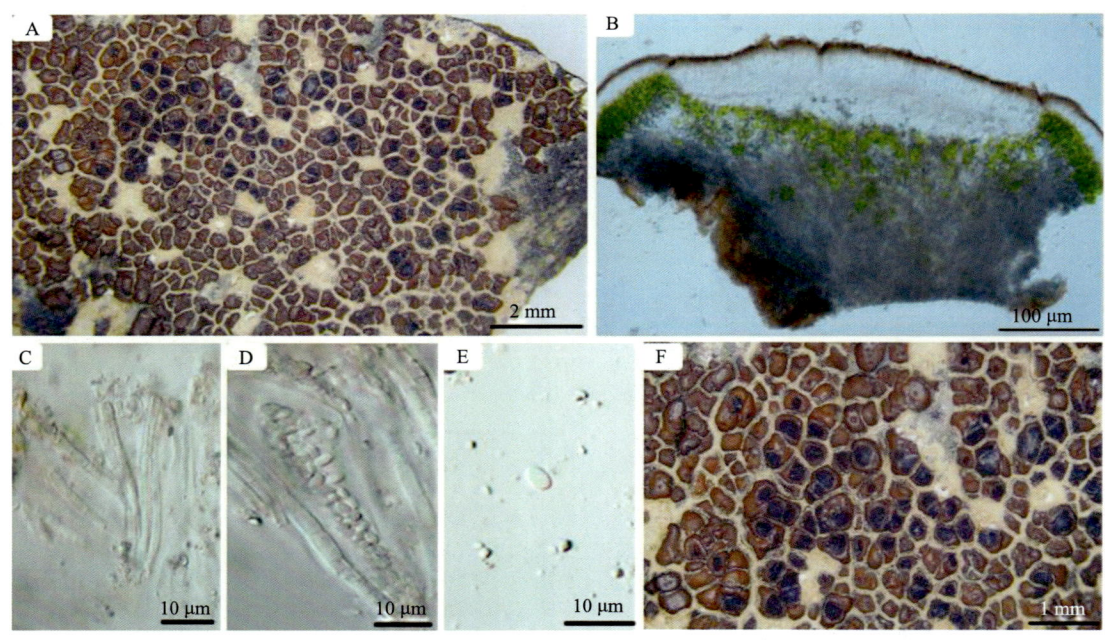

A. 地衣体和子囊盘的外部形态结构；B. 子囊盘纵切面解剖结构；C. 侧丝；
D. 子囊孢子；E. 孢子；F. 子囊盘结构

图28 被膜微孢衣 *Acarospora molybdina* **Trevis.**

附录1　巴尔鲁克山国家级自然保护区常见地衣

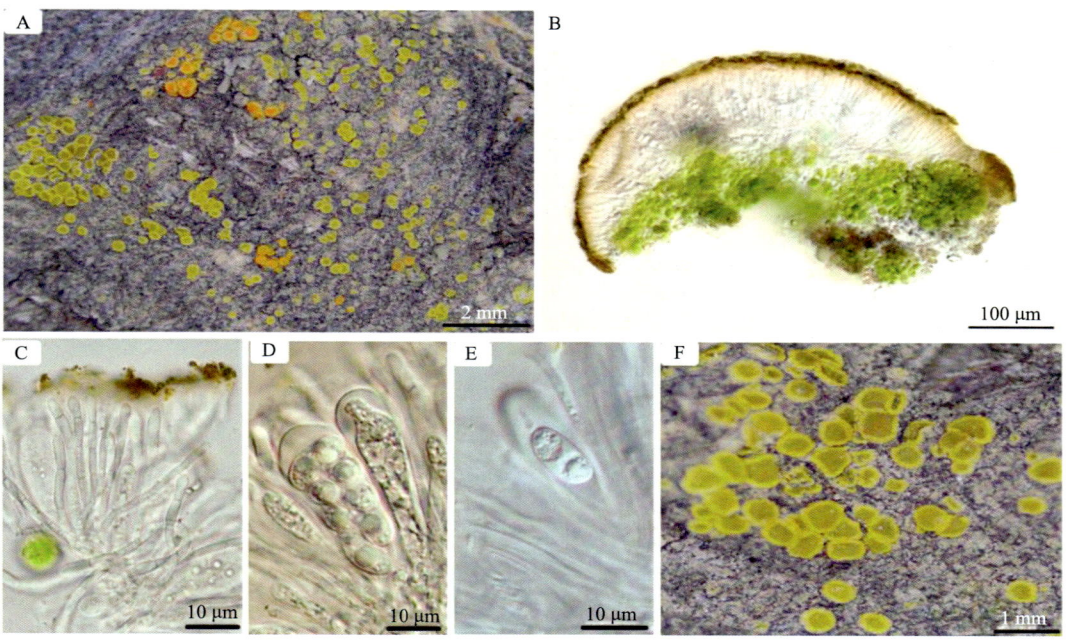

A. 地衣体和子囊盘的外部形态结构；B. 子囊盘纵切面解剖结构；C. 侧丝；
D. 子囊孢子；E. 孢子；F. 子囊盘结构

图29　金黄茶渍 *Candelariella aurella*（Hoffm.）Zahlbr.

A和B. 地衣体和子囊盘的外部形态结构；C. 子囊盘纵切面解剖结构；D. 侧丝；E. 子囊孢子；F. 孢子

图30　石墙原类梅 *Protoparmeliopsis muralis*（Schreb.）M. Choisy

·233·

A和B. 地衣体和子囊盘的外部形态结构；C. 子囊盘纵切面解剖结构；D. 侧丝；E. 子囊孢子；F. 孢子

图31　嘎氏原类梅 *Protoparmeliopsis garovaglii*（Körb.）Arup

A. 地衣体和子囊盘的外部形态结构；B. 子囊盘纵切面解剖结构；C. 子囊孢子；D. 孢子；E. 子囊盘结构

图32　戈壁金卵石衣 *Pleopsidium gobiense*（H. Magn.）Hafellner

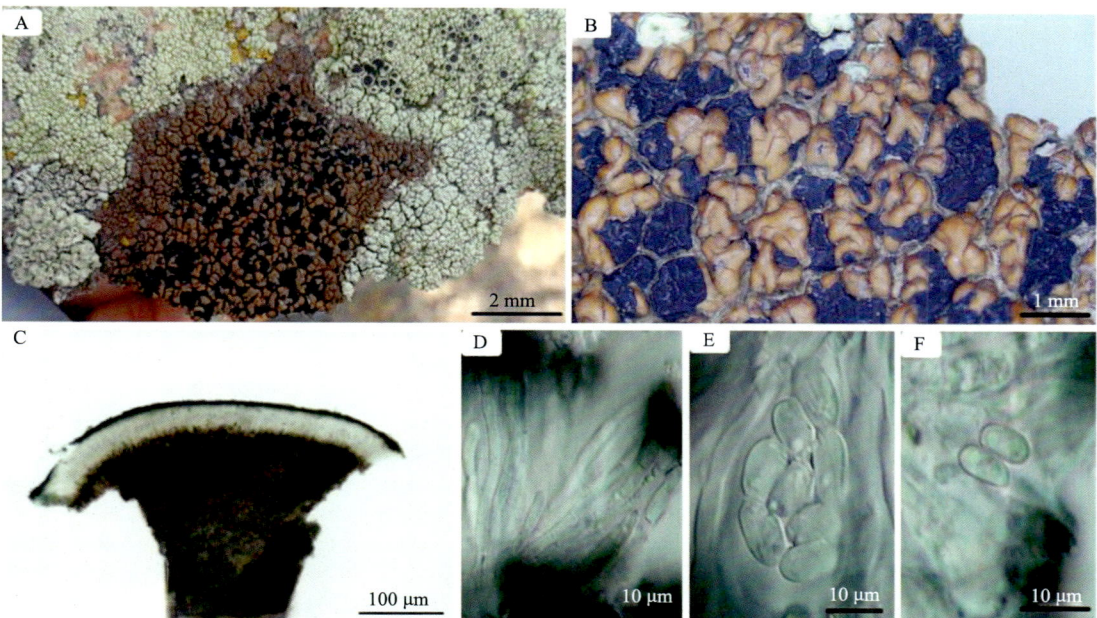

A和B. 地衣体和子囊盘的外部形态结构；C. 子囊盘纵切面解剖结构；D. 侧丝；E. 子囊孢子；F. 孢子

图33　黑棕网衣 *Lecidea atrobrunnea*（DC.）Schaer.

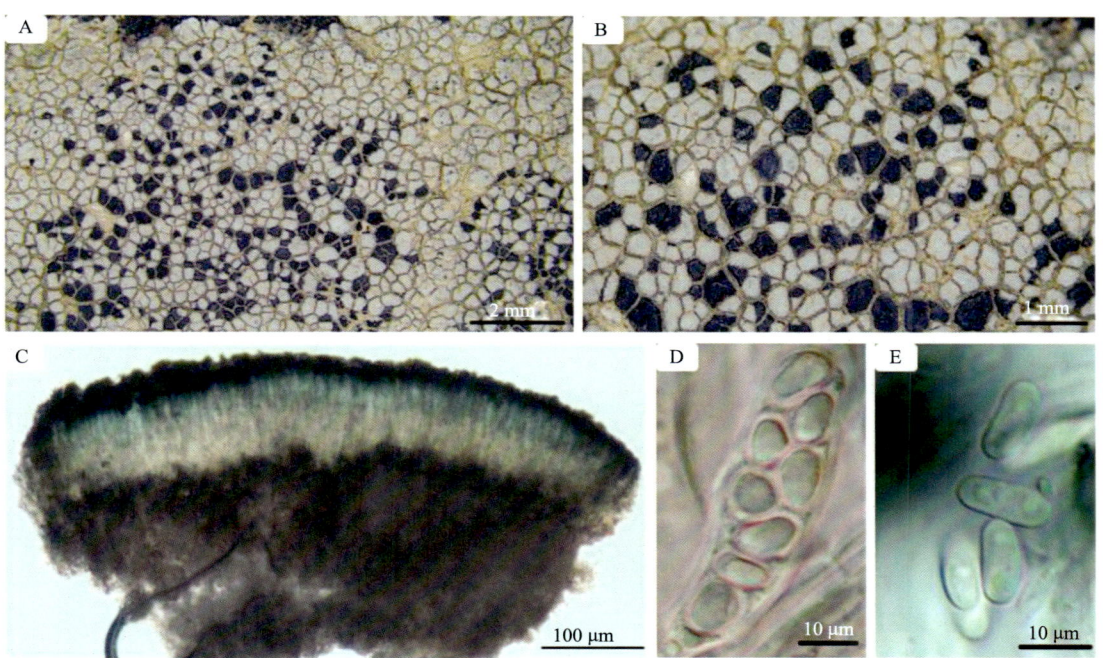

A和B. 地衣体和子囊盘的外部形态结构；C. 子囊盘纵切面解剖结构；D. 子囊孢子；E. 孢子

图34　方斑网衣 *Lecidea tessellata* var. *tessellata* Flörke.

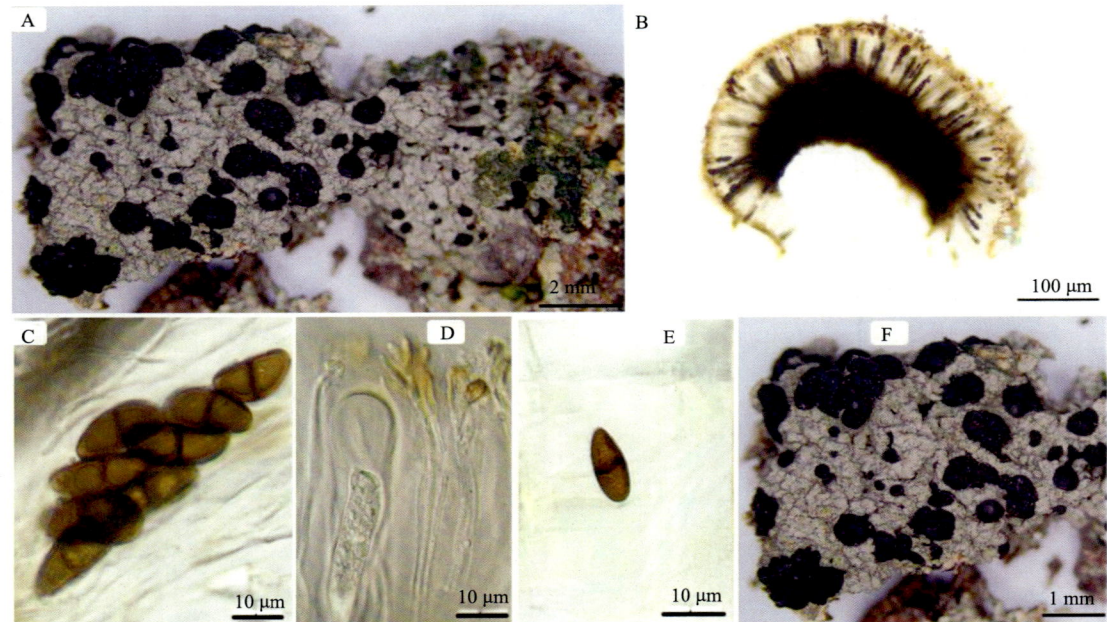

A. 地衣体和子囊盘的外部形态结构；B. 子囊盘纵切面解剖结构；C. 子囊孢子；
D. 侧丝；E. 孢子；F. 子囊盘结构

A. Morphological structure of thallus and apothecia; B. Section of apothecium; C. Asci; D. Pharaphysis;
E. Ascospores; F. Morphological structure of apothecia.

图35　绿色四胞极衣 *Tetramelas chloroleucus*（Korb.）A. Nordin.

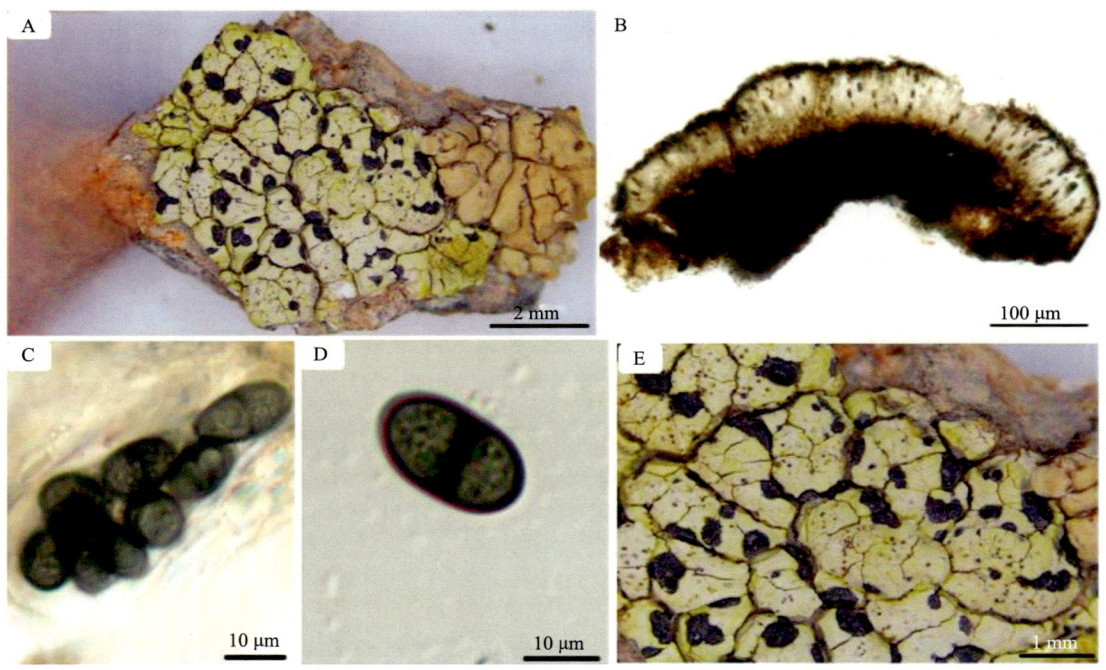

A. 地衣体和子囊盘的外部形态结构；B. 子囊盘纵切面解剖结构；C. 子囊孢子；D. 孢子；E. 子囊盘结构

图36　雪山地图衣 *Rhizocarpon effiguratum*（Anzi）Th. Fr.

附录1　巴尔鲁克山国家级自然保护区常见地衣

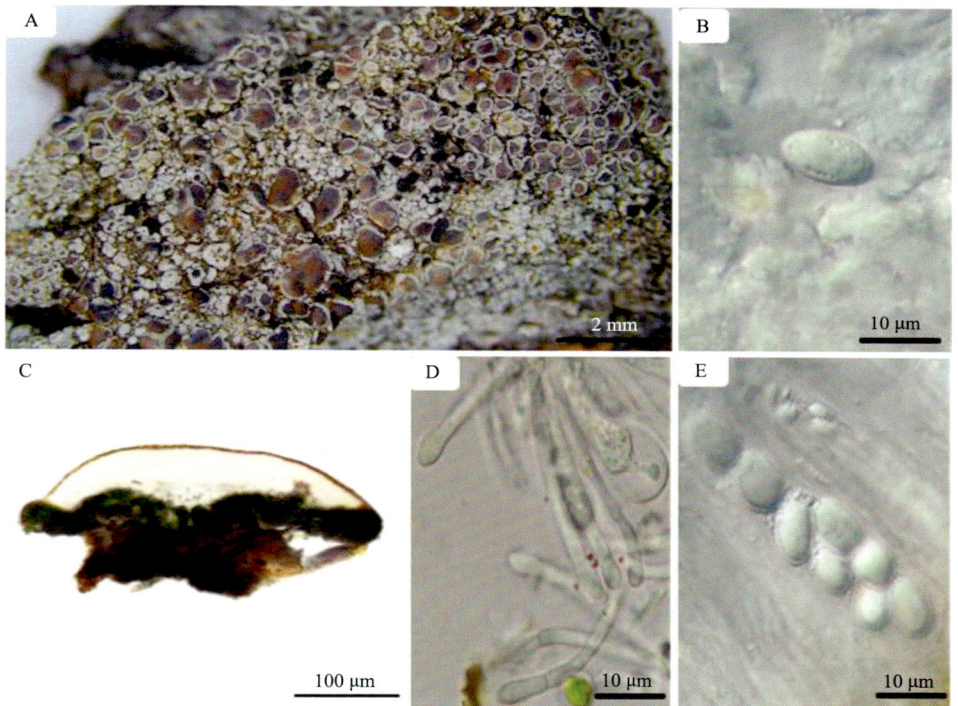

A.地衣体和子囊盘的外部形态结构；B.孢子；C.子囊盘纵切面解剖结构；D.侧丝；E.子囊孢子

图37　坚盘茶渍 *Lecanora cenisia* Ach.

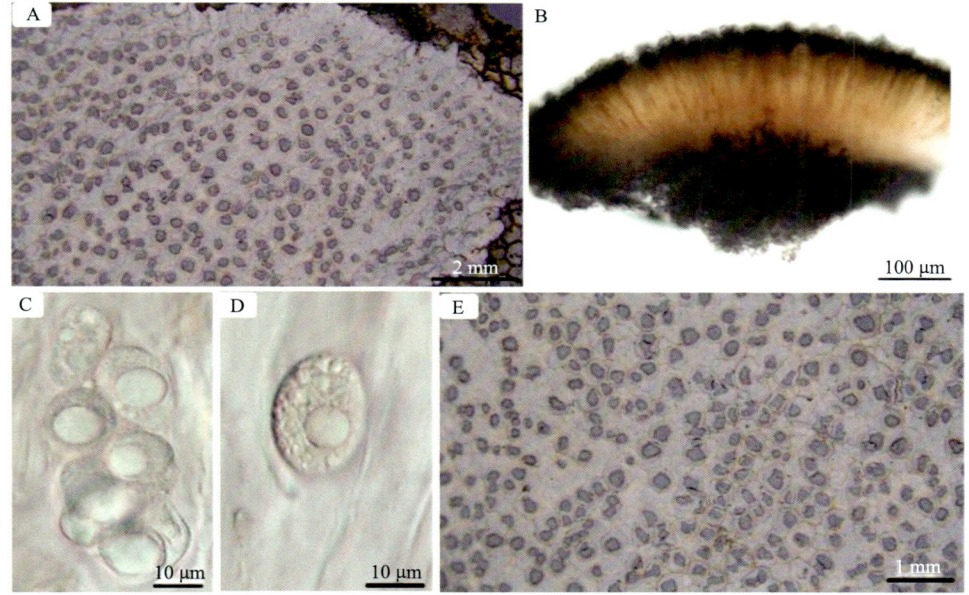

A.地衣体和子囊盘的外部形态结构；B.子囊盘纵切面解剖结构；C.子囊孢子；D.孢子；E.子囊盘结构

图38　*Oxneriaria permutata*（Zahlbr.）S. Y. Kondr. & Lőkös

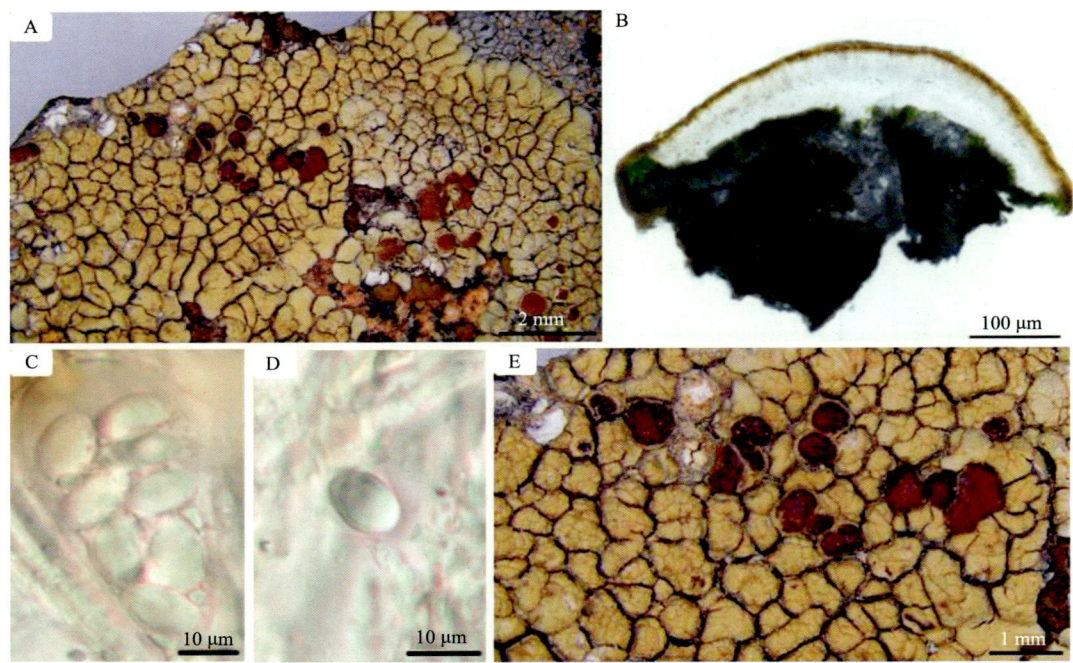

A. 地衣体和子囊盘的外部形态结构；B. 子囊盘纵切面解剖结构；C. 子囊孢子；D. 孢子；E. 子囊盘结构

图39　灰叶茶渍 *Lecanora phaedrophthalma* Poelt

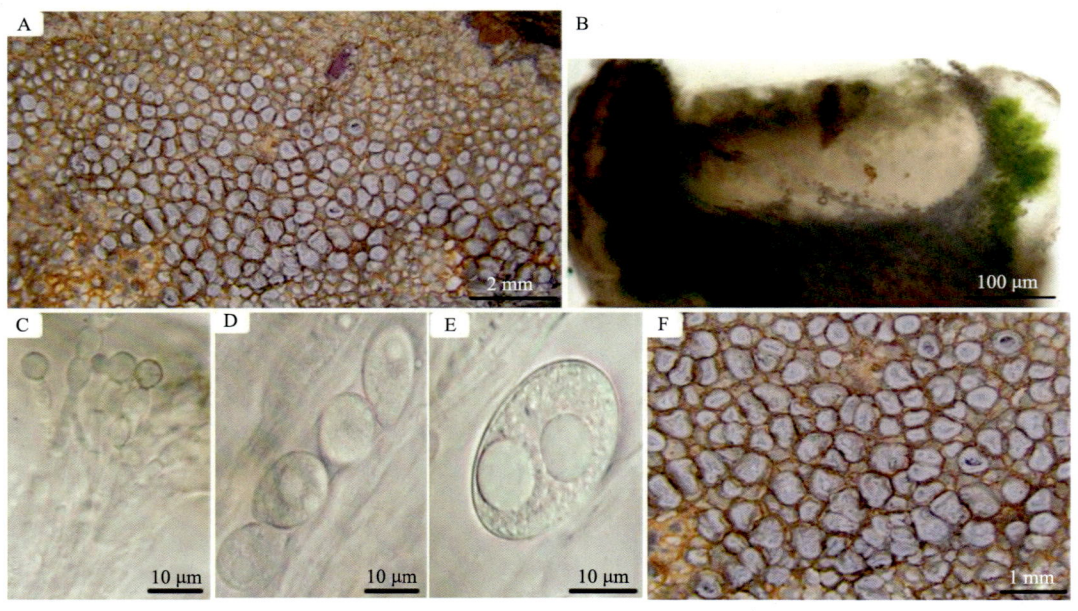

A. 地衣体和子囊盘的外部形态结构；B. 子囊盘纵切面解剖结构；C. 侧丝；
D. 子囊孢子；E. 孢子；F. 子囊盘结构

图40　斑点野粮衣 *Circinaria maculata*（H. Magn.）Q. Ren.

附录1　巴尔鲁克山国家级自然保护区常见地衣

A.地衣体和子囊盘的外部形态结构；B.子囊盘纵切面解剖结构；C.子囊孢子；D.孢子；E.子囊盘结构

图41　皇冠黄绿衣 *Flavoplaca coronata*（Kremp. ex Körb.）Arup

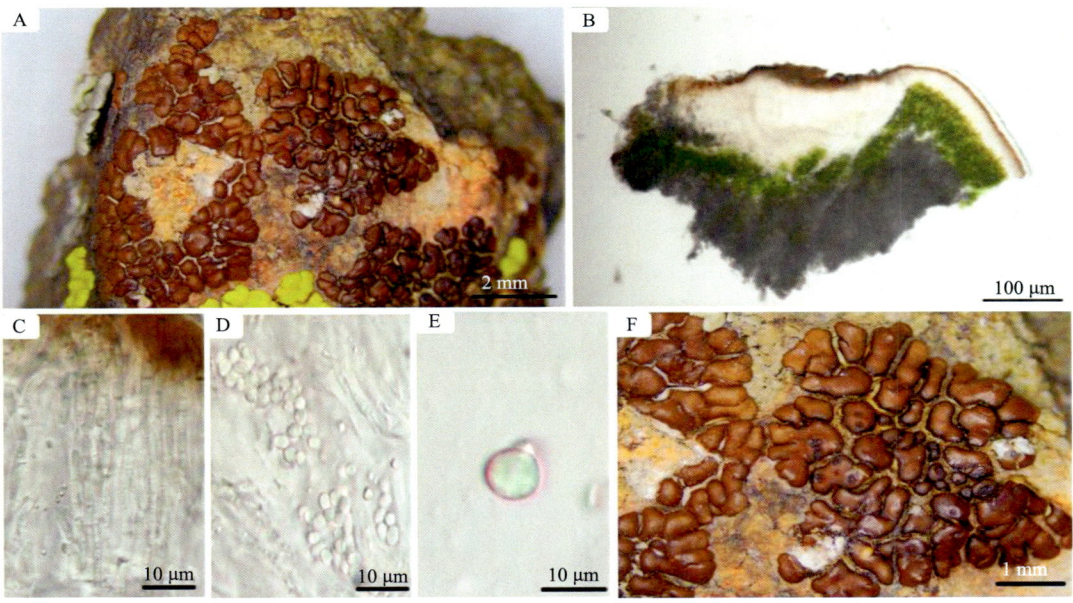

A.地衣体和子囊盘的外部形态结构；B.子囊盘纵切面解剖结构；C.侧丝；
D.子囊孢子；E.孢子；F.子囊盘结构

图42　莲座微孢衣 *Acarospora rosulata*（Th. Fr.）H. Magn.

· 239 ·

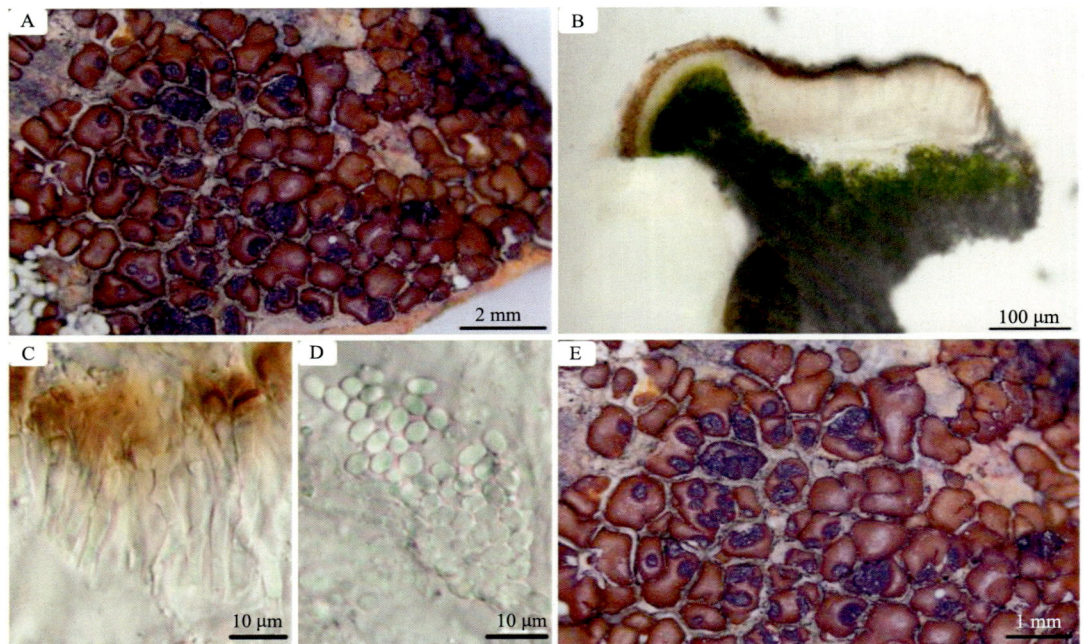

A. 地衣体和子囊盘的外部形态结构；B. 子囊盘纵切面解剖结构；C. 侧丝；D. 子囊孢子；E. 子囊盘结构

图43　深褐微孢衣 *Acarospora badiofusca*（Nyl.）

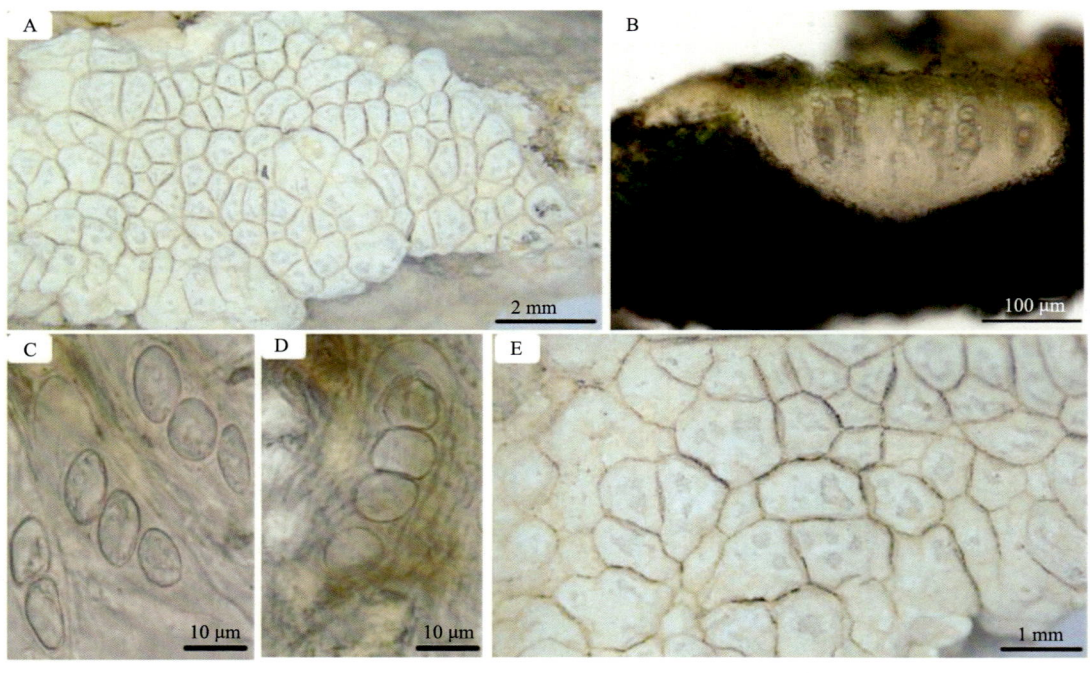

A. 地衣体和子囊盘的外部形态结构；B. 子囊盘纵切面解剖结构；C和D. 子囊及子囊孢子；E. 子囊盘结构

图44　赭白野粮衣 *Circinaria ochraceoalba*（H. Magn.）

附录1　巴尔鲁克山国家级自然保护区常见地衣

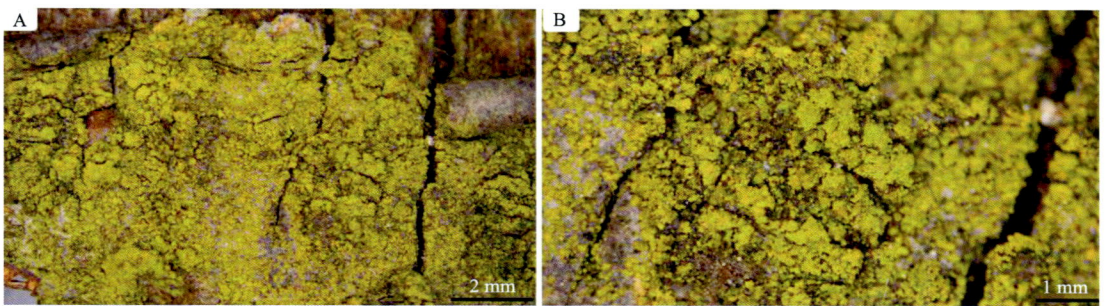

A和B. 地衣体外部形态结构

图45　粉黄茶渍 *Candelariella efflorescens* R. C. Harris

A和B. 地衣体外部形态结构；C. 粉芽

图46　*Lepraria rigidula*（B. de Lesd.）Diederich

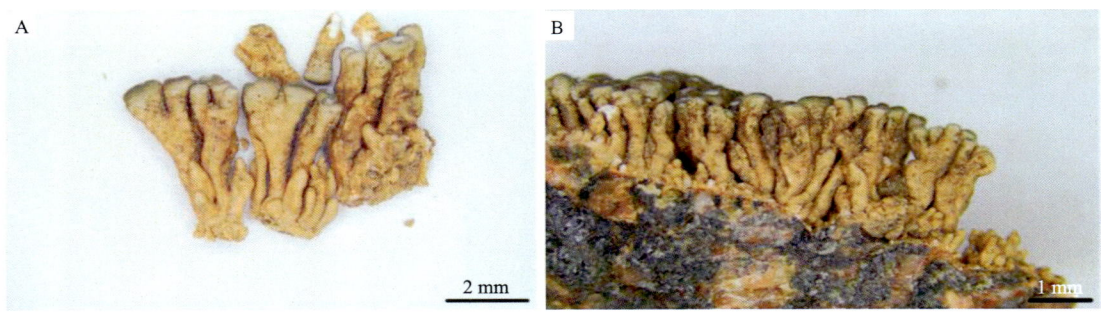

A和B. 地衣体外部形态结构

图47　小角野粮衣 *Circinaria transbaicalica*（Oxner）Q. Ren

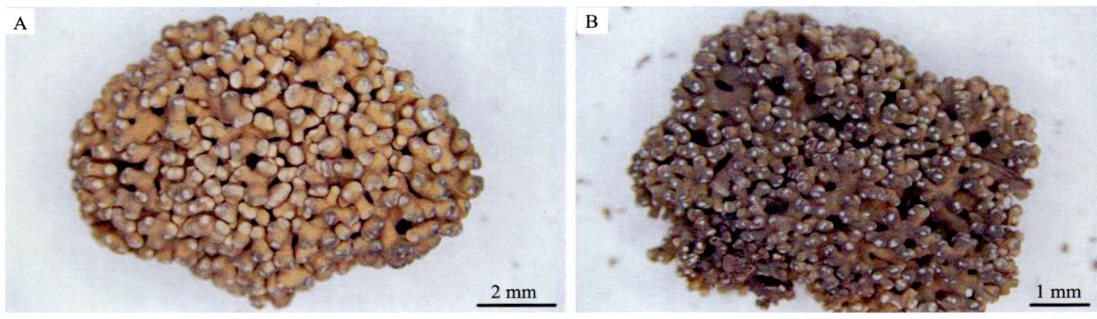

A和B. 地衣体外部形态结构

图48　风滚野粮衣 *Circinaria affinis*（Eversm.）Sohrabi

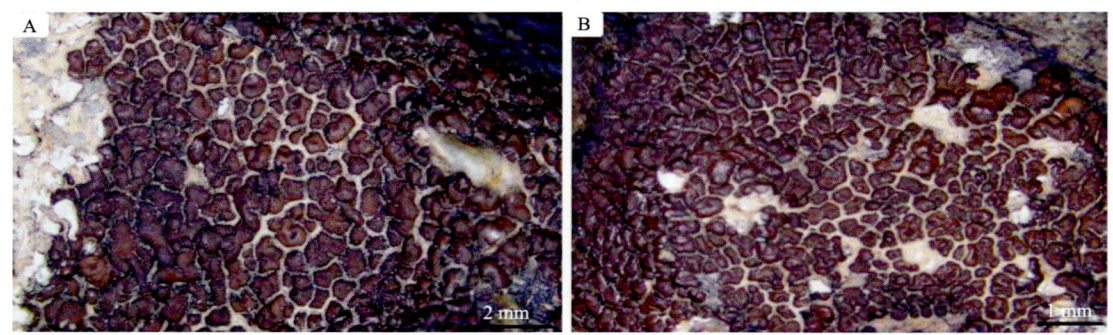

A和B. 地衣体外部形态结构

图49　包氏微孢衣 *Acarospora bohlinii* H. Magn.

A和B. 地衣体外部形态结构

图50　糙聚盘衣 *Glypholecia scabra*（Pers.）Müll. Arg.，Hedwigia

A和B. 地衣体外部形态结构

图51　扭曲野粮衣 *Circinaria tortuosa*（H. Magn.）Q. Ren，comb.

附录2 巴尔鲁克山国家级自然保护区地衣群落及生境

岩生地衣群落（2024年保护区阿克吐尤克管护站）　　枝状和叶状岩生地衣群落（2023年保护区裕民塔斯特）

树附生壳状地衣群落（2023年保护区裕民塔斯特）

附录 2　巴尔鲁克山国家级自然保护区地衣群落及生境

朽木生地衣群落（2023年保护区托里塔斯特）

地面生大型地衣群落（2022年保护区托里塔斯特）

附录2　巴尔鲁克山国家级自然保护区地衣群落及生境

朽木生枝状地衣（树花）（2023年保护区托里塔斯特）

保护区岩生叶状地衣（石耳、猫耳衣和皮果衣）

附录2　巴尔鲁克山国家级自然保护区地衣群落及生境

岩生壳状地衣（2022—2023年保护区托里塔斯特）

2022年在保护区托里塔斯特

2023年在保护区阿克吐尤克管护站

2022年7月在保护区考察

2022年7月在保护区裕民塔斯特野外午餐

2023年5月在保护区与工作人员交流

2023年5月在保护区森林管护站野外调研

附录2　巴尔鲁克山国家级自然保护区地衣群落及生境

2023年7月在野外采集地衣

2023年7月在保护区裕民塔斯特野外调查树生地衣群落

2023年7月在保护区裕民塔斯特野外调查岩生地衣群落

2023年和2024年在保护区裕民塔斯特野外调查